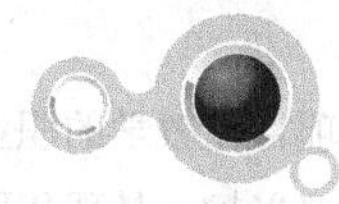

高职高专工业机器人技术专业规划教材

工业机器人技术及应用（KUKA）项目化教程

马志敏 主 编
杨 伟 陈玉球 副主编

化学工业出版社
·北京·

本书针对我国职业教育现状，并结合工业企业机器人使用的实际情况编写，充分体现了项目化教学的职业教育特点，以任务为抓手，以理实一体化为教学方法，既方便老师教学，也提高了学生的学习兴趣，是现代职业教育急需的新型教材。

本书用 5 个项目 10 个任务，完整地介绍了工业机器人技术，主要内容包括：认识工业机器人、使用库卡工业机器人软件、库卡工业机器人的零点标定及相关测量、库卡工业机器人的编程和课程设计。

本书每个任务中，既有学习目标、工作任务、任务实施、任务考评，又有详细的知识点讲解，还有知识拓展，供各学校选学。本教材以课程设计取代传统的考试，要求学生做到“知”、“会”一致，真正提高工业机器人的使用技能。

本书可作为高职高专工业机器人技术专业教材，也可供相关工程技术人员参考。

图书在版编目（CIP）数据

工业机器人技术及应用（KUKA）项目化教程/马志敏主编. —北京：化学工业出版社，2017.7（2025. 2 重印）
高职高专工业机器人技术专业规划教材
ISBN 978-7-122-29576-7

Ⅰ. ①工…　Ⅱ. ①马…　Ⅲ. ①工业机器人－高等职业学校－教材　Ⅳ. ①TP242.2

中国版本图书馆 CIP 数据核字（2017）第 092759 号

责任编辑：王昕讲　　　　装帧设计：刘丽华
责任校对：吴　静

出版发行：化学工业出版社(北京市东城区青年湖南街 13 号 邮政编码 100011)
印　　装：北京科印技术咨询服务有限公司数码印刷分部
787mm×1092mm 1/16　印张 15¾　字数 425 千字　2025 年 2 月北京第 1 版第 6 次印刷

购书咨询：010-64518888　　　　售后服务：010-64518899
网　　址：http://www.cip.com.cn
凡购买本书，如有缺损质量问题，本社销售中心负责调换。

定　　价：45.00 元

FOREWORD

前言

随着“中国制造2025”战略的实施，工业机器人得到了广泛应用，催生出巨大的工业机器人应用型人才需求。培养工业机器人应用型人才是中高职院校的职责，于是近几年各类职业院校竞相开设工业机器人专业，但目前缺少内容实用的好教材。现在各类院校普遍采用的是各教仪厂商提供的讲义，不具有知识的系统性、完整性和对企业现场的实用性。本书正是针对这一现状，并结合我国工业企业的实际情况编写的。

本书在内容的选取和编写结构的安排上，贯彻浅显易懂、少而精、知识体系结构完整、理论联系实际和学以致用的原则。与同类传统教材相比，本书体现了以下编写特色。

（1）紧扣中高职教育目标和生产一线的真实需求，对课程体系进行整体优化、精选内容，选取最基本的概念、最常用的软件及其基本操作与使用作为教学内容，兼顾知识的系统性和完整性，保证学生毕业后与岗位无缝对接。

（2）以能力培养为主线，通过5个项目10个任务，将工业机器人应有的专业课内容重新整合，达到有机联系、相互渗透和融会贯通；在课程结构上打破原有课程体系，有学习目标、工作任务、任务实施、任务考评、知识点讲解和知识拓展等，便于学生理论联系实际，提高学生对所学知识的应用能力。

（3）加强感性认识，保证学生在了解工业机器人基础知识的同时，重点掌握硬件连接、零点标定、相关测量和离线、在线编程等较实用的基本知识。

（4）通过项目化教学、一体化教学等方法，加强教学的直观性和互动性，提高学生的学习兴趣。

（5）本书编写队伍教学经验丰富，主编马志敏老师是国家级电工与电子技术学科带头人、教育部学术研究员、国家职业技能鉴定考评员、国家级机电专业技能竞赛裁判、吉林市机电专业技能大赛裁判长，拥有近30年一线教学经历。

我们将为使用本书的教师免费提供电子教案等教学资源，需要者可以到化学工业出版社教学资源网站http://www.cipedu.com.cn免费下载使用。

本书由吉林省工业技师学院马志敏担任主编，佛山职业技术学院杨伟和湖南有色金属职业技术学院陈玉球担任副主编，宁波第二技师学院俞挺参编。

由于编者学识和水平有限，不妥之处在所难免，敬请批评指正。

编者

CONTENTS 目录

项目一 认识工业机器人 1

任务一 工业机器人的总体认识……1
任务二 认识库卡机器人……13

项目二 使用库卡工业机器人软件 25

任务一 使用库卡机器人在线软件……25
任务二 使用库卡机器人离线软件……35

项目三 库卡工业机器人的零点标定及相关测量 92

任务一 库卡工业机器人各轴单独运动……92
任务二 熟悉库卡工业机器人相关坐标系……96
任务三 库卡工业机器人的零点标定……108
任务四 库卡工业机器人的相关测量……117

项目四 库卡工业机器人的编程 138

任务一 库卡工业机器人在线编程……138
任务二 库卡工业机器人离线编程……184

项目五 课程设计 221

参考文献……247

项目一　认识工业机器人

任务一　工业机器人的总体认识

学习目标

① 掌握工业机器人的定义。
② 了解工业机器人的外围设备构成。
③ 掌握工业机器人系统定义。
④ 了解工业机器人分类。
⑤ 掌握工业机器人的组成、作用和优点。
⑥ 了解工业机器人应用。
⑦ 了解工业机器人全球发展概况、国外研发趋势、总体应用趋势及我国工业机器人概况。

工作任务

首先，学习工业机器人的定义，工业机器人的外围设备构成，工业机器人系统定义，工业机器人分类，工业机器人的组成、作用和优点，工业机器人应用，工业机器人全球发展概况、国外研发趋势、总体应用趋势及我国工业机器人概况；其次，要做到正确认识工业机器人，明白学习这门课程的意义。

任务实施

【知识准备】

一、工业机器人

工业机器人 Roboter 这个概念源于斯拉夫语中的 robota，意为重活。工业机器人的官方定义为：是一种可自由编程并受程序控制的操作机。相关的控制系统、操作设备，以及连接电缆和软件，也同样属于机器人的范畴，如图 1-1 所示。

二、工业机器人的外围设备

所有不包括在工业机器人系统内的设备统称为外围设备，如工具（效应器/Tool）、保护装置、皮带输送机、传感器，等等。

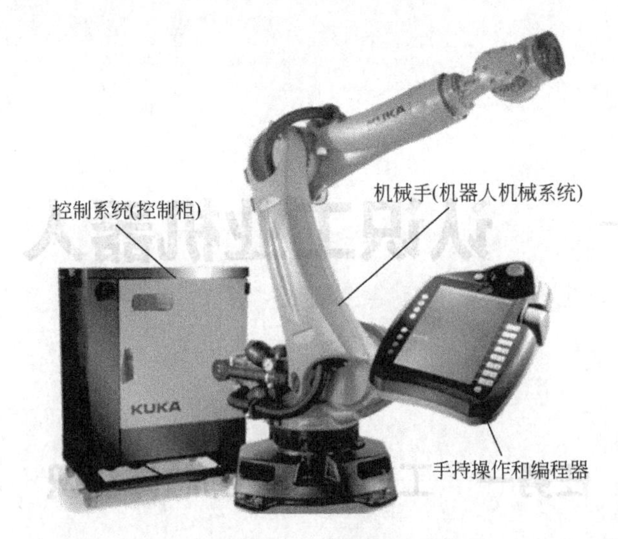

图 1-1　机器人

三、工业机器人系统

工业机器人系统（如图 1-2 所示）把工业机器人本体（机械）、机器人控制器（硬件）、控制软件和应用软件（软件）与机器人外围设备结合起来，应用于焊接、搬运、插装、喷涂、机床上下料等工业自动化领域。

(a) 焊接机器人

(b) 喷涂机器人

(c) 码垛机器人

(d) 装配机器人

图 1-2　工业机器人系统

四、工业机器人分类

1. 按坐标形式分类

按照坐标形式，工业机器人划分为直角坐标式、圆柱坐标式、球面坐标式、关节坐标式和平面坐标式（如图 1-3 所示）。

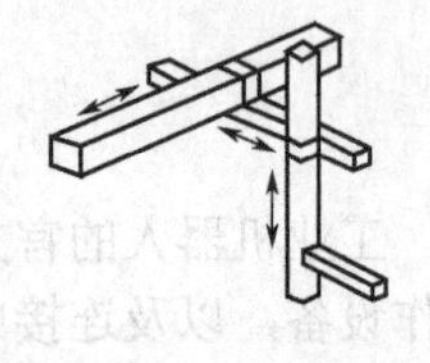
(a) 直角坐标式

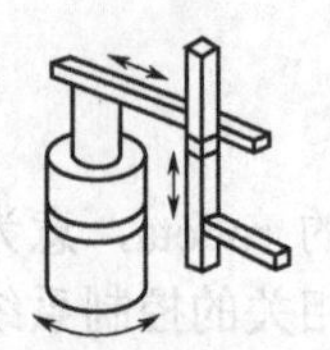
(b) 圆柱坐标式

(c) 球面坐标式和关节坐标式

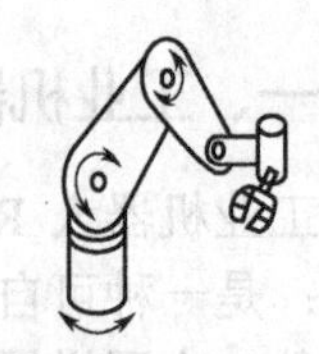
(d) 平面坐标式

图 1-3　工业机器人按坐标形式分类

2. 按驱动方式分类

按照驱动方式，划分为气压驱动机器人、液压驱动机器人和电力驱动机器人。其中，电力驱动机器人包括直流驱动和交流驱动两种。

3．按运动控制方式分类

按照运动控制方式，划分为点位控制（PTP）机器人和连续轨迹控制机器人两种。

五、工业机器人的组成

工业机器人一般由机械部分、控制部分和传感检测部分组成（如图 1-4 所示）。

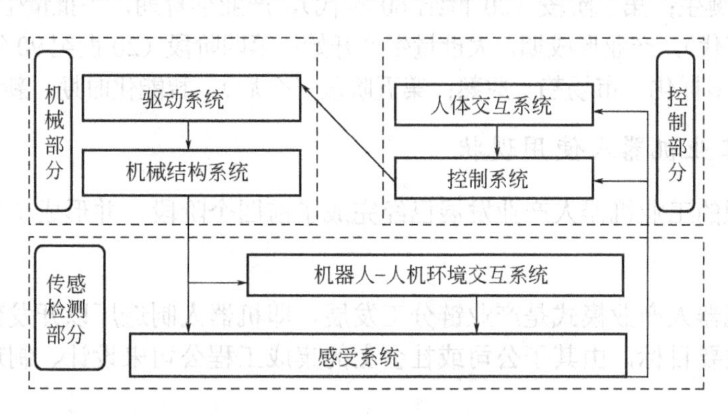

图 1-4 工业机器人的组成

六、工业机器人的作用和优点

（一）工业机器人的作用

工业机器人在工业生产中能代替人完成某些单调、频繁和重复性的长时间作业，或者在危险、恶劣环境下的作业，例如焊接、涂装、机械加工和装配等工序，或者对人体有害物料的搬运或工艺操作。工业机器人能够提升生产效率和产品质量，是企业补充和替代劳动力的有效方案。

（二）工业机器人的优点

利用工业机器人，承担枯燥无味的工作，降低工人的劳动强度；增强工作场所的健康、安全性，从事特殊环境下的操作，减少劳资纠纷；提高自动化程度，减少工艺过程中停顿的时间；提高对零部件的处理能力，保证产品质量，提高成品率；提高自动化生产效率，便于调整生产能力，实现柔性制造。

七、工业机器人的应用领域

（1）汽车产业：弧焊、点焊、装配、搬运、喷漆、切割等。
（2）电子电器：搬运、洁净装配、自动传输、打磨、真空封装、拾取等。
（3）化工纺织：搬运、包装、码垛、称重、检测、切割、研磨、装配等。
（4）食品饮料：普通包装、搬运、真空包装等。
（5）塑料轮胎：上下料、去毛边等。
（6）冶金钢铁：搬运、码垛、铸件去毛刺、浇口切割等。
（7）家具家电：装配、搬运、打磨、喷漆、切割、雕刻等。

（8）海洋勘探：维修、建造、拆卸等。

八、工业机器人发展概况

（一）发展阶段划分

工业机器人的发展分为5个阶段：第一阶段（20世纪50～60年代初），技术准备期，第一台工业机器人在美国诞生；第二阶段（20世纪60年代），产业孕育期，小批量生产形成；第三阶段（20世纪70～80年代），产业形成期，大批量生产开始；第四阶段（20世纪90年代至今），产业发展期，机器人产品多样化，市场趋于成熟；第五阶段（今后），智能化时期，新技术不断发展。

（二）国外工业机器人使用现状

美、日、欧盟的工业机器人产业发展已经完成了前四个阶段，并形成了各自的产业模式。

1．日本模式

日本的工业机器人产业模式是产业链分工发展，即机器人制造厂以开发新型机器人的批量生产优质产品为主要目标，由其子公司或社会上的集成工程公司来设计、制造各行业所需要的机器人成套系统。

2．欧洲模式

在欧洲，工业机器人产业模式称为“交钥匙工程”，即机器人的生产和用户所需要的系统的设计、制造全部由机器人制造厂商自己完成。

3．美国模式

美国的工业机器人产业模式是集成应用，采购与成套设计相结合。美国国内基本上不生产普通的工业机器人，企业若需要机器人，通常由工程公司进口，再自行设计、制造配套的外围设备。

（三）工业机器人全球发展市场格局

1．服务机器人市场

直觉外科公司主要关注医疗机器人，IROBOT公司主要制造军用和家用机器人。

2．工业机器人市场

发那科公司占14%、库卡公司占13%；安川公司占12%、ABB公司占11%。除此之外，还有德国的杜尔和徕斯公司，以及意大利的柯马公司等。

（四）主要国家机器人技术优势领域比较（表1-1）

表1-1　主要国家机器人技术优势领域比较

机器人类型	日本	韩国	欧盟	美国
工业机器人	极为突出	一般	很突出	一般
仿人型机器人	极为突出	很突出	一般	一般
家用机器人	极为突出	很突出	一般	一般
服务机器人	突出	很突出	突出	突出
生物医疗机器人	一般	一般	很突出	很突出
航空机器人	一般	不突出	突出	极为突出

（五）全球工业机器人年产量

全球工业机器人年产量统计如下：1994 年 6 万台，2000 年 10 万台，2004 年 10.2 万台，2006 年 12 万台，2008 年 12.5 万台，2009 年 6.5 万台，2010 年 11.8 万台，2011 年 16.6 万台，2012 年 15.9 万台，2013 年 17.9 万台，2014 年 22.5 万台，2015 年 24.8 万台，2017 年预计达到 25 万台。

（六）全球主要国家或地区机器人使用情况

全球主要国家或地区机器人使用情况统计如下：韩国 347 台/万人，日本 339 台/万人，德国 251 台/万人，意大利 150 台/万人，美国 140 台/万人，我国台湾地区 140 台/万人，中国大陆 21 台/万人。

九、工业机器人国外研发趋势

（1）机器人操作机结构的优化设计技术：机构向模块化、可重构方向发展。

（2）机器人控制技术：重点研究开放式、模块化控制系统。

（3）多传感系统融合技术：研究热点在于多传感器融合算法。

（4）机器人遥控及监控技术：机器人半自主和自主控制技术，多机器人和操作者之间的协调控制技术。

（5）多智能体控制技术：主要对多智能体的群体体系结构、群体行为控制等方面进行研究。

（6）微型和微小机器人技术：主要研究系统结构、运动方式、控制方法、传感技术、通信技术以及行走技术等方面。

十、工业机器人总体应用趋势

（一）重载、高速、高精度

M-2000iA 系列是世界上最大的可搬运超重物体的机器人，一次可举起 1200 公斤重物，重复精度达±0.3 mm，能够做到更快、更稳、更精确地移动大型部件。M-2000iA/1200 配备有摄像机和高灵敏度的“手指”（如图 1-5 所示）。

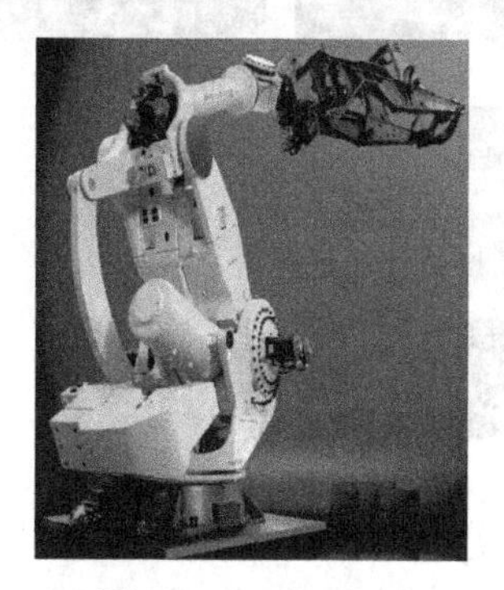

图 1-5　M-2000iA

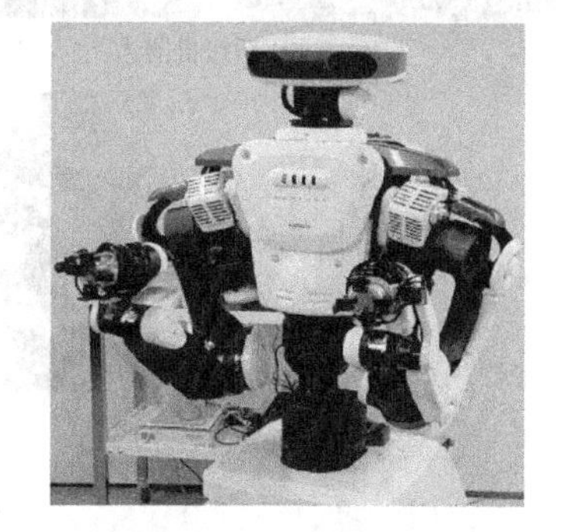

图 1-6　NEXTAGE

（二）智能化

NEXTAGE 可以自由移动，更加智能化。NEXTAGE 的功能主要体现在上半身，身高 730mm，肩宽 576mm，体重 20kg，有 15 个电机（头部 2 个、腰部 1 个、两支手臂各有 6 个），单臂最大有效载荷 1.5kg。NEXTAGE 头部装有视觉传感器，能够定位识别自己的位置，通过 CAN 总线与控制系统通信（如图 1-6 所示）。

（三）信息化、网络化（图 1-7）

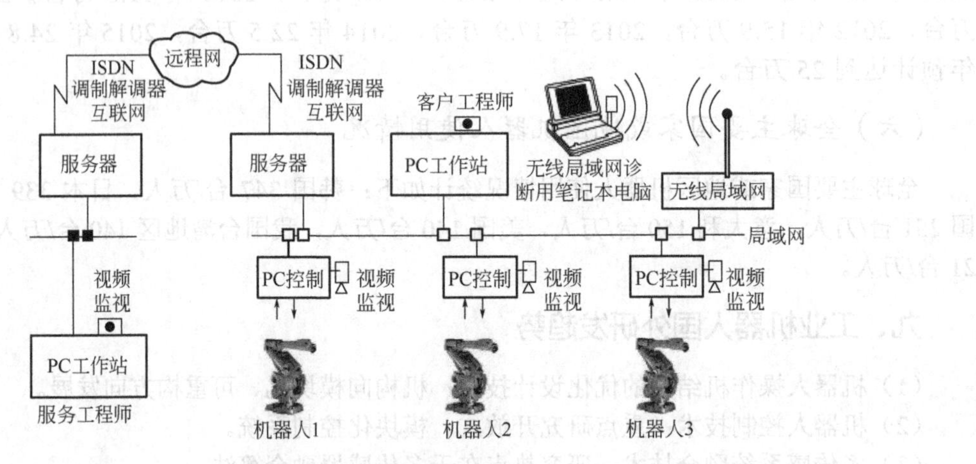

图 1-7　信息化、网络化

十一、我国工业机器人概况

（一）国产工业机器人主要品牌

国产工业机器人主要有以下品牌：新松机器人，如图 1-8（a）所示；埃夫特机器人，如图 1-8（b）所示；广州数控机器人，如图 1-8（c）所示。

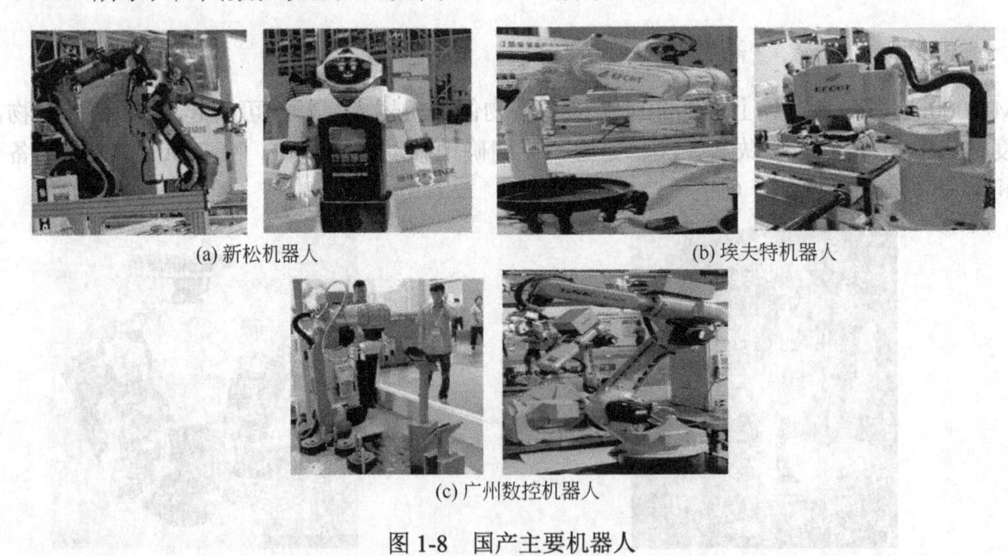

(a) 新松机器人　(b) 埃夫特机器人

(c) 广州数控机器人

图 1-8　国产主要机器人

（二）国内工业机器人保有量

国内工业机器人保有量统计如下：2008 年 2.8 万台，2009 年 3.3 万台，2010 年 4.8 万台，2012 年 7.2 万台，2013 年 13 万台，2014 年 17.5 万台，2015 年 23.5 万台。

（三）国内工业机器人在不同领域的使用量

国内工业机器人在不同领域的使用量统计如下：焊接27%，喷涂19%，物料搬运15%，码堆14%，装配9%，切割6%，涂胶4%，其他6%。

（四）国内工业机器人市场

国内工业机器人市场分析如下：库卡、发那科、ABB公司技术领先，实力雄厚；川崎、现代、柯马、不二越、松下公司实力雄厚，研发实力突出；新松、博实、首钢莫托曼、埃弗特公司创新不足，技术受限。

（五）国内工业机器人的销量

2013年，中国工业机器人销量36560台，其中本土品牌机器人销量9500台；2014年总销量47500台，本土品牌16900台。总体而言，在中国工业机器人年销量中，本土品牌占20%，独资/合资品牌占80%。

（六）国内工业机器人研发趋势

在我国，工业机器人领域的科技人员致力于以下技术的研究与开发：

（1）现代精密加工以及装配技术。

（2）精密减速器、伺服电机性能及可靠性技术。

（3）工业机器人新型控制器技术。

另外，逐步研发具有自主知识产权的先进工业机器人控制器；研究具有高实时性、多处理器并行工作的控制器硬件系统；设计基于高性能、低成本总线技术的控制和驱动模式；深入研究先进控制方法，提高系统高速、重载、高跟踪精度等动态性能。

（七）国内工业机器人水平与世界水平的差距

国内工业机器人水平与世界水平的差距体现在以下几个方面：对于高精度机器人减速机，基本依赖进口；在伺服电机和驱动器方面，大多需要进口；在机器人控制器方面，性能与国外差距较大，如图1-9所示。并且，国产谐波、RV减速器的精度不够（如图1-10所示）。在全球机器人行业，75%的精密减速机被日本的Nabtesco公司和Harm onic Drive公司垄断，Nabtesco的机器人关节占市场份额的60%；交流伺服电机及控制器基本上被日本、德国和美国的公司垄断，主要是日本的安川公司和松下公司，德国的西门子公司，以及美国的Delta Tau公司（生产PMAC控制器）。

（八）工业机器人国内发展势态

（1）国内企业发展势头良好。

据中国机器人产业联盟统计，2014年国内企业在中国销售工业机器人总量超过16900台。

（2）中国连续两年成为全球第一大工业机器人市场。

2014年中国市场共销售工业机器人5.7万台，较上年增长55%，约占全球市场总销量的四分之一，连续两年成为全球第一大工业机器人市场。

（3）多关节机器人市场需求广泛，国产坐标机器人竞争力强。

从机械结构看，多关节机器人是中国市场上的主力机型，销量占国产工业机器人总销量的比重超过50%。

图 1-9 国内工业机器人水平与世界水平有差距的方面

图 1-10 谐波、RV 减速器

（4）国家政策扶持。

2012 年，国务院发布《“十二五”国家战略性新兴产业发展规划》，目的是加快掌握并拥有新型传感器与智能仪器仪表、自动控制系统、工业机器人等感知、控制装置及其伺服、执行、传动零部件等核心关键技术，提高成套系统集成能力。2012 年，工信部发布《高端装备制造业“十二五”发展规划》，目的是加快智能制造装备中智能控制系统、伺服控制机构、工业机器人和专业机器人等八大类典型的智能测控装置和部件的研发并实现产业化。2012 年，科技部发布《智能制造科技发展“十二五”专项规划》，目的是攻克工业机器人本体、精密减速器、伺服驱动器和电机、控制器等核心部件的共性技术，自主研发工业机器人工程化产品，实现工业机器人及其核心部件的技术突破和产业化。2012 年，财政部开始实施财政补贴，目的是支持包括软控股份和赛轮股份的轮胎行业工业机器人产业化、海大集团的面向包装物流领域搬运机器人等工业机器人项目和智能制造系统集成应用。2013 年，国家成立中国机器人产业联盟，目的是推动我国机器人的产、学、研、用，加速机器人技术与产品在各行业中的普及应用。

【实际操作】 识别工业机器人品牌及各组成部分。

一、机器人识别

（1）在教师的指导下，仔细观察不同类型、品牌工业机器人的外形和结构特点。

（2）由教师指定一款机器人，用胶布盖住其型号并编号，学生根据实物写出其名称、型号规格及主要组成部分，填入表 1-2。

表 1-2 机器人识别

名 称	
型号	
主要结构	

二、评分标准

（一）识别

（1）写错或漏写名称，扣 10 分。

（2）写错或漏写型号，扣10分。

（二）文明生产

违反安全文明生产规程，扣5～40分。

（三）定额时间

定额时间10min。每超过5min（不足5min，以5min计），扣5分。
注意：除定额时间外，各项目的最高扣分不应超过配分数。

温馨提示

（1）注意文明生产和安全。

（2）课后通过网络、厂家、销售商和使用单位等多种渠道，了解关于工业机器人的知识和资料，分门别类加以整理，作为资料备用。

【评议】

温馨提示

完成任务后，进入总结评价阶段。分为自评和教师评价两种，主要是总结评价本次任务中做得好的地方及需要改进的地方。根据评分的情况和本次任务的结果，填写表1-3和表1-4。

表1-3　学生自评表格

任务完成进度	做得好的方面	不足及需要改进的方面

表1-4　教师评价表格

在本次任务中的表现	学生进步的方面	学生不足及需要改进的方面

【总结报告】

温馨提示

报告涉及内容为本次任务的心得体会等。要学会随时记录工作过程，总结经验教训，为今后的工作打下良好的基础。

一、机器人控制系统分类

机器人控制系统是一种典型的多轴实时运动控制系统。按照控制方式，分为三种控制系统，分述如下。

1. 集中控制系统

在集中控制系统中，用一台计算机实现全部的控制功能，充分利用了 PC 资源开放性；多种控制卡、传感器设备可以通过标准 PCI 插槽或标准串口、并口集成到控制系统中。利用集中控制系统，易于实现系统的最优控制，整体性与协调性较好，基于 PC 的系统硬件扩展较为方便。但是，集中控制系统控制缺乏灵活性，系统实时性差，可靠性低。

2. 主从控制系统

在主从控制系统中，采用主、从两级处理器实现系统的全部控制功能。主 CPU 实现管理、坐标变换、轨迹生成和系统自诊断等功能；从 CPU 实现所有关节的动作控制。采用主从控制方式，系统实时性较好，适于高精度、高速度控制；但系统扩展性较差，维修困难。

3. 分散控制系统

按照系统的性质和方式，将其分成几个模块，每一个模块有不同的控制任务和控制策略，各模式之间可以是主从关系，也可以是平等关系。这种方式实时性好，易于实现高速、高精度控制，易于扩展，可实现智能控制，是目前流行的方式。其主要思想是“分散控制，集中管理”，即系统对其总体目标和任务进行综合协调和分配，通过子系统的协调工作来完成控制任务，整个系统在功能、逻辑和物理等方面都是分散的，所以称为集散控制系统或分散控制系统。

二、PMAC 控制系统

PMAC（Program Multiple Axis Controller）是可编程多轴运动控制卡，是集运动轴控制和 PLC 控制以及数据采集的多功能运动控制产品。基于 PMAC 运动控制卡的机器人控制系统，采用 IPC+DSP 的结构来实现机器人的控制，如图 1-11～图 1-13 所示。

图 1-11　PMAC 运动控制卡

三、工业 PC 集成控制系统

工业 PC 集成控制系统如图 1-14 所示。

工业 PC 控制与传统控制方式的比较如下所述。

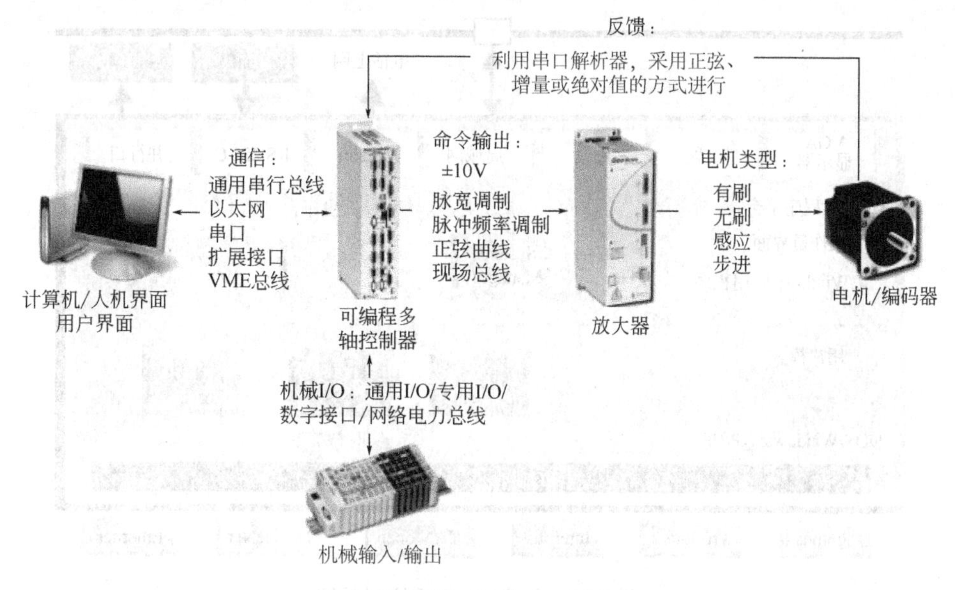

图 1-12 PMAC 集成控制系统示例

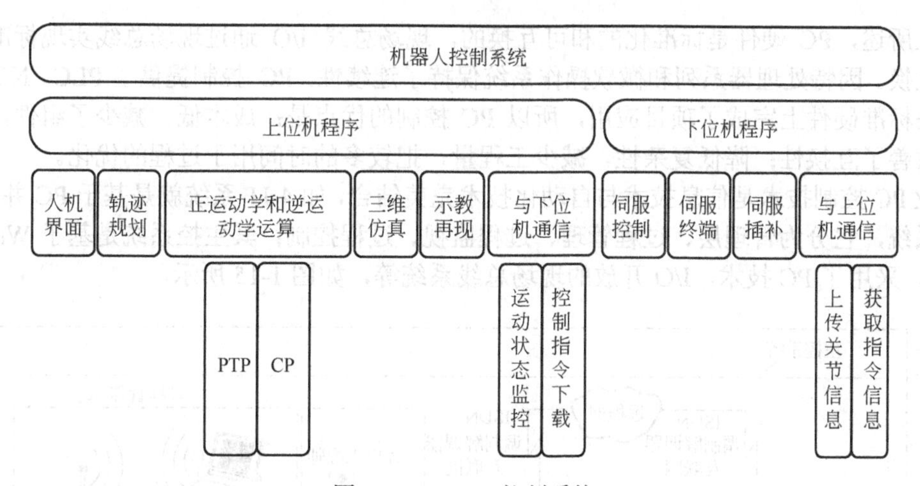

图 1-13 PMAC 控制系统

1．传统控制组成

（1）硬件：可视化 PC、PLC、NC/CNC 模块及微处理器系统。

（2）软件：多个操作系统、编程语言及编程系统。

（3）接口：在硬件设备之间、在软件系统之间，以及集中式配电柜。

2．PC 控制组成

（1）硬件：PC 和现场总线，支持所有标准。

（2）软件：Windows CE 操作系统、PLC、NC PTP 及 Twin CAT。

（3）应用程序：Windows 软件产品和 C、C++、VB、Delphi。

（4）接口：标准化软件接口及分布式配电柜。

3．系统比较

从复杂性看，PC 控制比传统控制降低 40%；从成本角度看，PC 控制比传统控制降低 60%。

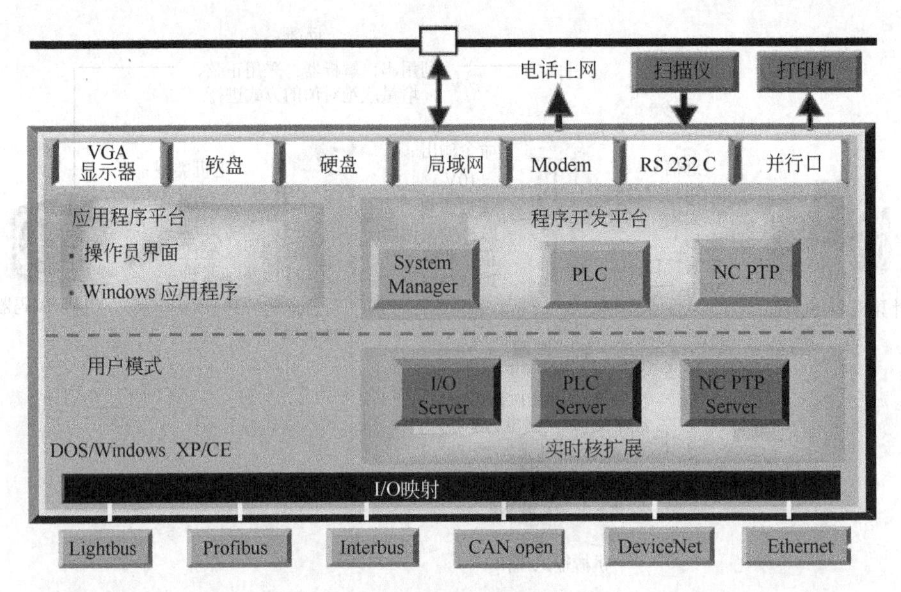

图 1-14 工业 PC 集成控制系统

综上所述，PC 硬件是标准化的和可互换的，现场总线 I/O 通过现场总线实现标准化，因此可以互换。因特处理器系列和微软操作系统保持了连续性，PC 控制提供了 PLC、NC 和闭环控制，在标准硬件上完成了项目应用，所以 PC 控制的优点是：成本低；减少了组件，可靠性增加，改善了互换性；降低复杂性，减少工程量，把较多的时间用于过程的优化。

工业 PC 控制技术是信息技术与自动化技术完美结合，如 4-IT 系统就是基于 PC 并采用 NT 技术的系统，它分为管理层、过程管理、过程监视、过程控制；其主控系统是基于 Win CE 的 PC 控制，采用了 PC 技术、I/O 开放的现场总线系统等，如图 1-15 所示。

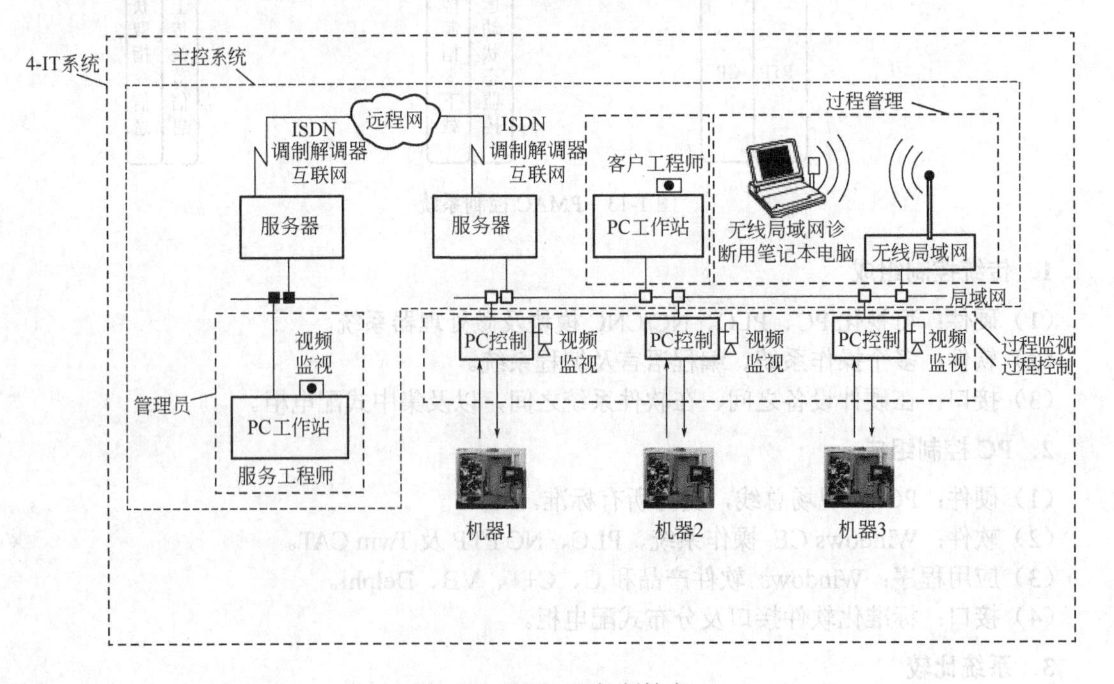

图 1-15 工业 PC 控制技术

四、开放式集成控制系统

开放式结构的机器人控制系统（如图 1-16 所示）需要建立一个开放的、标准的、经济的、可靠的软/硬件平台。硬件基于标准总线结构，具有可伸缩性，具有必要的实时计算能力，要求硬件系统/模块化，便于添加或更换各种接口、传感器等，且成本较低。软件具有可移植性，便于升级和软件复用；具有交互性和分布性，效率高。

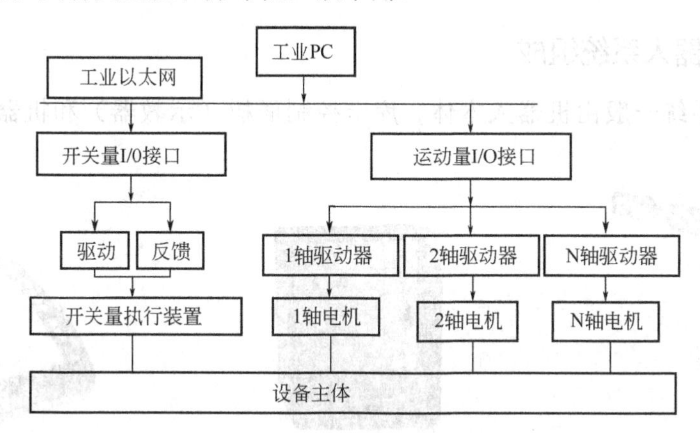

图 1-16 开放式集成控制系统

开放式集成控制系统具有以下特性：

① 可扩展性（Extensibility）：系统可以灵活地增加硬件设备控制接口来实现功能的拓展和性能的提高。

② 互操作性（Interoperability）：控制器的核心部分对外界应该表现为一台符合一定标准的计算机，它能与外界的一台或多台计算机交换信息。

③ 可移植性（Portability）：机器人的应用软件可以在不同环境下互相移植。

④ 可增减性（Scalability）：机器人系统的性能和功能可以根据实用需求很方便地增、减。

任务二 认识库卡机器人

学习目标

① 掌握库卡机器人的系统组成。

② 了解库卡机器人的本体、动力管线系统、控制系统、控制面板（示教器）、编程的种类以及机器人工作范围。

③ 了解关于工业机器人的安全设备、急停装置、操作人员防护装置、安全运行停止以及机器人系统的布局等相关规定。

工作任务

首先，掌握库卡机器人的系统组成，了解关于库卡机器人的本体、动力管线系统、控制系统、控制面板（示教器）、编程的种类、机器人工作范围，以及关于工业机器人的安全设备、急停装置、操作人员防护装置、安全运行停止和机器人系统的布局等相关规定；其次，正确识别库卡机器人系统各部分的名称，知道库卡机器人动力管线的布局和走向。

任务实施

【知识准备】

一、库卡机器人系统组成

库卡机器人系统一般由机器人本体、库卡控制面板（示教器）和机器人控制柜组成，如图 1-17 所示。

(a) 机器人本体

(b) 机器人控制柜

(c) 库卡控制面板(示教器)

图 1-17 库卡机器人系统的组成

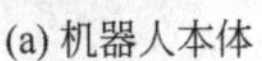

二、库卡机器人本体

库卡机器人本体俗称机械手，是机器人机械系统主体，如图 1-17（a）所示。它由众多活动的、相互连接在一起的关节（轴）组成，也称运动链，如图 1-18 所示。

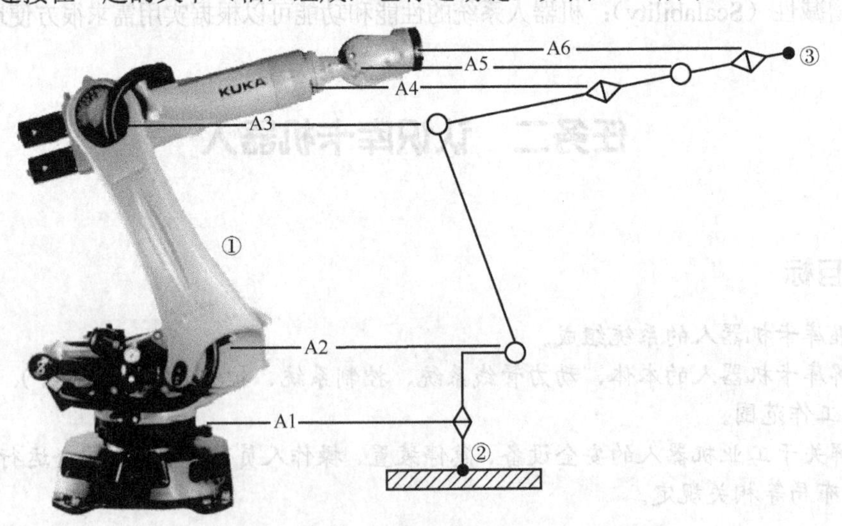

图 1-18 库卡机器人本体（运动链）

①—机械手（机器人机械系统）；②—运动链的起点：机器人足部（ROBROOT）；

③—运动链的开放端：法兰（FLANGE）；A1～A6—机器人轴 1～6

注意：

（1）A1～A6 各轴的运动通过伺服电机实现有针对性的调控，这些伺服电机又通过减速器与机械手的各部件相连，实现对机械手的控制。

（2）A1 轴、A2 轴与 A3 轴是主轴，A4 轴、A5 轴与 A6 轴是腕部轴。

机器人机械系统的部件主要由铸铝和铸钢制成。在个别情况下，也使用碳纤维部件，如图 1-19 所示。

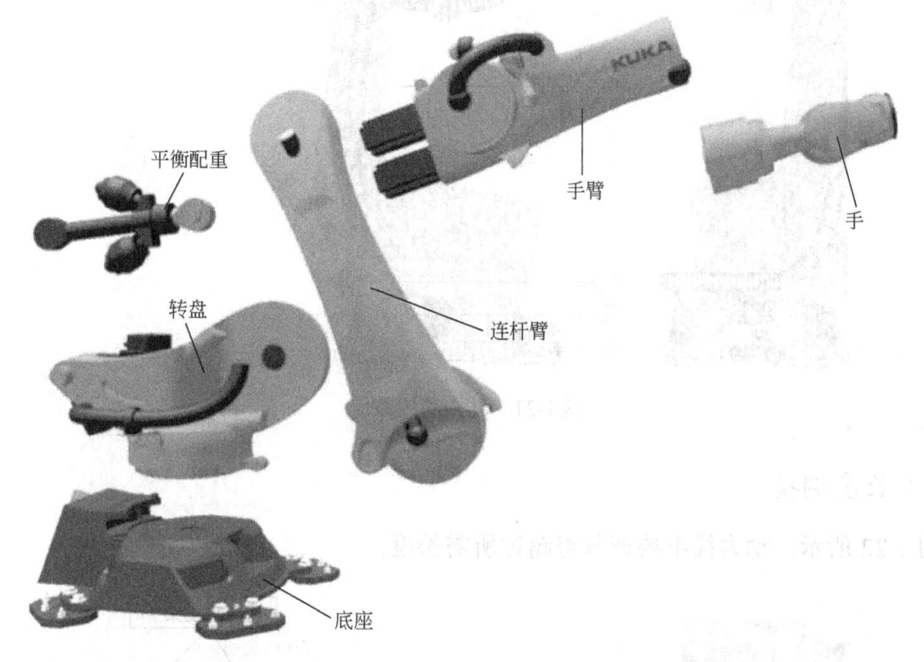

图 1-19 机器人的机械零部件概览

库卡机器人自由度如图 1-20（a）所示。基本轴 Al～A3 以及机器人手轴 A5 的轴范围均由带缓冲器的机械终端止挡限定，如图 1-20（b）、（c）和（d）所示。若机器人或一个附加轴在行驶中撞到障碍物、机械终端止挡位置上或轴范围限制装置处的缓冲器，将导致机器人系统受损。机器人系统重新投入运行之前，必须联系库卡机器人有限公司，将被撞到的缓冲器立即用新的替换；若机器人（附加轴）以超过 250 mm/s 的速度撞到缓冲器，必须更换机器人（附加轴），或由库卡机器人有限公司维修后才可重新投入运行。

(a) 库卡机器人自由度

(b) A1轴机械端止挡

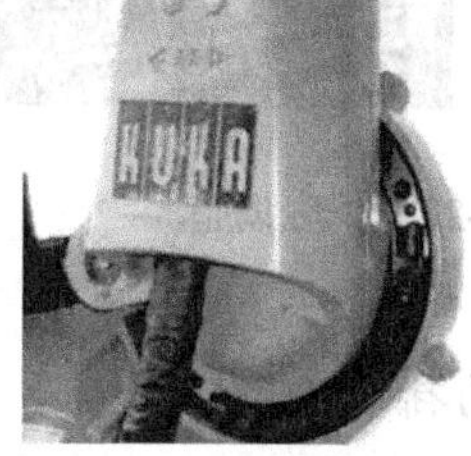

(c) A2轴机械端止挡

(d) A3轴机械端止挡

图 1-20 库卡机器人自由度及机械端止挡

三、库卡机器人动力管线系统

库卡机器人的动力管线系统如图 1-21 所示。图中，①是 A1 接口界面；②是 A1、A3 上的套装动力管线；③是A2上的管线出口；④是A1、A3上的外部套装动力管线；⑤是A3接口界面；⑥是A3、A6套装动力管线。

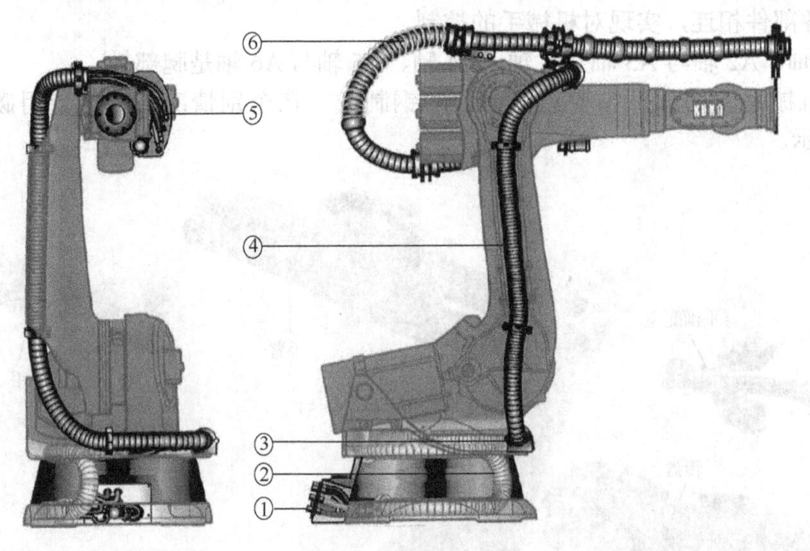

图1-21　动力管线系统

（一）长度调整

如图1-22所示，动力线不要调节得超过所需长度。

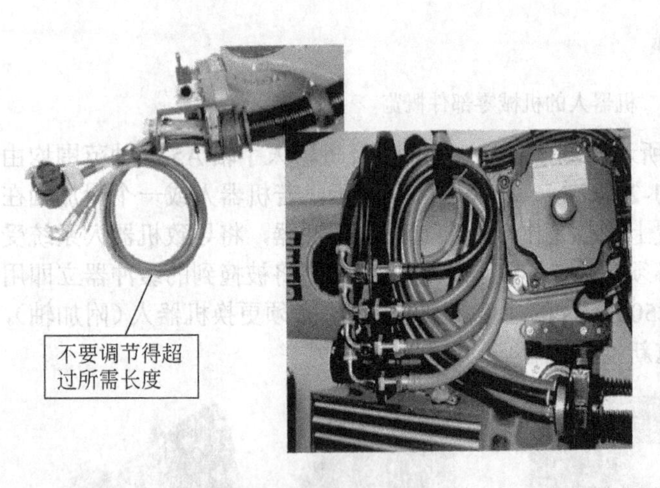

图1-22　长度调整

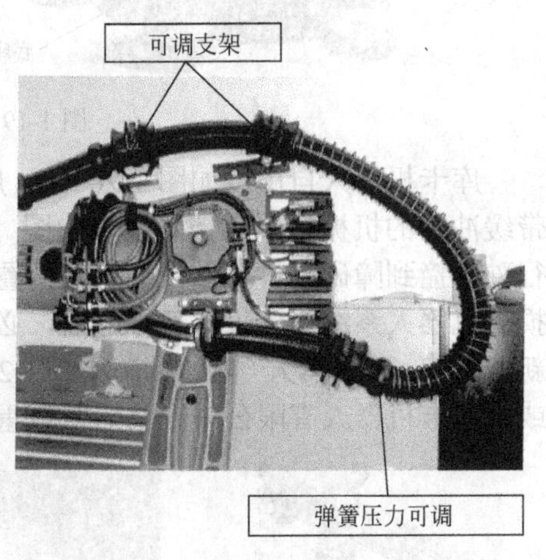

图1-23　柔性套管的排布

（二）柔性套管的排布

如图1-23所示，柔性套管的排布要装可调支架。

（三）调整保护环

如图1-24所示，管线上要装保护环。

注意：当保护环磨损至显现出红色内圈时，必须更换。

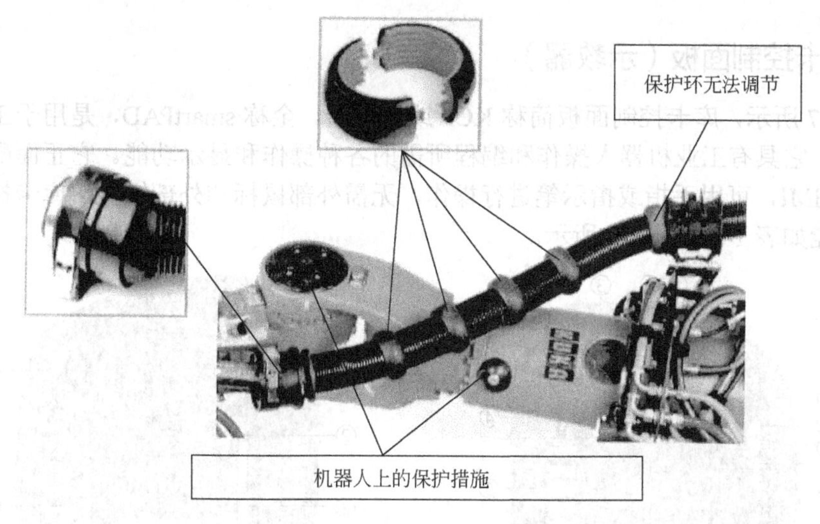

图 1-24　调整保护环

四、库卡机器人控制系统

如图 1-17（b）所示的机器人控制柜是库卡机器人控制系统的主要组成部分，它包括流程控制系统（符合 IEC 61131 标准的集成式 Soft PLC）、安全控制系统、运动控制系统（伺服驱动器、变频器等）和总线系统（ProfiNet、以太网 IP，Interbus 等）。如图 1-25 所示，通过总线系统可以实现 PLC、其他控制系统、传感器以及执行器的通信联系；通过网络通信，实现主机和其他控制系统互联互通，进而实现联网及远程控制。库卡机器人控制系统的作用主要是轨迹规划，即控制机器人的六个轴，以及最多两个附加的外部轴，如图 1-26 所示。

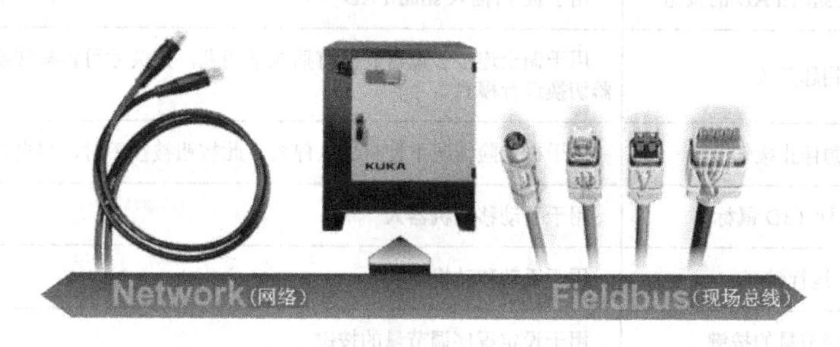

图 1-25　库卡机器人的通信途径

图 1-26　库卡机器人的轴调节器

五、库卡控制面板（示教器）

如图 1-27 所示，库卡控制面板简称 KCP 或示教器，全称 smartPAD，是用于工业机器人的手持编程器。它具有工业机器人操作和编程所需的各种操作和显示功能。它正面配备一个触摸屏——smartHMI，可用手指或指示笔进行操作，无需外部鼠标和外部键盘。库卡控制面板各组成部分的功能如表 1-5 和表 1-6 所示。

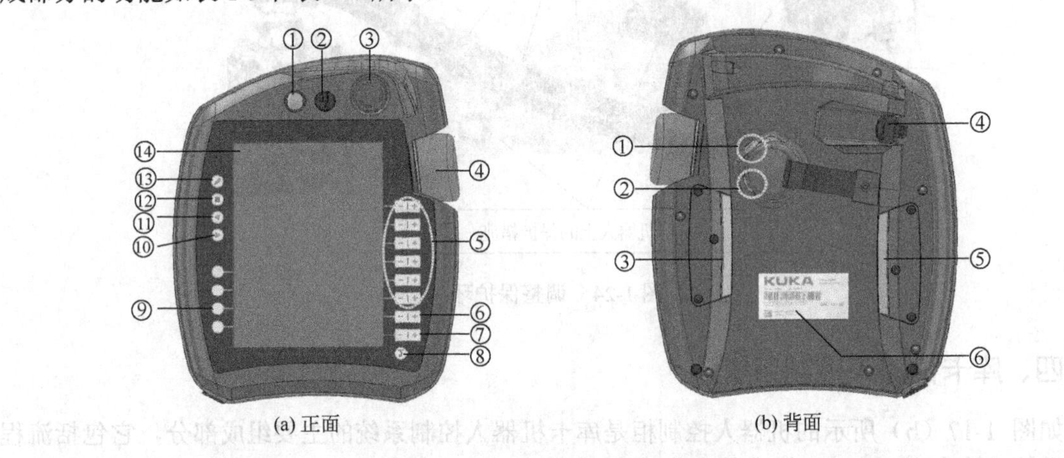

(a) 正面　　(b) 背面

图 1-27　库卡控制面板（示教器）

表 1-5　库卡控制面板（示教器）正面各组成部分的功能

序号	名 称	功 能
①	拔下/插入 smartPAD 的按钮	用于拔下/插入 smartPAD
②	钥匙开关	用于调出连接管理器。只有插入了钥匙，开关才可以被转换，并可以通过连接管理器切换运行模式
③	紧急停止按钮	用于在危险情况下使机器人停机。此按钮被按下时，将自行闭锁
④	空间鼠标（3D 鼠标）	用于手动移动机器人
⑤	运行键	用于手动移动机器人
⑥	程序调节量的按键	用于设定程序调节量的按键
⑦	手动调节量的按键	用于设定手动调节量的按键
⑧	主菜单按键	用来在 smartHMI（库卡控制面板的触摸屏）上将菜单项显示出来
⑨	工艺键	主要用于设定工艺程序包中的参数，其确切的功能取决于所安装的工艺程序包
⑩	启动键	通过此键，可启动一个程序
⑪	逆向启动运行按键	通过此按键，可启动一个程序逆向逐步运行
⑫	停止键	使用此键，可暂停正在运行的程序
⑬	键盘按键	此键用于显示键盘。通常不必特地将键盘显示出来，smartHMI 可识别需要通过键盘输入的情况，并自动显示键盘
⑭	库卡控制面板的触摸屏	是操作界面库卡 smartHMI 的载体

表 1-6 库卡控制面板（示教器）背面各组成部分的功能

序号	名 称	功 能
① ③ ⑤	确认开关	确认开关有 3 个位置：.未按下、中间位置和完全按下；在运行方式 T1 或 T2 中，确认开关必须保持在中间位置，方可开动机器人；在采用自动运行模式和外部自动运行模式时，确认开关不起作用
②	启动键（绿色）	利用此键，可启动一个程序
④	USB 接口	用于存档/还原等方面，但是仅适用于 FAT32 格式的 USB 设备
⑥	型号铭牌	表明产品名称、型号、参数等信息

六、库卡机器人编程

1. 库卡机器人编程的目的

通过机器人编程，保证运动过程和流程自动完成，并始终可反复。

2. 库卡机器人编程所需的信息

库卡机器人编程需要的信息包括机器人位置，即工具的空间位置；动作类型；速度/加速度；等候条件、分支、相关性等信号信息。

3. 库卡机器人编程语言

库卡机器人编程语言即 KRL（KUKA Robot Language），程序示例如图 1-28 所示。

```
PTP P1 Vel=100% PDAT1
PTP P2 CONT Vel=100% PDAT2
WAIT FOR IN 10 'Part in Position'
PTP P3 Vel=100% PDAT3
```

图 1-28 库卡机器人程序示例

4. 常用库卡机器人的编程方法

（1）示教（Teach-in）法在线编程。示教（Teach-in）法在线编程如图 1-29 所示，用于示教——再现型机器人，是目前大多数工业机器人的编程方式，在作业现场编程。操作者利用库卡 smartPAD，根据机器人作业的需要，把机器人末端执行器送到目标位置，且处于相应的姿态，然后把这一位姿对应的关节角度信息记录到存储器保存；对机器人作业空间的各点重复以上操作，并把整个作业过程记录下来，再通过适当的软件系统，自动生成整个作业过程的程序代码。这个过程就是示教过程，这种编程方法叫做示教（Teach-in）法在线编程。

注意：示教产生的程序代码与机器人编程语言的程序指令形式非常类似。示教的方式分为手把手示教和示教盒示教。手把手示教就是操作者操纵安装在机器人手臂内的操纵杆，按规定动作顺序示教动作内容；示教盒示教是操作者利用控制盒上的按钮驱动机器人一步一步地运动。库卡机器人普遍采用示教盒（即 smartPAD）进行示教编程。

示教编程的优点是：操作简单，易于掌握，操作者不需要具备专门知识，不需要复杂的装置和设备，轨迹修改方便，再现过程快。在一些简单、重复、轨迹或定位精度要求不高的作业中经常采用示教编程，如焊接、堆垛、喷涂及搬运等作业。

示教编程的缺点是：示教相对于再现所需的时间较长，对于复杂的动作和轨迹，示教时间远远超过再现时间；很难示教复杂的运动轨迹及准确度要求高的直线；示教轨迹的重复性差；无法接收传感器信息；难以与其他操作或其他机器人操作同步。

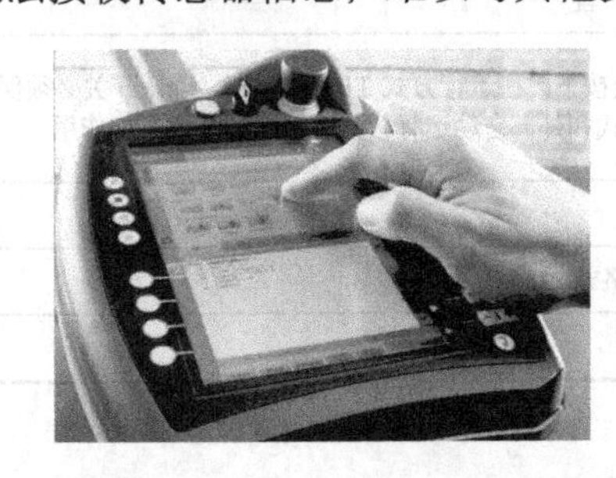

图 1-29　利用库卡 smartPAD 进行机器人编程

（2）离线编程。离线编程是利用计算机中安装的专门软件在离线（即不连接机器人）情况下进行机器人轨迹规划编程的一种方法。离线编程的程序通过相应软件的解释或编译产生目标程序代码，生成机器人路径规划数据。它与编制数控加工程序类似，其发展方向是自动编程。库卡机器人离线编程主要包括图形辅助的互动编程和文字编程两种。

图形辅助的互动编程就是利用计算机及相关软件模拟机器人过程，多用在教学或新的生产线开发过程中。图 1-30（a）所示是该软件界面。

文字编程就是借助 smartPAD 界面在上级操作 PC 上的显示编程，如图 1-30（b）所示，也适用于诊断、在线适配调整已运行的程序。

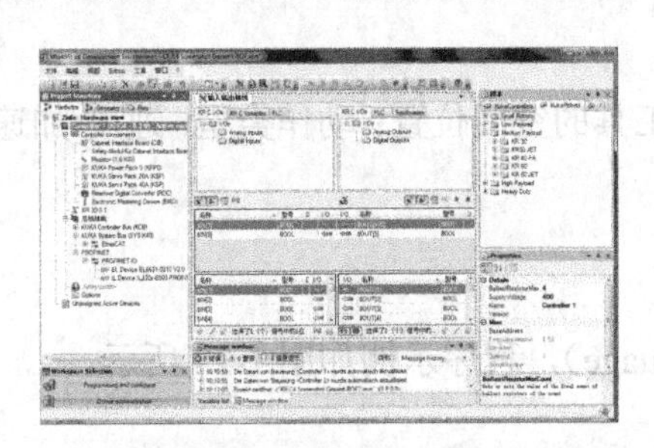

(a) KUKA WorkVisual界面

(b) 用KUKA OfficeLite进行机器人编程

图 1-30　离线编程

七、机器人工作范围

库卡机器人的工作范围如图 1-31 所示，分为标准区、工作区和不同的延长区。在机器人工作时，此区域内不得有人或障碍物。

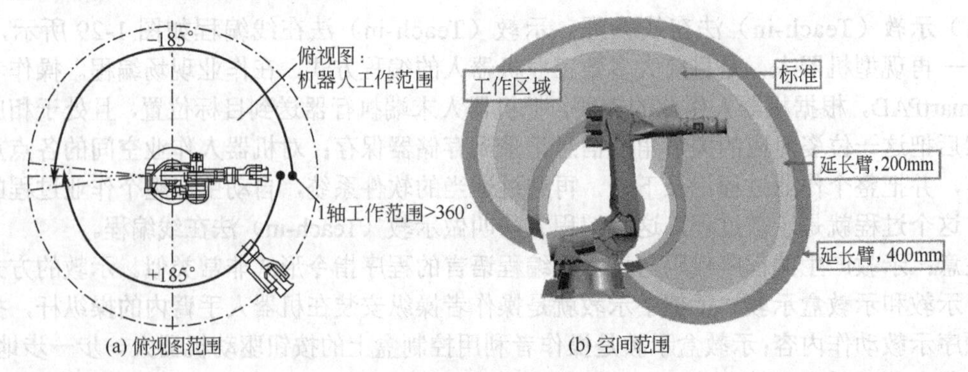

(a) 俯视图范围　　(b) 空间范围

图 1-31　机器人工作范围

【实际操作】识别库卡工业机器人的组成部分。

一、机器人识别

（1）在教师的指导下，仔细观察库卡工业机器人的外形和结构特点。

（2）由学生根据实物写出库卡工业机器人的名称、型号规格及主要组成部分，填入表 1-7。

表 1-7 库卡工业机器人识别

名 称	
型号	
主要结构	

二、评分标准

（一）识别

（1）写错或漏写名称，扣 10 分。
（2）写错或漏写型号，扣 10 分。

（二）文明生产

违反安全文明生产规程，扣 5～40 分。

（三）定额时间

定额时间 10min。每超过 5min（不足 5min，以 5min 计），扣 5 分。
注意：除定额时间外，各项目的最高扣分不应超过配分数。

温馨提示

（1）注意文明生产和安全
（2）课后通过网络、厂家、销售商和使用单位等多种渠道，了解关于库卡工业机器人的知识和资料，然后分门别类加以整理，作为资料备用。

【评议】

温馨提示

完成任务后，进入总结评价阶段。分为自评和教师评价两种，主要是总结评价本次任务中做得好的地方及需要改进的地方。根据评分的情况和本次任务的结果，填写表 1-8 和表 1-9。

表 1-8 学生自评表格

任务完成进度	做得好的方面	不足及需要改进的方面

表 1-9 教师评价表格

在本次任务中的表现	学生进步的方面	学生不足及需要改进的方面

【总结报告】

一、机器人的安全设备

机器人系统必须始终装备相应的安全设备，如隔离性防护装置（防护栅、门等）、紧急停止按键、意外事故制动装置、轴范围限制装置等，如图 1-32 所示。

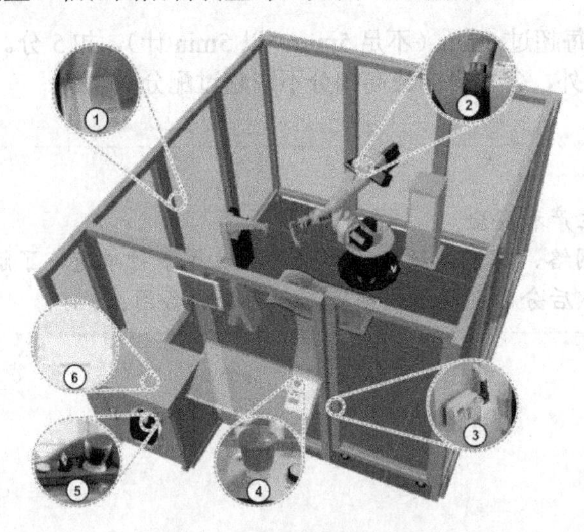

图 1-32 机器人的安全设备

①—防护栅；②—轴 A1、A2 和 A3 的机械终端止挡或者轴运动范围限制装置；③—防护门及具有关闭功能监控的门触点；④—紧急停止按钮（外部）；⑤—停止按钮、确认键、开关；⑥—内置的安全控制器

注意：在安全防护装置功能不完善的情况下，机器人系统可能导致人员受伤或财产损失。因此，在安全防护装置被拆下或关闭的情况下，不允许运行机器人系统。

二、急停装置

（一）急停按钮

急停按钮位于图 1-27（a）所示库卡控制面板（示教器）的右上角。在出现危险情况或紧急情况时按下此按钮，可以使机器人迅速停止。若欲继续运行，必须旋转紧急停止按钮，将其解锁，并对停机信息进行确认。

注意：与机械手相连的工具或其他装置如可能引发危险，必须将其连入设备侧的紧急停止回路。

（二）外部紧急停止装置

如图 1-32 所示，每个机器人至少要安装一个外部紧急停止装置，确保即使在 KCP，即控制面板（示教器）已拔出的情况下，也有紧急停止装置可供使用。

注意：机器人厂商一般不提供机器人外部紧急停止装置，需另行配置。

三、操作人员防护装置

操作人员防护装置如图 1-32 所示，不仅是防护网（或其他隔离设备），还包括置于这些设备、设施上的信号装置，如防护门上具有关门功能监控的门触点。如果没有这个信号，将无法使用自动运行方式；如果在自动运行期间出现该信号缺失（例如防护门被打开），机械手将以安全停止的方式停机。但是，一般在手动慢速测试运行方式（T1）和手动快速测试运行方式（T2）下，操作人员防护装置不启用。

注意：

（1）机器人厂商一般不提供操作人员防护装置，需另行配置。

（2）在出现信号缺失后，不允许仅仅通过关闭防护装置来重新继续自动运行方式，而是要先确认。确认必须被设置为可事先对危险区域进行实际检查。不具备这种设置的确认（比如，它在防护装置关闭时自动确认）是不允许的，否则可能造成人员死亡、严重身体伤害或巨大的财产损失。

四、安全运行停止

安全停止可通过客户接口上的输入端触发。该状态在外部信号为 FALSE（错误）时，一直保持。当外部信号为 TRUE（正确）时，机械手可以重新被操作。此处无需确认。

五、机器人系统的布局

（1）控制装置的机柜宜安装在安全防护空间外。这可使操作人员在安全防护空间外操作、启动机器人运动，完成工作任务；并且在此位置上，操作人员应具有开阔的视野，能观察到机器人运行情况及是否有其他人员处于安全防护空间内。若控制装置被安装在安全防护空间内，其位置和固定方式能满足在安全防护空间内各类人员安全性的要求，即联锁门或现场传感装置的恢复，其本身不应重新启动自动操作。重新启动机器人系统，应在安全防护空间外谨慎操作。重新启动装置应安装在安全防护空间内不能触及处，且能看到安全防护空间。

（2）机器人系统的布置应避免机器人运动部件和与机器人作业无关的周围固定物体及设备（如建筑结构件、共用设施等）之间的挤压和碰撞，应保持足够的安全间距，一般最少 0.5m。那些与机器人完成作业任务相关的设备和装置（如物料传送装置、工作台、相关工具台、相关机床等）不受约束。

（3）当要求由机器人系统布局来限定机器人各轴的运动范围时，应设计限定装置，并在使用时进行器件位置的正确调整和可靠固定。

（4）在设计末端执行器时，若动力源（电气、液压、气动、真空等）发生变化或动力消失，负载不应松脱落下或发生危险（如飞出）；同时，在机器人运动时，由负载和末端执行器生成的静力和动力及力矩应不超出机器人的负载能力。

（5）机器人系统的布置应考虑操作人员手动作业时（如零件的上、下料）的安全防护。可通过传送装置、移动工作台、旋转式工作台、滑道推杆、气动和液压传送机构等过渡装置来调整，使手动上、下料的操作人员置身于安全防护空间之外。这些自动移出或送进的装置不应产生新的危险。

项目二　使用库卡工业机器人软件

任务一　使用库卡机器人在线软件

学习目标

① 了解库卡（KUKA）机器人在线软件的概念。

② 掌握 KUKA smartHMI 的界面组成和各部分的用途。

③ 掌握状态栏、信息提示、提交解释器、键盘的功能和使用方法。

④ 掌握接通机器人控制系统、启动库卡系统软件（KSS）、调用主菜单、KSS 结束或重新启动、设定操作界面语种、更换用户组、锁闭机器人控制系统和更换运行方式的操作方法。

工作任务

了解库卡（KUKA）机器人在线软件的概念；熟悉 KUKA smartHMI 的界面组成和各部分的用途；了解状态栏、信息提示、提交解释器、键盘的功能和使用方法；掌握接通机器人控制系统、启动库卡系统软件（KSS）、调用主菜单、KSS 结束或重新启动、设定操作界面的语种、更换用户组、锁闭机器人控制系统和更换运行方式的操作方法，全面、准确地掌握库卡机器人在线软件的基本功能和用途。

任务实施

【知识准备】

一、库卡机器人在线软件

目前库卡机器人普遍使用的在线软件是预装在库卡机器人控制面板（smartPAD），简称示教器（KCP）中的运行在 Windows XPe V3.0.0 上的库卡系统软件 8.2（KSS）。它通常以 KUKA smartHMI，即库卡智能人机界面形式呈现，承担库卡机器人运行所需的所有基本功能（如轨道设计、I/O 管理、数据与文件管理等）。

注意：在系统中，根据不同用途，一般还装有与其适应的工艺数据包（其中包含与应用程序相关的指令和配置）。

二、KUKA smartHMI

KUKA smartHMI 称为库卡智能人机界面，是库卡机器人在线软件 KSS 的视窗界面，是库卡机器人控制面板（smartPAD），简称示教器（KCP）的界面，如图 2-1 所示，其各部分功能如表 2-1 所示。

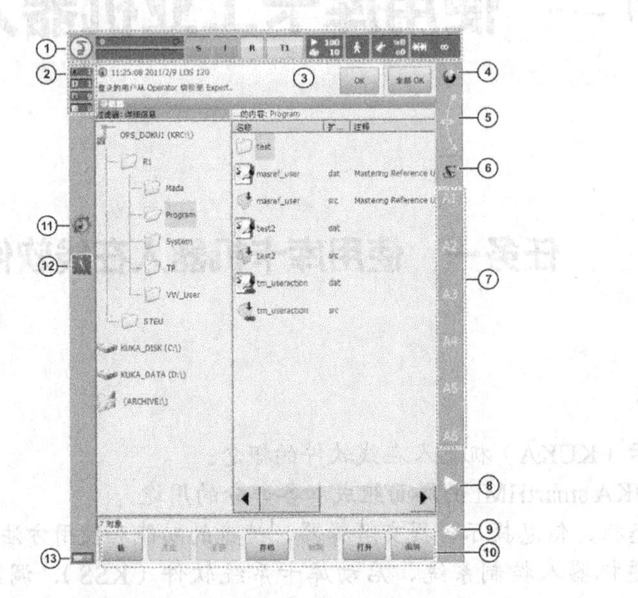

图 2-1 KUKA smartHMI 界面

表 2-1 操作界面 KUKA smartHMI 上各部分的功能

序号	名 称	功 能
①	状态栏	显示工业机器人特定中央设置的状态。多数情况下，通过触摸打开一个窗口，可在其中更改设置
②	信息提示计数器	显示当前信息类型及数量状态（等待处理） 注意：触摸信息提示计数器可放大显示
③	信息窗口	根据默认设置，将只显示最后一个信息提示，但是触摸信息窗口可放大该窗口，并显示所有待处理的信息；可以被确认的信息通过单击 OK 键确认；所有可以被确认的信息通过单击“全部 OK”键一次性全部确认
④	状态显示空间鼠标	显示用空间鼠标手动运行的当前坐标系；触摸该显示时，显示所有坐标系，并选择另一个坐标系
⑤	显示空间鼠标定位	触摸该显示，打开一个显示空间鼠标当前定位的窗口。在窗口中可以修改定位
⑥	状态显示运行键	显示用运行键手动运行的当前坐标系；触摸该显示，显示所有坐标系，并选择另一个坐标系
⑦	运行键标记	如果选择了与轴相关的运行，这里将显示轴号（A1、A2 等）；如果选择了笛卡尔式运行，这里将显示坐标系的方向（X、Y、Z、A、B、C）；触摸标记显示选择了哪种运动系统组
⑧	程序倍率	用于设定程序倍率（POV）
⑨	手动倍率	用于设定手动倍率（HOV）
⑩	按键栏	按键栏是动态变化的，并总是针对 smartHMI 上当前激活的窗口。最右侧是按键编辑。利用这个按键，可以调用导航器的多条指令
⑪	时钟	时钟可显示系统时间。触摸时钟，将以数码形式显示系统时间以及当前日期
⑫	WorkVisual 图标	如果无法打开任何项目，位于右下方的图标上将显示一个红色的小“×”。这种情况会发生在例如项目所属文件丢失时。此时，系统只有部分功能可用，例如将无法打开安全配置
⑬	smartHMI 状态指示	如果显示左侧和右侧小灯缓慢（约 3s）而均匀交替地发绿光，表示 smartHMI 激活

三、状态栏

状态栏（如图 2-2 所示）显示工业机器人特定中央设置的状态。多数情况下，通过触摸就会打开一个窗口，可在其中更改设置。各部分功能如表 2-2 所示。

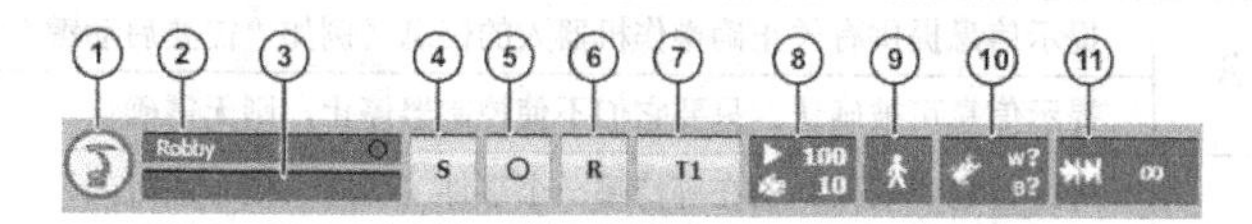

图 2-2 状态栏

表 2-2 状态栏各部分功能

序号	名 称	功 能
①	主菜单按键	用来在 smartHMI 上将菜单项显示出来（“调用主菜单”）
②	机器人名称	此处显示机器人的名称，而且可以更改
③	程序名称	如果选择了一个程序，此处将显示其名称
④	提交解释器	提交解释器的状态显示
⑤	驱动装置的状态显示	触摸该显示，打开一个窗口。可在其中接通或关断驱动装置
⑥	机器人解释器的状态显示	可在此处重置或取消勾选程序
⑦	运行显示	显示当前运行方式
⑧	POV/HOV 的状态显示	显示当前程序倍率和手动倍率
⑨	程序运行方式的状态显示	显示当前程序运行方式
⑩	工具/基坐标的状态显示	显示当前工具和当前基坐标
⑪	增量式手动移动的状态显示	显示增量式手动移动的状态

四、信息提示

KUKA smartHMI 的信息提示主要由信息窗口和信息提示计数器两部分组成，如图 2-3 所示。控制器与操作员的通信通过信息窗口实现，其中有五种信息提示类型和两个操作键，如表 2-3 所示。

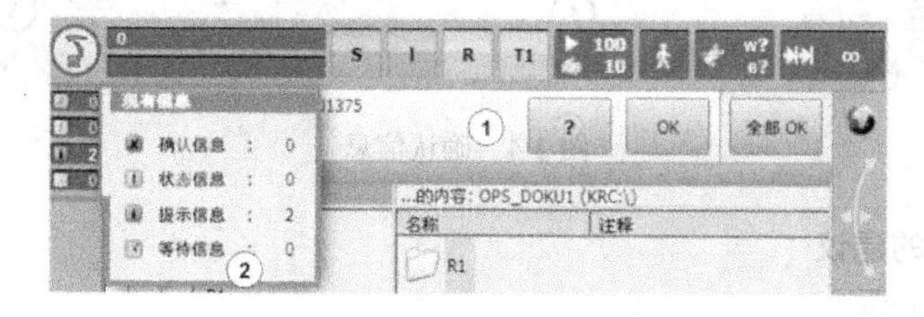

图 2-3 信息窗口和信息提示计数器

①—信息窗口：显示当前信息提示；②—信息提示计数器：每种信息提示类型的信息提示数

表 2-3 信息提示类型

图表	名称	含 义
(图标)	确认信息	用于显示需操作员确认才能继续处理机器人程序的状态（例如“确认紧急停止”）
		确认信息始终引发机器人停止，或抑制其启动

续表

图表	名称	含　义
	状态信息	状态信息报告控制器的当前状态（例如“紧急停止”）
		只要这种状态存在，状态信息便无法被确认
	提示信息	提示信息提供有关正确操作机器人的信息（例如“需要启动键”）
		提示信息可被确认。只要它们不使控制器停止，则无需确认
	等待信息	等待信息说明控制器在等待哪一个事件（状态、信号或时间）
		等待信息可通过按“模拟”按键手动取消 注意：指令“模拟”只允许在能够排除碰撞和其他危险的情况下使用
	对话信息	对话信息用于与操作员的直接通信/问询
		将出现一个包含各种按键的信息窗口。利用这些按键，可以给出不同的回答
OK	OK 键	对可确认的信息提示加以确认
全部 OK	“全部 OK”键	一次性全部确认所有可以被确认的信息提示

1．信息的影响

信息会影响机器人的功能，确认信息始终引发机器人停止或抑制其启动。为了使机器人运行，首先必须确认信息。指令“OK”（确认）表示请求操作人员有意识地对信息进行分析。

2．信息提示处理

信息提示中始终包括日期和时间，以便为研究相关事件提供准确的时间，如图 2-4 所示。观察和确认信息提示的操作步骤如下所述：

（1）触摸信息窗口①，展开信息提示列表。

（2）确认：单击 OK 键②，对各条信息提示逐条确认；或者单击“全部 OK”键③，确认所有信息提示。

（3）再触摸一下最上边的一条信息提示，或单击屏幕左侧边缘上的“X”键，重新关闭信息提示列表。

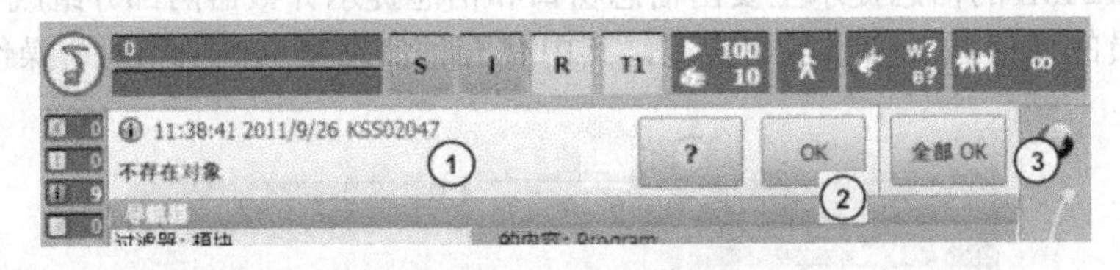

图 2-4　确认信息

3．对信息处理的建议

（1）有意识地阅读!

（2）首先阅读较老的信息。较新的信息可能是老信息产生的后果。

（3）切勿轻率地按下“全部 OK”键。

（4）在启动后，要仔细查看信息。在此过程中按下信息窗口，即扩展信息列表，显示所有的信息。

五、提交解释器

提交解释器如图 2-2 中所示。在实际工作中，它呈现不同的颜色，表达不同的含义，如表 2-4

所示。

表 2-4　提交解释器

图表	颜色	含　义
S	黄色	选择了提交解释器。语句指针位于所选提交程序的首行
S	绿色	提交解释器正在运行
S	红色	提交解释器被停止
S	灰色	提交解释器未被选择

六、键盘

smartHMI 上有一个键盘用于输入字母和数字。smartHMI 可识别什么时候需要输入字母或数字，并自动显示键盘。键盘只显示需要的字符，如果编辑一个只允许输入数字的栏，则只显示数字，不显示字母，如图 2-5 所示。

七、接通机器人控制系统，启动库卡系统软件（KSS）

将机器人控制系统上的主开关置于 ON（开），则操作系统和库卡系统软件（KSS）自动启动。若 KSS 未能自动启动，例如自动启动功能被禁止，则从路径 C：\KRC 运行启动程序 StartKRC.exe。

八、调用主菜单

单击 KCP 上的“主菜单”按钮，打开“主菜单”窗口，而且总是显示上次关闭窗口时的视图，如图 2-6 所示。视图左栏显示主菜单，将鼠标光标置于某个菜单项上，将显示其所属下级菜单；如图 2-6 所示（注意：若打开下级菜单的层数较多，可能看不到主菜单栏，只能看到下级菜单）；箭头键 ◂ 的功能是单击后重新显示上一个打开的下级菜单；　Home 键 ⌂ 的功能是单击后显示所有打开的下级菜单。

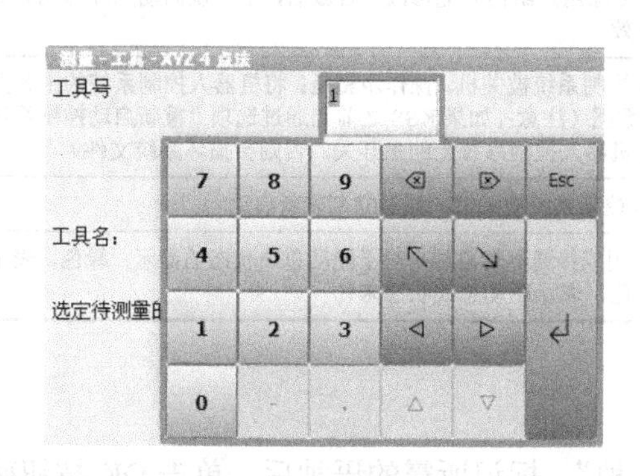

图 2-5　键盘示例

图 2-6　主菜单（打开下级菜单）

九、KSS 结束或重新启动

在主菜单中选择“关闭”命令，则弹出如图 2-7 所示窗口，在其中选择所需的选项（选项功能见表 2-5 所示），然后按下关闭控制系统 PC（或重新启动控制系统 PC），则弹出安全询问窗口，单击“是”，就结束 KSS（或重新启动）。

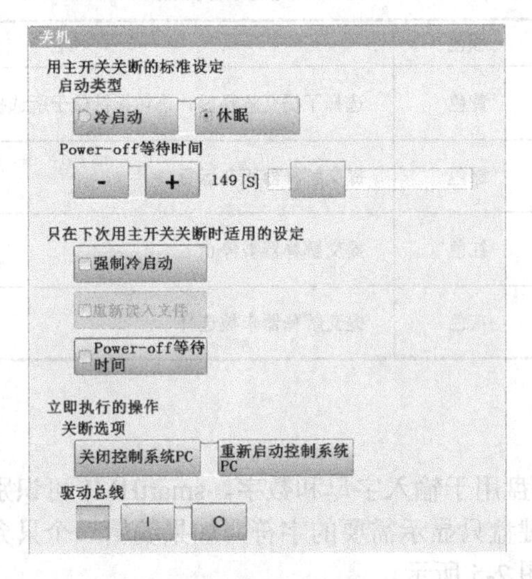

图 2-7 “关机”窗口

表 2-5 关机窗口中各选项功能

选项	说 明
启动类型-冷启动	机器人控制系统在切断电源后以冷启动方式启动（注意：切断电源和启动通常由断开和接通机器人控制系统上的主开关引起）。该设定只有在专家用户组内才能修改。冷启动之后，机器人控制系统显示导航器。没有选定任何程序。控制器将完全初始化，所有的用户输出端均被置为 FALSE（错误的）
启动类型-休眠	机器人控制系统在切断电源后以休眠后的启动方式启动（注意：切断电源和启动通常由断开和接通机器人控制系统上的主开关引起）。该设定只有在专家用户组内才能修改。以休眠方式启动后，可以继续执行先前选定的机器人程序。基础系统的状态，如程序、语句显示器、变量内容和输出端，全部得以恢复。此外，所有与机器人控制系统同时打开的程序重新打开，并处于关机前的状态。Windows 也恢复到之前的状态
关机等待时间	机器人控制系统关机前的等待时间，使得在系统出现极短时间供电中断的情况下不立即关闭，而依靠等待时间度过断电。该值只有在专家用户组内才能修改。若激活，等待时间在下一次关机时被考虑进去；若未激活，等待时间在下一次关机时不被考虑
强制冷启动	该设置仅对下次启动有效，并且只有在专家用户组内才能修改。若激活，下一次启动为冷启动。如果在启动类型下选择了“休眠”，该设置也有效
控制系统 PC 关机	仅在运行方式 T1 和 T2 下使用，机器人控制系统被关机。操作步骤是：将机器人控制系统的主开关切换到 OFF 位置，机器人控制系统自动备份数据（注意：如果 KSS 之前已通过选项“重新启动控制系统 PC”退出，并且重新启动尚未结束，则不得按机器人控制系统上的主开关，否则会损坏系统文件）
重新启动控制系统 PC	仅在运行方式 T1 和 T2 下使用。机器人控制系统被关机，然后立刻重新启动
关闭驱动总线 /接通驱动总线	仅在运行方式 T1 和 T2 下使用。可以关闭或接通驱动总线。对于驱动总线状态的显示：绿色，表示驱动总线接通；红色，表示驱动总线关闭；灰色，表示驱动总线状态未知

十、设定操作界面的语种

在主菜单中选择“配置”→“工具”→“语种”，标记所需的语种后，单击 OK 按钮确认。

十一、更换用户组

更换用户组的操作步骤如下所述：

(1) 在主菜单中选择“配置”→“用户组”，显示当前用户组。

（2）若欲切换至默认用户组，单击“标准”按钮（如果已经在默认的用户组中，不能使用“标准”）。若欲切换至其他用户组，则单击“登录…”，再选定所需的用户组。

（3）如果需要，输入密码并确认登录。

在库卡系统软件中，视用户组的不同，可选择不同的功能。用户组分以下6种。

1．操作人员

操作人员用户组，为默认用户组。

2．用户

操作人员用户群。在默认设置中，操作人员和应用人员的目标群是一样的。

3．专家程序员用户组

专家程序员用户组通过密码保护。

4．安全维护人员

调试人员用户群，可以激活和配置机器人的安全属性。该用户组通过密码保护。

5．安全投入运行人员

只有使用KUKA.SafeOperation（库卡安全运行）或KUKA.SafeRangeMonitoring（库卡. 安全监测）时，该用户组才相关。该用户组通过密码保护。

6．管理员

该用户组的功能与专家用户组一样。可以将插件（Plug-Ins）集成到机器人控制系统中。此用户组通过密码保护。

注意：默认密码为“kuka”。新启动时，将选择默认用户组。如果要切换至AUT（自动）运行方式或AUT EXT运行方式（外部自动运行），机器人控制器将出于安全原因切换至默认用户组。如果希望选择另外一个用户组，需要切换；如果在一段固定时间内未在操作界面进行任何操作，机器人控制系统将出于安全原因切换至默认用户组。默认设置为300s。

十二、锁闭机器人控制系统

在非默认用户组情况下，机器人控制系统可被锁闭，除了重新登录，将其对所有的动作锁闭。

注意：

（1）锁闭机器人控制系统的前提是默认用户组未被选择。

（2）锁闭机器人控制系统的操作步骤是：首先在主菜单中选择“配置”→“用户组”，然后单击“锁闭”按钮。此时，机器人控制系统将对除了登录之外的所有动作锁闭，并显示当前用户组。

（3）重新登录

① 作为默认用户登录，单击“标准”按钮。

② 作为其他用户登录，单击“登录…”，然后选定所需用户组并确认登录。

③ 如果需要，输入密码，并确认登录。

④ 当采用与先前同样的用户组登录时，之前用户的所有窗口和程序均保留打开状态，数据不会丢失。当用与先前不同的用户组登录时，之前用户的窗口和程序可能关闭，数据可能会丢失！

十三、更换运行方式

1．更换运行方式的前提

更换运行方式的前提是：机器人控制器不处理任何程序；调用连接管理器的开关的钥匙。

2．更换运行方式的步骤

更换运行方式的步骤为：首先，在 smartPAD 上转动用于连接管理器的开关，显示连接管理器；然后，选择运行方式，并将用于连接管理器的开关再次转回初始位置，则所选运行方式显示在 smartPAD 的状态栏中。

3．常用的运行方式

常用的运行方式如表 2-6 所示。

表 2-6 常用的运行方式

运行方式	应 用	用 途	速 度
T1	用于测试运行、编程和示教	程序验证、编程	最高 250mm/s
		手动运行	最高 250mm/s
T2	用于测试运行	程序验证、编程	最高 250mm/s
		手动运行	无法进行
AUT	用于不带上级控制系统的工业机器人	程序验证、编程	最高 250mm/s
		手动运行	无法进行
AUT EXT	用于带有上级控制系统（例如 PLC）的工业机器人	程序验证、编程	最高 250mm/s
		手动运行	无法进行

【实际操作】熟悉库卡机器人在线软件。

一、练习使用库卡机器人在线软件

在教师的监督和指导下，熟悉库卡机器人在线软件，并说出各部分的名称、作用和使用方法，认真练习库卡控制面板（KCP）的基本操作。

二、评分标准

（一）阐述

（1）阐述错误或遗漏，每个扣 10 分。

（2）操作与要求不符，每次扣 10 分。

（二）文明生产

违反安全文明生产规程，扣 5～40 分。

（三）定额时间

定额时间 90min。每超过 5min（不足 5min，以 5min 计），扣 5 分。

注意：除定额时间外，各项目的最高扣分不应超过配分数。

温馨提示

（1）注意文明生产和安全。

（2）课后通过网络、厂家、销售商和使用单位等多种渠道，了解库卡控制面板（KCP）的知识和资料，分门别类加以整理，作为资料备用。

【评议】

温馨提示

完成任务后，进入总结评价阶段。分为自评和教师评价两种，主要是总结评价本次任务中做得好的地方及需要改进的地方。根据评分的情况和本次任务的结果，填写表 2-7 和表 2-8。

表 2-7 学生自评表格

任务完成进度	做得好的方面	不足和需要改进的方面

表 2-8 教师评价表格

在本次任务中的表现	学生进步的方面	学生不足和需要改进的方面

【总结报告】

知识拓展

一、编程前的安全要求

（1）必须确保示教人员按照培训要求进行培训，并在实际机器人系统中的机器人上进行训练，熟悉包括所有安全防护措施在内的所推荐的编程步骤。

（2）示教人员应目检机器人系统和安全防护空间，确保不存在产生危险的外界条件。示教盒的运动控制和急停控制应进行功能测试，保证能够正常操作。示教操作开始前，应排除故障和失效状态。编程时，应关断机器人驱动器不需要的动力（必需的平衡装置应保持有效）。

（3）示教人员进入安全防护空间前，所有的安全防护装置应确保在位，且在预期的示教方式下能起作用。进入安全防护空间前，应要求示教人员执行编程操作，但不能进行自动操作。

二、编程中的安全要求

（1）示教期间，仅允许示教编程人员在防护空间内。

（2）示教人员应拥有和使用有单独控制机器人运动功能的示教盒。

（3）示教期间，机器人运动只受示教装置控制。机器人不应响应来自其他地方的遥控命令。

（4）示教人员应具有单独控制在安全防护空间内的其他设备运动的权力，并且这些设备的控制应与机器人的控制分开。

（5）若在安全防护空间内有多台机器人，而栅栏的联锁门开着，或现场传感装置失去作用，所有的机器人都应禁止自动操作。

（6）机器人系统中的所有急停装置都应保持有效。

（7）示教时，机器人的运动速度应低于 250mm/s。具体的速度选择应考虑万一发生危险，示教人员有足够的时间脱离危险，或停止机器人的运动。

三、返回自动操作的安全要求

在启动机器人系统进行自动操作前，示教人员应将暂停使用的安全防护装置功效恢复。

四、编程数据的要求

应保留任务程序和维修程序的记录。程序数据不使用时，应存储在可传送的媒介（如纸、磁盘等）中，并存放在合适的保护环境中。

五、自动操作的安全要求

仅在满足下列要求时，才能启动机器人进行自动操作：预期的安全防护装置都在位，并且能起作用；在安全防护空间内没有人；遵守安全操作规程。

六、程序验证（程序校验）的安全要求

程序验证是确认机器人的编程路径及处理性能与应用时所期望的路径和处理性能是否一致的方法。验证可以是程序路径的全部或一段。程序验证的人员应尽可能在安全防护空间外操作。当人员必须在安全防护空间内完成程序验证时，应满足以下条件：

（1）程序验证必须在机器人运动速度低于 250 mm/s 时进行。除了机器人的运动控制仅使用握持运行装置或使能装置实现之外，还应满足编程前、编程中和自动返回的安全防护要求。

（2）当要求在机器人的运行速度超过 250 mm/s 时，校验人员在安全防护空间内检查已编程的作业任务和与其他设备相互配合的关系，应遵守以下安全防护规定：

① 第一个循环应采用低于 250 mm/s 的速度，然后仅由编程人员用键控开关谨慎地操作，分步增加速度。

② 安全防护空间内的工作人员应使用使能装置或与其安全级别等效的其他装置。

③ 应建立安全工作步骤，将在安全防护空间内的人员面临的危险降至最小。

任务二 使用库卡机器人离线软件

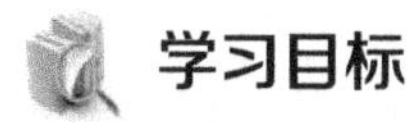

学习目标

① 了解库卡机器人离线软件的概念。
② 了解 WorkVisual 软件。
③ 掌握 WorkVisual 的安装方法。
④ 熟悉 WorkVisual 的界面。
⑤ 掌握 WorkVisual 的基本操作。

工作任务

首先，了解库卡机器人离线软件的概念以及 WorkVisual 软件；掌握 WorkVisual 的安装方法；熟悉 WorkVisual 的界面；掌握 WorkVisual 的基本操作，全面、准确地掌握库卡机器人离线软件的基本功能和用途。

任务实施

【知识准备】

一、库卡机器人离线软件

库卡机器人离线软件是安装在计算机中的专门软件，用于在离线（即不连接机器人）情况下进行机器人轨迹规划编程。库卡机器人离线编程主要包括图形辅助的互动编程和文字编程两种。

二、WorkVisual 概述

WorkVisual 是最常用的一款库卡机器人离线软件（主要应用于 KR C4 控制的机器人工作单元的工程环境），是一种图形辅助互动的编程软件，多用在教学或新的生产线开发过程中。它的主要功能是：架构并连接现场总线；对机器人离线编程；配置机器参数；离线配置 RoboTeam；编辑安全配置；将项目传送给机器人控制系统；从机器人控制系统载入项目；将项目与其他项目进行比较，按需应用差值；管理长文本；管理备选软件包；诊断功能；在线显示机器人控制系统的系统信息；配置、启动、分析（用示波器）测量记录等。

WorkVisual 运行的软、硬件环境要求如下所述。

1．硬件

（1）最低要求：具有奔腾 4（Pentium Ⅳ）处理器的 PC，主频至少 1500MHz；512 MB 内存；与 DirectX8 兼容的显卡，分辨率为 1024×768 像素。

（2）推荐的要求：具有奔腾 4（Pentium Ⅳ）处理器的 PC，主频 2500MHz；1GB 内存。

2．软件

（1）PC 系统软件：Windows 7，32 位版本和 64 位版本均可；或者 Windows XP，32 位版

本，至少带有 Service Pack 3（注意：不能使用 64 位版本。如果要将 Multiprog 连到 WorkVisual 上，KUKA.PLC Multiprog 5-35 4.0 必须已安装，且 Multiprog 必须已获得许可）。

（2）机器人控制系统的系统软件：库卡系统软件 8.3 或 8.2 或 VW 系统软件 8.2。

三、安装 WorkVisual

（一）安装前提

安装 WorkVisual 的前提是拥有局部管理员权限。

（二）安装步骤

（1）启动程序 setup.exe。

（2）如果 PC 上缺少.NET Framework 2.0、3.0 和 3.5 组件，打开相应的安装助手，然后按照提示逐步操作，完成.NET Framework 的安装。

（3）如果 PC 上缺少 SQL Server Compact 3.5 组件，打开相应的安装助手，然后按照提示逐步操作，完成 SQL Server Compact 3.5 的安装。

（4）如果 PC 上缺少 Visual C++ Runtime Libraries 和 WinPcap 组件，打开相应的安装助手，然后按照提示逐步操作，完成 Visual C++ Runtime Libraries 和 WinPcap 的安装。

（5）打开“WorkVisual [···] 设置”窗口，然后单击“Next（下一步）”按钮。

（6）接受许可证条件并单击“Next（下一步）”按钮。

（7）单击所需安装类型［注意：只有选择 Custom（自定义），才可以执行第（8）步；否则，继续执行第（9）步］。

（8）打开 Custom Setup（自定义安装）窗口，如图 2-8 所示。

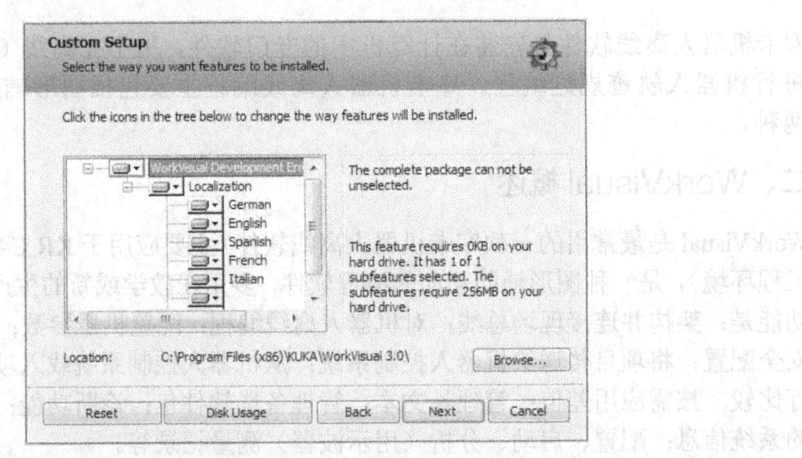

图 2-8 窗口用户设置

① 必要时，单击“Browse···”（浏览）按钮，选择其他安装目录。如果“Browse···”（浏览）按钮呈现灰色，在结构树中选中层面 WorkVisual Development Environment（WorkVisual 开发环境），Browse···（浏览）即被激活。

② 在结构树中选定所需语言（注意：在此安装的语言，在之后切换操作界面时可用）。

③ 单击“Next（下一步）”按钮。

（9）单击“安装”按钮，WorkVisual 即被安装。

（10）安装结束，单击“完成”按钮，关闭安装助手。

注意：安装过程中的常用图标如表 2-9 所示，常见类型及相关信息如表 2-10 所示。

表 2-9　常用图标

图　标	说　明
	安装
	安装，包含子元素（不影响语言选择）
	不安装

表 2-10　常见类型及相关信息

类型	安装目录	语言
Typical（典型）	默认目录 C：\Programme（x86）\ KUKA\ WorkVisual 3.0	安装英语及操作系统语言
Custom（自定义）	可选	可从列表中选择
Complete（全部）	默认目录	全部安装

四、KUKA WorkVisual 的界面

图 2-9 所示是 KUKA WorkVisual 的界面，各部分功能如表 2-11 所示。

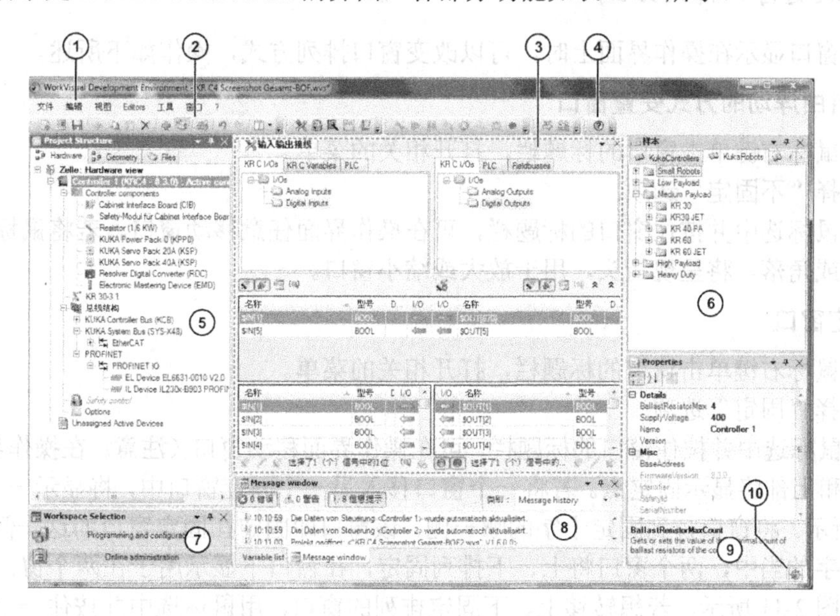

图 2-9　KUKA WorkVisual 的界面

表 2-11　KUKA WorkVisual 界面各部分功能

序号	说　明
①	菜单栏
②	按键栏
③	编辑器区域。如果打开了一个编辑器，将在此显示。可能同时打开多个编辑器（如图 2-9 所示）。这些编辑器将上下排列，可通过选项卡选择
④	“帮助”键

续表

序号	说　明
⑤	“项目结构”窗口
⑥	“编目”窗口。该窗口中显示所有添加的编目。编目中的元素可在“项目结构”窗口中添加到“设备或几何形状”选项卡上
⑦	“工作范围”窗口
⑧	“信息提示”窗口
⑨	“属性”窗口。若选择了一个对象，在此窗口中显示其属性。属性可变。灰色栏目中的单个属性不可改变
⑩	“WorkVisual 项目分析”图标

注意：在默认状态下，并非所有单元都显示在操作界面上，可根据需要显示或隐藏。除了图 2-9 所示的窗口和编辑器之外，还有更多选择，可通过菜单项窗口和编辑器显示。

（一）显示/隐藏窗口

菜单项窗口是一个含有可用窗口的列表。选择菜单项窗口，可用窗口的列表便被打开。在列表中单击一个窗口，可以在操作界面上将其显示或隐藏。

（二）改变窗口排列方式

当所需窗口显示在操作界面上时，可以改变窗口排列方式，操作如下所述。

1．以自由浮动的方式安置窗口

（1）用鼠标右键单击窗口的标题栏，打开相关的菜单。

（2）选择“不固定”选项。

（3）用鼠标选中并按住窗口的标题栏，可在操作界面任意移动窗口。若将鼠标光标定位于窗口的边缘或角落，将呈现箭头，用于放大或缩小窗口。

2．固定窗口

（1）用鼠标右键单击窗口的标题栏，打开相关的菜单。

（2）选择“固定”选项。

（3）用鼠标选中并按住窗口的标题栏，可在操作界面移动窗口（注意：在操作界面的右侧、左侧、下部和上部将显示固定点。若将一个窗口移入另一个固定窗口中，将显示一个固定十字，如图 2-10 所示。将窗口拉到固定十字的哪一侧，该窗口即固定在固定窗口的这一侧。若将窗口拉到固定十字的当中，两个窗口将上、下排列固定，在窗口下显示用于在两个窗口之间切换的选项卡，如图 2-11 所示。若想转移上、下固定排列的窗口，用鼠标选中并按住一个选项卡，仅转移这个窗口；或者选中并按住标题栏，转移所有上、下排列的窗口）。

（4）将窗口拉到固定点或十字上，窗口就此固定。

3．自动显示或隐藏固定的窗口

（1）用鼠标右键单击窗口的标题栏，打开相关的菜单。

（2）选择“自动隐藏”选项，则窗口自动隐藏，并在操作界面的边缘留有包含窗口名称的选项卡。

（3）为了显示窗口，将鼠标光标移到选项卡上。

（4）为了重新隐藏窗口，将鼠标光标从窗口中移出，然后单击窗口外的任一个区域。

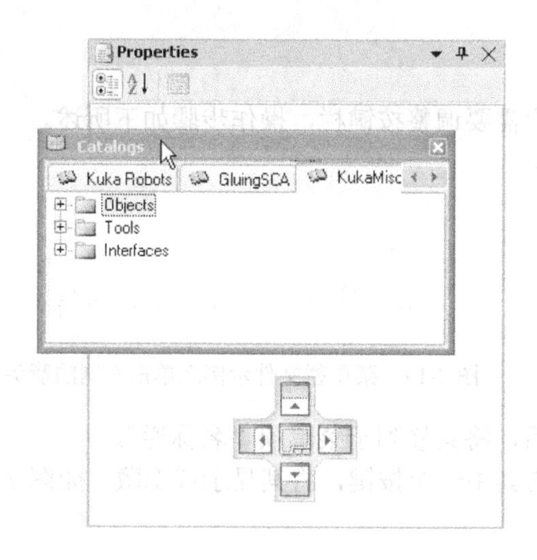

图 2-10 固定十字

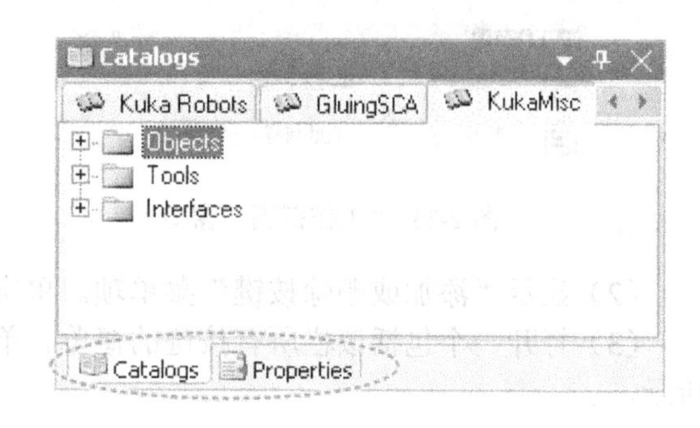

图 2-11 窗口上、下固定

注意：通过“自动隐藏”选项，可为操作界面其他区域的工作提供更多位置，同时可每时每刻快速显示窗口。另外，在窗口的标题栏中有一个“大头针”图标，如图 2-12 所示，单击它，也可以激活或取消自动隐藏。

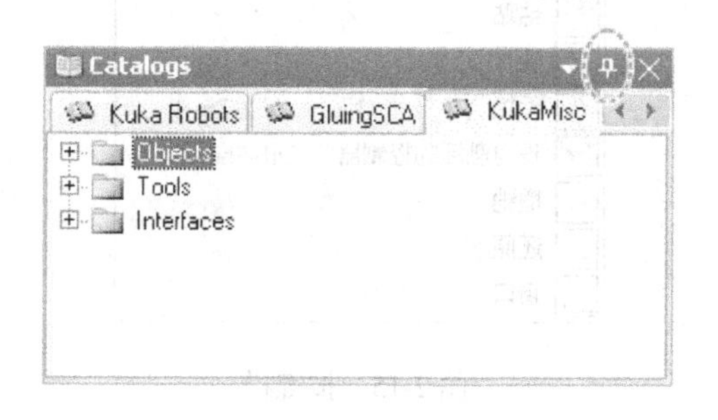

图 2-12 “大头针”图标

（三）显示操作界面的各种视图

WorkVisual 的操作界面用两种不同的视图显示，通过菜单项或窗口工作范围选择。视图各对应不同的工作重点，如表 2-12 所示。

表 2-12 WorkVisual 操作界面的视图显示及工作重点

视图	工作重点
编程和配置	项目相关的工作范围。例如，单元配置、输入/输出端接线，以及使用 KRL 编辑器的工作
在线管理	项目无关的工作范围。例如，监控、记录。即使无项目打开，该视图中的功能也可选用

注意：每个视图可单独根据用户需要调整、适配。例如，使按键栏在每个视图中都处于不同的部位；使信息窗口在一个视图中隐藏，而在另一个视图中不隐藏。

（1）显示“工作范围”窗口：选择“序列窗口”菜单，然后选择“工作范围”，如图 2-13 所示。

（2）将当前视图回置到默认设置：选择“序列窗口”菜单，然后复位已激活的工作范围。

（3）将所有视图回置到默认设置：选择“序列窗口”菜单，然后复位所有工作范围。

（四）显示或隐藏按键

利用单个按键即可隐藏、显示，以便根据用户需要调整按键栏，操作步骤如下所述。

（1）单击按键栏右侧的箭头，如图 2-14 所示。

图 2-13 “工作范围”窗口

图 2-14 菜单栏文件示例之单击右侧的箭头

（2）显示“添加或删除按键”菜单项。单击后，将其移到子菜单项“名称栏”。

（3）打开一个包括该栏所有按键的概览。单击其中一个按键，将其显示或隐藏，如图 2-15 所示。

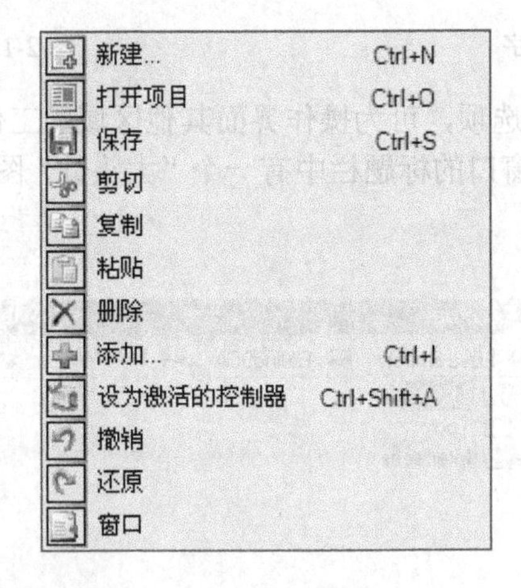

图 2-15 按键栏

（五）按键栏

按键栏说明如表 2-13 和表 2-14 所示。

表 2-13 按键栏说明

按键	名 称	功 能
	新建	打开一个新的空项目
	打开项目	打开项目资源管理器
	保存	保存项目
	剪切	将选出的元素从原先的位置删除，将其复制到剪贴板中
	复制	将选出的元素复制到剪贴板中
	粘贴	将剪切或复制的元素粘贴到标记处
	删除	删除选定的元素

续表

按键	名　称	功　能
	添加	打开一个窗口，在其中可选择元素并添加到树形结构中。哪些元素可用，取决于在树形结构中选中了什么。只有在“项目结构”窗口的“设备或文件”选项卡中选定了一个元素，该按钮才激活
	设为激活的控制器/取消作为激活的控制器	将一个机器人控制系统设为激活/未激活。按钮仅当在“项目结构”窗口中选中了“机器人控制系统”时才激活
	配置建议	打开窗口。在该窗口中，WorkVisual 建议的完整硬件配置与现有运动系统相匹配。用户可以选择哪些建议与实际配置相符，然后将该配置应用到项目中
	撤销	撤销上一步动作
	还原	恢复撤销的动作
	设置	打开具有设备数据的窗口。只有当在“项目结构”窗口的“设备”选项卡中选定了一个设备时，该按钮才激活
	建立与设备的连接	建立与现场总线设备的连接。只有当在“项目结构”窗口的“设备”选项卡中选定了“现场总线主机”时，该按钮才激活
	断开与设备的连接	断开与现场总线设备的连接
	拓扑扫描	扫描总线
	取消上一动作	取消特定的操作，例如总线扫描。该按钮仅当正在进行的动作可以取消时才激活
	监控	目前未配置功能
	诊断	目前未配置功能
	记录网络捕获	WorkVisual 可以记录机器人控制系统接口的通信数据。单击该按钮，打开所属的窗口
	安装	将项目传输到机器人控制系统中
	生成代码	
	接线编辑器	打开窗口输入/输出接线
	控制系统的本机安全配置	打开当前机器人控制系统的本机安全配置
	驱动装置配置	打开用于调整驱动通道的图形编辑器
	KRL 编辑器	打开在 KRL 编辑器中选中的文件。只有在“项目结构”窗口的“文件”选项卡中选定了一个可用 KRL 编辑器打开的文件，该按钮才激活
	长文本编辑器	打开“长文本编辑器”窗口
	帮助	打开帮助

表 2-14　仅在工作范围内在线管理

按键	名　称	功　能
	打开“在线系统信息”窗口	显示在线系统信息
	打开“诊断显示器”窗口	显示机器人控制系统的诊断数据

续表

按键	名　称	功　能
	打开“测量记录配置”窗口	Trace 配置窗口
	打开“测量记录分析”窗口	“测量记录分析”窗口
	打开“Log 显示”窗口	显示机器人控制系统的信息和系统日志

（六）“信息提示”窗口

此处显示信息提示。在信息窗口中可设置以下内容。

1．语言

在此可选择所需语言。

2．类别

（1）信息提示记载。显示除了 KRL 代码错误之外的所有信息提示，而且信息提示不会被自动删除，即使其描述的临时状态不复存在。但是，可通过单击鼠标右键，选择“全部删除”选项来删除所有信息提示。

（2）KRL Parser。显示当前在“KRL 编辑器”窗口中打开的文件的 KRL 代码中的错误。

（七）“项目结构”窗口

“项目结构”窗口包含以下选项卡。

1．设备

在“设备”选项卡中显示设备的关联性。此处可将单个设备分配给一个机器人控制系统。

2．几何形状

“几何形状”选项卡以树形结构显示出所有项目中现有的几何对象（运动系统、工具、基坐标对象）及可编辑对象的属性。

当对象须以几何方式相互连接，例如，当必须为库卡线性滑轨分配一台机器人时，必须在“几何形状”选项卡中分配（Drag&Drop）（拖放）。

3．文件

“文件”选项卡包含属于项目的程序和配置文件，并用不同的颜色显示文件名。

（1）灰色：自动生成文件（利用功能按扭生成代码）。

（2）蓝色：在 WorkVisual 中手动添加的文件。

（3）黑色：从机器人控制系统传输到 WorkVisual 的文件。

（八）复位操作界面

用户在 WorkVisual 中所做的与操作界面和行为相关的所有设置可复位到默认状态。可以根据按扭栏、接通或关闭的窗口和窗口选项自定义，操作方法如下所述。

（1）选择“序列窗口”菜单，然后选择“复位配置”。

（2）结束 WorkVisual，并重新启动。

五、KUKA WorkVisual 的操作

（一）启动

双击桌面上的 WorkVisual 图标即可将其启动。注意：首次启动 WorkVisual 时，将打开 DTM 编目管理。必须在此执行一次编目扫描。

（二）打开项目

打开项目的方法有下述两种。注意：旧版 WorkVisual 的项目也能打开。为此，WorkVisual 为旧项目建立一个备份，然后转换项目，但事先会显示一个查询，用户必须确认转换。

1．方法一

（1）选择“序列文件”菜单，单击打开项目，或单击按钮打开项目。

（2）弹出项目资源管理器，如图 2-16 所示。在窗口左侧选中选项卡打开项目，将显示一个含有各种项目的列表，从中选定一个项目并单击打开。

（3）将机器人控制系统设为激活状态。

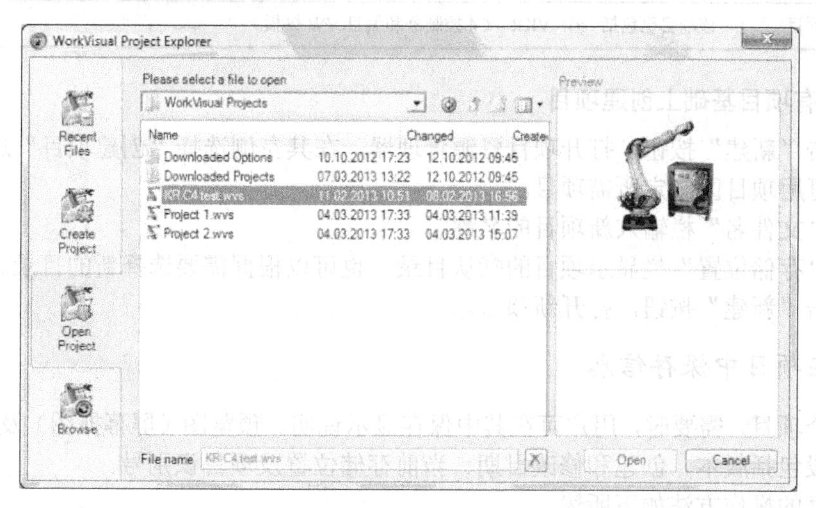

图 2-16 项目浏览器

2．方法二

（1）选择“序列文件”菜单，然后选择最后一次打开的项目，打开含有上一次打开过的项目的子菜单。

（2）选定并单击一个项目将其打开。

（3）将机器人控制系统设为激活状态。位于机器人控制系统中、尚未保存在该 PC 的项目也可载入 WorkVisual，并在那里打开，但是必须从机器人控制系统载入项目。

（三）创建新项目

1．建立一个新的空项目

（1）单击“新建”按扭，打开项目资源管理器。在其左侧选择“创建项目”选项卡。

（2）选定空项目模板。
（3）在“文件名”栏输入项目名称。
（4）在“存储位置”栏显示项目的默认目录。也可以根据需要选择新的目录。
（5）单击“新建”按钮，打开新的空项目。

2．借助于模板创建项目

（1）单击“新建”按钮，打开项目资源管理器。在其左侧选择“创建项目”选项卡。
（2）可用模板区选定所需模板。
（3）在“文件名”栏输入项目名称。
（4）在“存储位置”栏显示项目的默认目录。也可以根据需要选择新的目录。
（5）单击“新建”按钮打开新的项目。
注意：还可以选择如表 2-15 所示的模板。

表 2-15 还可以选择的模板

模板	说明
空项目	空项目
KR C4 项目	该项目已包括一个 KR C4 控制器和编目 KRL 模板
VKR C4 项目	该项目已包括一个 VKR C4 控制器和编目 VW 模板

3．在现有项目基础上创建项目

（1）单击“新建”按钮，打开项目资源管理器，在其左侧选择“创建项目”选项卡。
（2）在可用项目区选定所需项目。
（3）在“文件名”栏输入新项目的名称。
（4）在“存储位置”栏显示项目的默认目录。也可以根据需要选择新的目录。
（5）单击“新建”按钮，打开新项目。

（四）在项目中保存信息

打开一个项目，需要时，用户可在其中保存显示说明、预览图（屏幕抓图）及默认的信息。默认信息一般包括版本、创建和修改日期、当前存储位置及项目识别号。

保存信息的操作方法如下所述。
（1）选择“序列”菜单“其他”，再选择项目信息，打开窗口中的项目信息。
（2）在“说明”栏输入说明（可选）。
（3）单击“从文件贴图（可选）”，然后选定图片，并确认打开。
（4）单击 OK 按钮，关闭并保存窗口中的项目信息。

（五）保存项目

保存项目的文件格式是 WVS（WorkVisual Solution）。保存方式有“保存”和“另存为”两种。

（1）保存：保存打开的项目，操作步骤为：选择“序列文件”菜单，再选择“保存”；或单击“保存项目”按钮。

（2）另存为：利用此功能保存打开的项目的一份副本；同时，打开的项目本身将自动关闭，并且保持不变，操作步骤如下所述。

① 选择“文件”菜单，再选择“另存为”，打开“另存为”窗口，选择项目的存储位置。
② 在“文件名”栏输入名称，然后单击“保存”按钮。

（六）关闭项目

选择“文件”菜单，再选择“关闭”。若有更改，将显示一条是否应保存项目的安全问询。

（七）结束 WorkVisual

选择“文件”→“结束”菜单。若有项目打开，将显示一条是否应保存项目的安全问询。

（八）导入设备说明文件

为了在 WorkVisual 中使用一台设备，WorkVisual 需要该设备的说明文件。说明文件须从设备生产厂家获得，并导入系统。导入设备说明文件的前提是未打开任何项目，操作步骤如下所述。

（1）选择“文件”菜单，再选择“导入/导出”，打开一个窗口。

（2）选择导入设备说明文件，然后单击“继续”按钮。

（3）单击“查找”，导航到存放文件的目录，再选择“继续”→“确认”。

（4）打开另一个窗口，然后在“文件类型”栏选择所需类型（注意：必须为库卡总线设备选择 EtherCAT ESI 类型）。

（5）选定所需导入的文件，并确认打开。

（6）单击“完成”按钮。

（7）关闭窗口。

至此，在 DtmCatalog 编目中可使用导入的文件。

（九）编目

1．更新 DtmCatalog（编目扫描）

一般情况下，仅需在完成安装或更新之后，首次启动 WorkVisual 时，执行更新 DtmCatalog（编目扫描）。如果已导入一个 EDS 文件，则以上情况不适用于以太网/IP，必须在启动之后进行编目扫描。总之，更新 DtmCatalog（编目扫描）的前提是未打开任何项目，其操作步骤如下所述。

（1）自动打开“DTM 编目管理”窗口。必要时，单击“其他”菜单，然后选择“DTM 编目管理”，将其打开。

（2）单击“查找安装的 DTM”按钮，WorkVisual 将在 PC 中查找相关文件，并显示查找结果。

（3）在“已知 DTM”区域选定所需文件，并单击向右箭头按钮；若需要应用所有文件，单击向右的双箭头按钮。

（4）所选文件将在“当前的 DTM 编目”区域中显示。单击 OK 按钮，如图 2-17 所示。

2．将编目添加到项目中

编目中包括所有生成程序所需的元素。为了使用一个编目，必须先将其添加到项目中，操作步骤如下所述。

（1）选择“文件”菜单，然后选择“编目管理”，自动打开一个窗口。

（2）在“可用的编目”区域中双击所需编目，使其在项目编目区域中显示出来。

（3）关闭窗口，将编目添加到项目中，即可在“编目”窗口中使用此编目。

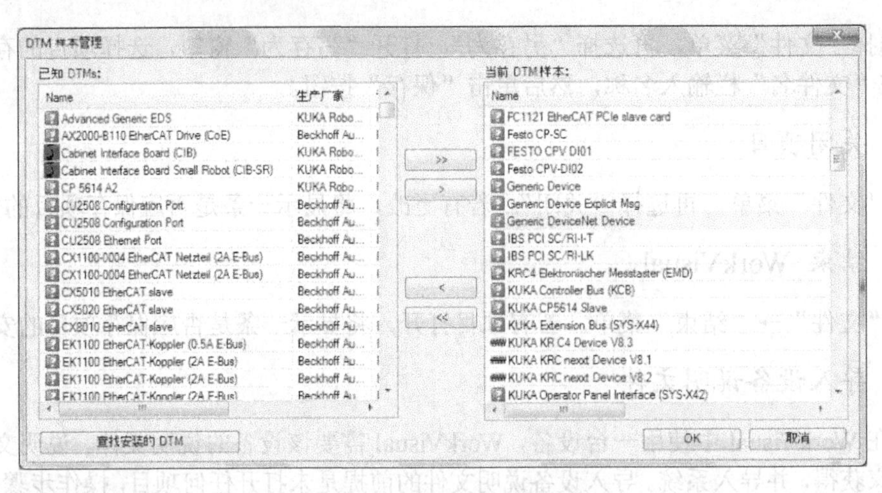

图 2-17 DTM 编目管理

3. 将编目从项目中删除

（1）选择“文件”菜单，然后选择“编目管理”，自动打开一个窗口。

（2）在“项目编目”区域双击需要删除的编目，在“可用的编目”区域中将显示所选编目。

（3）关闭窗口。

4. 编目说明

哪些编目可用，取决于使用的机器人控制系统是 8.2 版还是 8.3 版。机器人控制系统 8.2 版的可用编目如表 2-16 所示，机器人控制系统 8.3 版的可用编目如表 2-17 所示。

表 2-16 机器人控制系统 8.2 版的可用编目

编 目	编目中含有的文件及提示说明
DtmCatalog	设备说明文件 提示：机器人控制系统必须激活过一次，以便能够使用该编目
KRL Templates	KRL 程序的模板
KukaControllers	机器人控制系统、机器人控制系统的硬件组件、安全选项、选项 PROCONOS
KukaExternalAxes	库卡线性滑轨、库卡双轴转台 外部运动系统模板：非库卡出品的外部运动系统模板。只有运动系统所属的机器参数以 XML 文件形式存在时才可使用这些模板
KUKARobotsKRC4 Heavy Payload	库卡机器人
KUKARobotsKRC4 High Payload	
KUKARobotsKRC4 High Payload 2000 Series	
KUKARobotsKRC4 Low PayLoads	
KUKARobotsKRC4 Medium Payloads	
KukaSpecialRobots	库卡特殊应用机器人，如食品、铸造、净室
MGU_Motor-Gear-Unit	库卡电机-齿轮箱-单元 如果在实际使用的控制系统上使用非库卡出品的外部轴，可使用此编目中的一个元素，前提条件是必须配备库卡电机-齿轮箱-单元
Motor_als_Drive	提示：不得使用此编目
Motor_als_Kinematik	库卡电机 如在实际应用的控制系统上使用非库卡出品的外部轴，可使用此编目中的一个元素，前提条件是必须配备库卡电机
VW Templates	VW 程序的模板

表 2-17 机器人控制系统 8.3 版的可用编目

编 目	编目中含有的文件及提示说明
DtmCatalog	设备说明文件 提示：机器人控制系统必须激活过一次，以便能够使用该编目
KRL Templates	KRL 程序的模板
KukaControllers	机器人控制系统、机器人控制系统的硬件组件、安全选项、选项 PROCONOS
KukaDriveKinematics	配有库卡电机的外部运动系统 如在实际应用的控制系统上使用非库卡出品的外部轴，可使用此编目中的一个元素，前提条件是必须配备库卡电机
KukaDrives	提示：不得使用此编目
KukaExternal-Kinematics	库卡线性滑轨，库卡定位器
KukaRobots	库卡机器人
VW Templates	VW 程序的模板

（十）将元素添加到“项目结构”窗口

将元素添加到“项目结构”窗口的方法一般有两种：一种是通过弹出菜单添加元素，另一种是利用“Drag&Drop（拖放）”选项完成。前者比较简单，类似普通菜单操作，此处不再赘述；后者操作步骤如下所述：

（1）在树形结构中，用鼠标右键单击在其下应添加元素的节点（单击哪个节点，视具体元素而定），弹出“打开”菜单。

（2）在菜单中选择“添加”选项，自动打开一个窗口。

（3）单击“添加”或 OK 按钮，应用在窗口中选中的元素。

（十一）从“项目结构”窗口中删除元素

在树形结构中用鼠标右键单击元素，在弹出的快捷菜单中选择“删除”；或者选中元素，然后选择“编辑”→“删除”；或者选中元素，然后在菜单栏中单击“删除”按钮，或在键盘按 Del 键。

注意：可再次删除已添加到项目结构窗口的所有选项卡中的元素。在默认设置下，一些现有的元素也可被删除，有些却不能；树形结构本身无法被删除。

（十二）添加机器人控制系统

在有编目 KukaControllers 的情况下，在一个项目中可添加一个或多个机器人控制系统，操作步骤如下所述。

（1）在“项目结构”窗口中选择“设备”选项卡。

（2）在编目 KukaControllers 中选定所需的机器人控制系统。

（3）利用 Drag&Drop 功能，将该机器人控制系统拉到“设备”选项卡的单元设备视图中。如果实际应用的机器人控制系统为 VKRC4，或正在使用特定选项，还必须在 WorkVisual 中将其激活。

（十三）将机器人控制系统设置为激活/未激活

只有机器人控制系统激活时，在工作范围内的大多数设置、操作和配置工作才能执行，即这些工作适用于刚好激活的机器人控制系统。例如安全配置和输入/输出端接线中的设置。另外，若一个项目含有多个机器人控制系统，要注意使正确的机器人控制系统处于激活状态。

1．将机器人控制系统设置为激活

将机器人控制系统设置为激活的前提是添加了一个机器人控制系统，操作步骤如下所述。

（1）在“项目结构”窗口的“设备”选项卡中双击未激活的机器人控制系统。

（2）仅在首次将机器人控制系统设置为激活时，自动打开一个窗口，然后完成“固件版本”栏和“输入/输出端数量”栏的操作。

①“固件版本”栏：在此输入安装在实际应用的机器人控制系统中的库卡系统软件或 VW 系统软件的版本号。

②“输入/输出端数量”栏：选择在机器人控制系统使用的最多输入/输出端数量（该数量可以更改）。

注意：对于代码生成和项目传输，正确的输入/输出端数量是必需的。

（3）单击 OK 按钮，保存设置。

注意：也可不双击，而用鼠标右键单击机器人控制系统，弹出“打开”菜单，然后选择“设为激活的控制器”选项。

2．将机器人控制系统设置为未激活

对于 WorkVisual 中少量的操作，有必要将机器人控制系统设置为未激活。当启动这些操作时，用信息提示提醒用户必须首先将机器人控制系统设置为未激活，但前提是已添加了一个机器人控制系统，操作步骤如下所述。

（1）保存项目。

（2）在“项目结构”窗口的“设备”选项卡中双击激活的机器人控制系统；或用鼠标右键单击机器人控制系统，弹出“打开”菜单，选择“设为未激活的控制器”选项。

（十四）更改数值固件版本和/或输入/输出端数量

在首次将机器人控制系统设置为激活时，必须调整或确认数值固件版本和输入/输出端数量。当然，可以事后更改这些数值，对于代码生成和项目传输，正确的数值是必需的。操作步骤如下所述。

（1）保存项目。

（2）在“项目结构”窗口的“设备”选项卡中，用鼠标右键单击机器人控制系统。

（3）在弹出的快捷菜单中选择“控制”选项，自动打开“控制选项”窗口。

（4）在“固件版本”栏中输入新值，例如“8.2.16”。在“输入/输出端数量”栏中选择一个数字。

（5）单击 OK 按钮保存设置。

（十五）将机器人配给机器人控制系统

在含有所需机器人的编目已添加到编目窗口中，且机器人控制系统已设为激活的前提下，将机器人配给机器人控制系统，操作步骤如下所述。

（1）在“项目结构”窗口中选择“设备”选项卡。

（2）在“编目”窗口的编目 KukaRobots 中选定所需的机器人。

（3）利用 Drag&Drop 功能，将该机器人拉到“设备”选项卡中（在机器人控制系统中，注意不要拉到节点未分配的设备上），则机器人显示在机器人控制系统下。

（十六）激活附加的控制系统设定

如果要使用变压器（(V) KR　C4)、空调器（(V) KR　C4)、快速地测量输入端（(V) KR　C4)、改造接口 E2/E7（VKR　C4)、传输应用中的任何一个选项，必须将其在 WorkVisual 中激活。

激活附加的控制系统设定的前提条件是：项目中包含机器人控制系统；仅用于快速地测量输入端（(V) KR　C4)：为该机器人控制系统分配了一台机器人。

激活附加的控制系统设定的步骤如下所述。

（1）选择“序列编辑器”菜单，再选择“附加的控制系统设定”，自动打开“附加控制系统设定”窗口。

（2）在不同的选项中勾选。

（3）保存项目。

设定传输应用的节拍时间，如图 2-18 所示。通过传输应用，将数据从一个现场总线传输至另一个现场总线，需要设定传输应用的节拍时间，可手动或自动设定。接线数量越多，节拍时间越少，则中央处理器利用率越高。选择可能的接线最大数量以及可能的最小节拍时间，可使中央处理器用最大的利用率通过传输应用，将对系统产生很小的负载，但是对于特定的系统特性和配置，可能导致系统过载，因此建议在通过传输应用投入运行时，在诊断监视器中检查中央处理器利用率。如果中央处理器利用率高于 5%，建议激活 “自动适配节拍时间”。

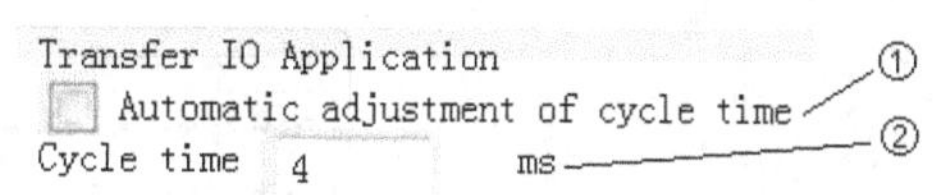

图 2-18　传输应用

图 2-18 说明如下：

① 自动适配节拍时间（激活：节拍时间由机器人控制系统自动调节，但不得大于 4ms；未激活：节拍时间可在“节拍时间”栏中手动输入）；

② 手动设定节拍时间（4～1000ms）。

（十七）添加安全选项和/或 PROCONOS

如在实际应用的机器人控制系统上使用安全选项（例如 SafeOperation）和/或 PROCONOS，也必须将该选项添加到 WorkVisual 项目中，但前提条件是要有编目 KukaControllers，操作步骤如下所述。

（1）在“项目结构”窗口中选择“设备”选项卡。

（2）在编目 KukaControllers 中展开“节点”选项。

（3）利用 Drag&Drop（拖放）功能，将选项拉到“设备”选项卡的“选项”节点上。

注意：如果已经添加该选项，在名称右侧将显示版本号，而且版本始终与机器人控制系统相匹配。

（十八）添加硬件组件

属于机器人控制系统的默认硬件组件自动位于节点控制系统组件下，如在实际应用的机器人控制系统中存在其他组件，必须将其添加到此处，方法是：逐个添加组件，或仅针对 8.3 版本的软件，让 WorkVisual 建议完整的硬件配置，然后选择一个建议。该建议始终包含为机器人控制系统分配的所有机器人和外部运动系统的硬件。添加硬件组件的前提是有编目 Kuka Controllers。

1．逐个添加组件

（1）在“项目结构”窗口中选择“设备”选项卡。

（2）在编目 KukaControllers 中选定所需的组件。

（3）通过拖放，将组件拉到节点控制系统组件上的“设备”选项卡中。

2．选择配置建议

仅针对 8.3 版本的软件，选择配置建议，操作如下：

（1）在“项目结构”窗口中选择“设备”选项卡。

（2）选中节点控制系统组件，然后单击“配置建议”按钮，自动打开“配置建议”窗口（图 2-19），显示该控制系统及当前运动系统的最常见配置，如表 2-18 所示。

（3）如果该配置与实际配置相符，单击“应用”按钮确认，该配置即被应用到节点控制系统组件中；否则，展开“其他建议”区域，然后单击选择合适的配置，显示在顶部窗口区域中并被应用。

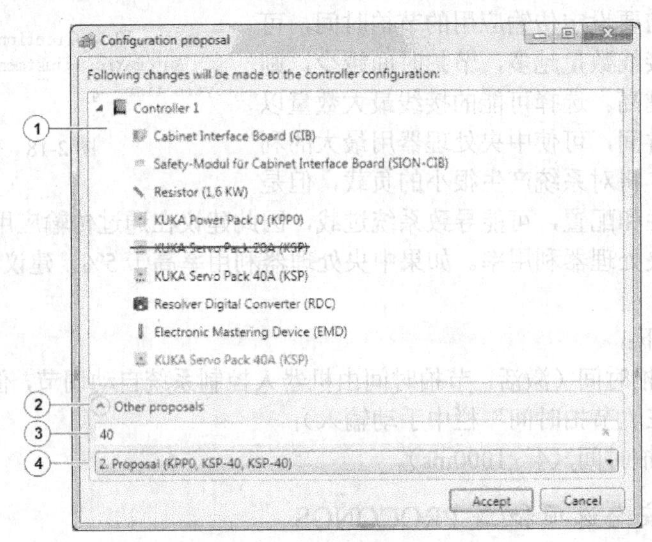

图 2-19 “配置建议”窗口

表 2-18 窗口配置建议

序号	说 明
①	在此显示所选择的建议。 （1）黑色字体：在控制系统组件下现有的组件。如果采纳建议之后，可能仍然存在 （2）绿色字体：可添加的组件 （3）被划掉的组件：可删除的组件
②	单击箭头，可显示和隐藏项号③和④
③	在此过滤在项号④下显示的建议。如果未输入任何过滤条件，将显示所有可用于控制系统和现有运动系统的配置
④	将此栏展开，显示建议列表。单击一个建议，可将其选定

（十九）添加附加轴

为了将附加轴添加到项目中，在“项目结构”窗口的“文件”选项卡中必须已有机器人控制系统的文件结构，实现的方法是：不在 WorkVisual 中新建项目，而是从机器人控制系统载入初始项目（通过执行“文件”→“查找项目”），或者将项目传输给机器人控制系统，然后通过执行“工具”→“比较项目”重新载入 WorkVisual。添加附加轴的前提是已将所需编目添加到“编目”窗口中，且机器人控制系统已设为激活。操作步骤如下所述。

（1）在“项目结构”窗口中选择“设备”选项卡。

（2）在“编目”窗口的编目中选定附加轴。

（3）利用 Drag&Drop（拖放）功能，将该附加轴拉到“设备”选项卡的机器人控制系统中，但要注意，不能拉到节点未分配的设备上。至此，附加轴将显示在机器人控制系统下。

（4）双击附加轴，自动打开“机器参数配置”编辑器。

（5）针对 8.2 版本的软件，要在“一般轴相关机器参数”区域的“轴识别号”栏中输入在实际单元中将附加轴配给哪个驱动装置。

（6）编辑其他参数。

（7）如果附加轴必须以几何方式与运动系统链接，应选择“几何形状”选项卡；或根据需要，利用 Drag&Drop（拖放）功能组合运动系统。

【例 2-1】如果添加了库卡线性滑轨，将机器人拉到线性滑轨上。

【例 2-2】如果添加了机器人法兰盘需要使用的伺服钳（功能包 KUKA.ServoGun），将该钳拉到机器人法兰基座节点上。

（二十）编辑附加轴的机器数据（8.2 版本的软件）

在机器人控制系统已设为激活的前提下，操作步骤如下所述。

（1）在“项目结构”窗口的“设备”选项卡中双击（任意一个）运动系统，自动打开编辑器。

（2）在编辑器中选择需要编辑的运动系统。

（3）按需编辑机器参数。

（4）保存项目，应用更改。

注意：根据机器人控制器（8.2 版或 8.3 版）的固件版本，打开一个用于编辑机器参数的编辑器。如果机器人控制系统尚未被分配固件版本，打开用于 8.3 版的编辑器；如果项目中包括一个机器人控制系统 8.2 版，只能编辑附加轴的机器参数（如图 2-20 及表 2-19 所示），且必须

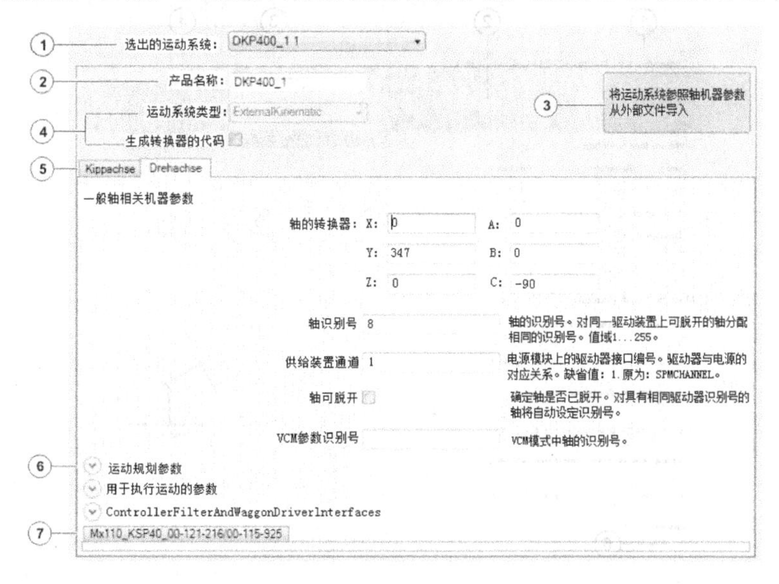

图 2-20　编辑器机器参数配置（8.2 版）

通过编辑器对机器参数进行编辑，不允许在 WorkVisual 中编辑$machine.DAT 等文件。因为最迟在代码生成时，这些文件会被编辑器中的内容覆盖。

表 2-19 编辑器机器参数配置（8.2 版）

序号	说 明
①	选择需要加工的运动系统
②	显示所选运动系统产品名称。无法编辑该栏内容
③	除了一种例外情况，无需单击此按钮。如果必须导入，WorkVisual 将在相关时间点自动执行导入过程 例外：如果“文件”选项卡中已通过“添加外部文件”添加了一个带有外部运动系统机器参数的 XML 文件，之后必须通过第二个步骤从 XML 文件导入机器参数。为此，单击此按钮
④	这些栏不起作用
⑤	显示所选运动系统的机器参数，按照轴排列
⑥	单击箭头按钮，显示或隐藏标题所属的数据
⑦	电机数据 通过单击小方框，可显示数据

（二十一）编辑机器参数（8.3 版的软件）

（1）在“项目结构”窗口的“设备”选项卡中双击需要编辑的元素，自动打开编辑器，如图 2-21 及表 2-20 所示。

（2）按需编辑机器参数。

（3）保存项目，应用更改。

注意：根据机器人控制器（8.2 版或 8.3 版）的固件版本，打开用于编辑机器参数的编辑器。如果机器人控制系统尚未被分配固件版本，打开用于 8.3 版的编辑器；针对库卡机器人、库卡线性滑轨和库卡定位器，更改软件限位开关和基点。对于客户运动系统，通常可以编辑更多数据。具体编辑哪些数据，视各运动系统而定；各运动系统和其各个下级元素均有带相应数据的独立编辑器。例如，轴或电机是一个下级元素。可能同时打开多个编辑器。

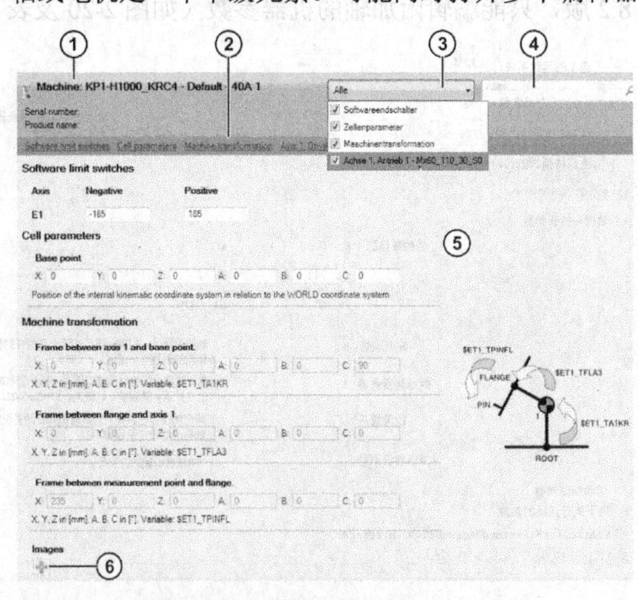

图 2-21 编辑器机器参数配置（8.3 版）

表 2-20　编辑器机器参数配置（8.3 版）

序号	说　明
①	显示运动系统的名称
②	显示用于运动系统的参数组。单击一个参数组，然后在参数显示器中显示该参数，隐藏其他所有参数组
③	选择栏显示当前在参数显示器中显示的是哪个参数组。选择列表包含全部现有参数组。通过复选框显示和隐藏参数组
④	在此可筛选参数显示，涉及参数名称，不区分大小写 示例：如果输入“a1”，只显示名称中包含 a1 或 A1 的参数
⑤	参数显示（具有灰色背景色的区域） 按组分类显示参数，可更改。如果已更改一个参数，则数值显示为蓝色字体，直到更改被保存。此外，编辑器的标签用星号标记（图中未画出），直到更改被保存
⑥	在此可载入图形文件。如果已载入一个文件，将自动显示一个负号。可通过这个负号重新删除该文件 该图形在此位置显示，并且始终只显示一个。如果已载入多个文件，将自动显示一个选择栏，用于在图形之间切换 文件格式：JPG、JPEG、PNG、BMP

（二十二）备选软件包

1. 在 WorkVisual 中安装备选软件包

可在 WorkVisual 中安装备选软件包，例如应用程序包，以便在需要时将备选软件包的编目添加到单个项目中。在项目中提供备选软件包，并且可使用该软件包。

（1）优势：如果项目传输到多个机器人控制系统上，多个系统需要软件包在 WorkVisual 中仅执行一次相关设定，不单独在每个机器人控制系统上执行。

（2）前提条件：已有 KOP 文件形式的备选软件包。KOP 文件位于备选软件包的 CD 上（不适用于所有库卡备选软件包和应用程序包）；未打开任何项目。

安装备选软件包的操作步骤如下所述。

（1）选择“序列工具”菜单，然后单击“备选软件包管理”，自动打开“备选软件包管理”窗口。

（2）单击“安装”按钮，自动打开“选择待安装的程序包”窗口。

（3）导航至存有备选软件包的路径并选定该包，单击打开。

（4）安装软件包。如果 KOP 文件包含设备说明文件，则“更新编目”窗口在安装过程中自行开启和关闭。当此过程结束时，在备选软件包管理窗口中显示安装的备选软件包，如图 2-22 所示。

图 2-22　已安装的备选软件包

（5）当显示“必须重启应用程序，使更改生效”时，单击“重启”按钮，重启 WorkVisual；或者关闭“备选软件包管理”窗口，并在以后重启 WorkVisual。

（6）只有在执行先前的步骤中未显示所述信息时，才能关闭“备选软件包管理”窗口。执行“文件”→“编目管理”后，有备选软件包的编目可供使用。如果 KOP 文件包含设备说明文件，则在 WorkVisual 中可使用这些说明文件，不必执行编目扫描。

2．升级备选软件包

只有不含 WorkVisual 扩展的备选软件包（例如附加的编辑器）才能升级；其他备选软件包必须先卸载，然后才能安装新版本。用户无法从一开始就清楚备选软件包是否可以升级，但仍然可以启动升级过程。如果必须先卸载旧版本，WorkVisual 会发出提醒信息。注意：升级备选软件包的前提是未打开任何项目，操作步骤如下所述。

（1）选择“序列工具”菜单下的“备选软件包管理”，自动打开“备选软件包管理”窗口。

（2）单击“安装”按钮，自动打开“选择待安装的程序包”窗口。

（3）导航至存有备选软件包的路径，选定该备选软件包，单击打开。

（4）显示以下任一条提示信息：

① 不能更新带插件的备选软件包。

请在更新前卸载‘{0}’，并单击 OK 按钮确认该提示信息。不要继续执行步骤（5），而是卸载备选软件包，然后安装新版本。

② 已经安装此程序包。

需要将此程序更新到已选择的版本上吗？单击“是”按钮，确认该提示信息，备选软件包即被安装。如 KOP 文件含有新的设备说明文件，在该过程中会自动打开和关闭“更新编目”窗口。

（5）仅当显示提示信息“为了使更改生效，必须重启应用程序”时，执行下列操作：

① 单击“重启”按钮，重启 WorkVisual。

② 关闭“备选软件包管理”窗口，稍后重启 WorkVisual。

（6）仅当显示上一步所述提示信息“否”时，“备选软件包管理”窗口才关闭。

3．卸载备选软件包

（1）选择“序列工具”菜单下的“备选软件包管理”，自动打开“备选软件包管理”窗口。

（2）单击“已安装的备选软件包”区域中备选软件包名称旁的红色“X”。

（3）只有当备选软件包从“已安装的备选软件包”区域显示时，才能关闭“备选软件包管理”窗口。至此，完成卸载，不必执行其他步骤！

（4）只有当显示信息“必须重启应用程序，使更改生效”时：

① 单击“重启”按钮，WorkVisual 重启。

② 关闭“备选软件包管理”窗口，并在以后重启 WorkVisual。

若项目所用的备选软件包已卸载，在重新打开项目时显示一条信息，要求打开备选软件包的编目。如果未打开编目，WorkVisual 在信息窗口显示以下警告：“项目的以下备选软件包未在 WorkVisual 中安装：{ 名 }”。

4．将备选软件包编目添加到项目中

如果要使用项目中的备选软件包，必须在 WorkVisual 中安装备选软件包，并将其编目添加到项目中，操作方法与“将编目添加到项目中”相同，此处不再赘述。

5．将备选软件包编目从项目中删除

将备选软件包编目从项目中删除的方法与“将编目从项目中删除”一致，此处不再赘述。但是要注意，对于项目使用的编目中的元素，即使编目从项目中删除了，元素仍然保留。

6. 将备选软件包添加到项目中

为了在实际应用的机器人控制系统上使用备选软件包，必须将其添加到 WorkVisual 的项目中，方法如下所述。

（1）在“项目结构”窗口中选择“设备”选项卡。

（2）用鼠标右键单击“节点”选项，并选择“添加”。

（3）自动打开一个窗口，选择备选软件包的编目。

（4）编目最上方的元素始终是备选软件包，将其选定并单击“添加”按钮。此时，备选软件包将显示在“节点”选项中。

7. 将备选软件包从项目中删除

将备选软件包从项目中删除的前提是：机器人控制系统未配有备选软件包中的设备，否则，必须先将其删除，方法如下所述。

（1）在“项目结构”窗口中选择“设备”选项卡。

（2）展开“节点”选项，显示其中包含的所有备选软件包。

（3）用鼠标右键单击该软件包并选择“删除”，则备选软件包从“节点”选项中删除。

8. 为机器人控制系统添加备选软件包中的设备

为了能在实际应用的机器人控制系统中使用选项包的设备，必须在 WorkVisual 中将这些设备添加到项目中。设备可以保存的配置的编目元素是设备的配置、总线配置、输入/输出端接线及长文本。例如，KUKA.ArcTech 焊接控制系统是一个设备，前提是为项目添加了备选软件包编目，且仅在应导入带总线配置的设备和/或输入/输出端接线时不激活机器人操作系统。操作步骤如下所述。

（1）在“项目结构”窗口中选择“设备”选项卡。

（2）用鼠标右键单击机器人控制系统并选择“添加”。

（3）自动打开一个窗口，选择备选软件包的编目。

（4）在列表中选定所需设备，然后单击“添加”按钮。

（5）如果配置已存储在设备上，系统将询问是否必须将此配置应用到项目中。根据需要，选择“是”或“否”。

（6）如果已应用与该设备的输入/输出接线，则“调整信号连接”窗口自动打开。如果这些信号在当前项目中已连接完毕，且该设备必须根据其预设连接到这些信号，则在当前冲突区域中显示，如图 2-23 所示。

（7）如果信号在当前冲突区域中显示，可更改各输入/输出端类型的标准地址，直到不再显示冲突。

（8）单击 OK 按钮。如果当前冲突区域中还有信号，新连接将覆盖这些信号。在“信息”窗口对每一条被覆盖的连接均显示一条对应的信息，使得后续处理工序更加容易；或者单击“取消”按钮。将设备添加到“项目结构”窗口中，但未应用接线。该设备在机器人控制系统下方显示。此外，如果已通过设备应用总线配置，当机器人控制系统重新设为激活时，设备也将在节点总线结构下显示。

9. 输出部分项目

输出部分项目是指能够从项目中输出部分项目，例如设备和/或输入/输出接线。使用库卡 OptionPackageEditor 可进一步处理部分项目。库卡 OptionPackageEditor 是一款针对技术包制造商和设备制造商的软件，用于创建备选软件包。输出部分项目的文件格式是 WVPS（WorkVisual

Partial Solution）。执行此操作的前提是：打开一个项目，且机器人控制系统未设为激活。

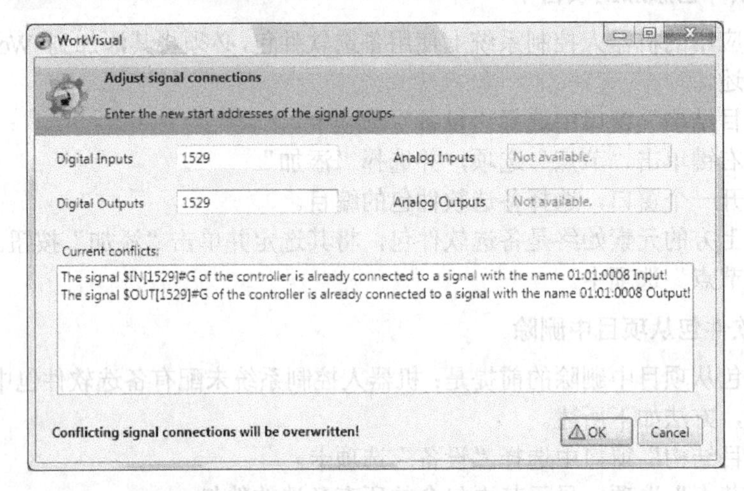

图 2-23 调整信号连接——当前冲突

输出部分项目的操作如下所述。

（1）选择“序列文件”菜单下的“导入/导出”，自动打开一个窗口。

（2）选中“输出部分项目”，窗口中显示“输出部分项目”，然后单击“继续”按钮。

（3）显示所有项目控制系统。选中应从数据中输出的控制器，然后单击“继续”按钮。

（4）显示一个树形结构，勾选其中应被输出的元素，然后单击“继续”按钮。

（5）为部分项目选定存储位置，并单击“完成”按钮，开始输出部分项目。

（6）若成功输出，将在“输出部分项目”窗口中显示信息“成功进行部分导出”。

（7）关闭窗口。

（二十三）改变 WorkVisual 预定义的属性

1. 配置启动和保存特性

（1）选择“顺序”菜单“其他”→“选项”，打开“选项”窗口。

（2）选定窗口左侧文件夹环境中的子项 ObjectStoreUI（如表 2-21 所示），在窗口右侧显示当前相关设定。

（3）执行相关设置。

（4）单击 OK 按钮，确认更改。

表 2-21 子项 ObjectStoreUI

参数	说 明
方案目录	选择用于保存项目的默认目录
编目目录	给出保存编目的目录。若将编目转移到另一个目录下，必须在此修改目录。
启动应用程序	确定启动 WorkVisual 时，是给出一个新项目，还是上一次打开的项目供打开；或是不提供项目用于打开

2. 配置按键组合

（1）选择“顺序”菜单其他→“选项”，打开“选项”窗口。

（2）选定窗口左侧文件夹环境中的子项键盘，在窗口右侧显示当前相关设定。

（3）在“指令”栏中选定应为其定义或改变按键组合的指令，也可过滤“指令”栏中的内容。在“仅列出具有以下内容的指令”栏中输入一个关键词，则在“指令”栏中仅显示名字含有该关键词的指令。

（4）将光标置于“新的按钮组合”栏中，并在键盘上按所需的按钮组合（或单个按钮）例如 F8 键或 STRG+W 键，按钮组合将在“新的按钮组合”栏中显示。

（5）单击“分配”按钮。

（6）单击 OK 按钮，确认更改。如果按钮组合已分配给其他用途，将弹出一条安全询问：若将按钮组合分配给新的指令，回答“是”，并按 OK 按钮确认更改；若将按钮组合留给原先的指令，以“否”来回答。单击“取消”按钮关闭窗口；或在“新的按钮组合”栏中用 Esc 键删除按钮组合，并输入另一个组合。

3．更改操作界面的语言

该功能用于选择语言，这取决于在 WorkVisual 中安装了哪些语言。如在 Windows XP 中，为了选择“中文”，必须将中文作为 Windows 语言，操作步骤如下所述。

（1）选择“序列”菜单→“其他”→“选项”，打开“选项”窗口。

（2）选定窗口左侧文件夹本地化，然后在窗口右侧显示当前相关设定。

（3）在“语言”栏中选择所需要的语言，然后单击“确定”按钮。

（4）关闭应用程序，并重新启动。

（二十四）打印功能

（1）选择“序列文件”菜单下的“打印”，打开“打印”窗口。

（2）在区域打印机中选择所需打印机。若有需要，更改打印设置。

（3）在区域文件中通过复选框选择应打印的内容（接线、长文本、安全配置），如表 2-22 所示。

（4）需要时，单击“预览”按钮，预览打印效果。

（5）单击“打印”按钮，启动打印。

也可直接从打印预览中打印（直接单击打印机图标）。在这种情况下，将文件打印到默认打印机上，不能更改打印设置。

表 2-22　“打印区域文件”窗口复选框及其说明

复选框	说　明
全局	目前未配该功能
单元	若激活该复选框，所有属于此单元的机器人控制系统将自动激活。对于单个控制系统，可重新手动取消激活
控制系统 […]	若激活该复选框，将自动选出所有属于该机器人控制系统的文件用于打印。对于单个文件，可重新手动取消激活
文件：	
接线列表	打印窗口输入/输出接线下定义的接线
长文本	若用不同的语言定义了长文本，可附加选择应用哪种语言打印
安全配置	打印文件中含有一个“日期和签字”栏，用于安全验收记录

【实际操作】熟悉库卡机器人离线软件。

一、练习使用库卡机器人离线软件

在教师的监督和指导下，熟悉库卡机器人离线软件，并说出各部分名称、作用和使用方法，认真练习库卡 WorkVisual 的基本操作。

二、评分标准

（一）阐述

（1）阐述错误或漏说，每个扣 10 分。
（2）操作与要求不符，每次扣 10 分。

（二）文明生产

违反安全文明生产规程，扣 5～40 分。

（三）定额时间

定额时间 90min。每超过 5min（不足 5min，以 5min 计），扣 5 分。
注意：除定额时间外，各项目的最高扣分不应超过配分数。

温馨提示

（1）注意文明生产和安全。

（2）课后通过网络、厂家、销售商和使用单位等多种渠道，了解关于库卡离线软件的知识和资料，分门别类加以整理，作为资料备用。

【评议】

温馨提示

完成任务后，进入总结评价阶段。分为自评、教师评价两种，主要是总结评价本次任务中做得好的地方及需要改进的地方。根据评分的情况和本次任务的结果，填写表 2-23 和表 2-24。

表 2-23 学生自评表格

任务完成进度	做得好的方面	不足及需要改进的方面

表 2-24 教师评价表格

在本次任务中的表现	学生进步的方面	学生不足及需要改进的方面

【总结报告】

一、WorkVisual 中的安全配置

1．局部安全配置

局部安全配置包括“局部安全配置”窗口中的参数（此参数可编辑）。

2．与安全相关的通信参数

主要指机器人网络内与安全通信相关的参数。无法直接显示或编辑与安全相关的通信参数。WorkVisual 中不同的操作对与安全相关的通信参数产生影响，例如在配置 RoboTeam 时。

注意：在将项目传输到实际应用的机器人控制系统时，会一同传输整个安全配置。

二、编辑局部安全配置

新添加的机器人控制系统在 WorkVisual 中没有局部安全配置。一个无安全配置的机器人控制系统的识别特征是：“项目结构”窗口的“设备”选项卡下的节点文字说明“安全控制”为斜体。打开“局部安全配置”窗口，在 WorkVisual 中为机器人控制系统自动分配局部安全配置。如果之前未分配，最迟在编码生成时为机器人控制系统分配一个局部安全配置。局部安全配置可在 WorkVisual 中编辑，且更改始终适用于当前设为激活的机器人控制系统。编辑局部安全配置的前提是机器人控制系统已设为激活，且为该机器人控制系统分配了一台机器人，操作步骤如下所述。

（1）在“项目结构”窗口的“设备”选项卡中双击“节点安全控制”，自动打开“局部安全配置”窗口。

（2）如果使用一个安全选项，如 SafeOperation，则：

① 选择“一般设置”选项卡中的全局参数区域；

② 当监控功能可更改时，激活此处“安全监控”复选框。

（3）根据需要更改安全配置的参数。

（4）关闭“局部安全配置”窗口。

三、局部安全配置参数

（一）选项卡一般设置（8.2 版）

硬件选项如表 2-25 所示。

表 2-25　硬件选项

参数	说　明
客户接口	此处必须选择应用以下接口： （1）ProfiSafe （2）SIB （3）SIB、SIB 扩展板 （4）具有运行方式输出端的 SIB （5）具有运行方式输出端的 SIB、SIB 扩展板 该选项自系统软件版本 8.2.4 起可用。有如下接口供 KR C4 compact 型控制器使用： （1）ProfiSafe （2）X11

续表

参数	说　明
外围接触器（US2）的接通	主接触器 US2 可用作外围接触器，即可用作外围设备电源的开关元件。 （1）关闭：不使用外围接触器（默认） （2）通过外部 PLC：外围接触器通过输入端 US2 由一个外部 PLC 切换 （3）通过 KRC：外围接触器根据运行开通情况切换。如果运行许可，则接触器接通 注意：当为 KR　C4 compact 型控制器时，此参数不存在
确认操作人员防护装置	若操作人员防护装置的信号在自动运行时消失，又重新出现，则必须对其进行确认，然后继续运行。 （1）单击“确认”按钮。例如，单击（装在单元外的）“确认”按钮确认。确认信息将传给安全控制系统。只有在确认后，安全控制系统才给出自动运行的许可 （2）外部组件：通过设备 PLC 确认

注意：本地安全配置的每一次更改及保存均被自动记录，并在此处显示记录；同时，在此显示安全控制系统的机器参数，但是无需操作按键导入机器参数。此时没有需要使用这些参数的情况。

（二）选项卡一般设置（8.3 版）

硬件选项如表 2-26 所示。

表 2-26　硬件选项

参数	说　明
客户接口	此处必须选择应用以下接口： （1）自动 （2）具有运行方式输出端的 SIB
外围接触器（US2）的接通	主接触器 US2 可用作外围接触器，即可用作外围设备电源的开关元件 （1）关闭：不使用外围接触器（默认） （2）通过外部 PLC：外围接触器通过输入端 US2 由一个外部 PLC 切换 （3）通过 KRC：外围接触器根据运行开通情况接通。如果运行许可，则接触器接通 注意：对于控制变量“KR C4 NA UL”，必须将该参数赋值为“通过 KRC”；对于控制变量 “KR C4 compact”，该参数不存在
确认操作人员防护装置	若操作人员防护装置的信号在自动运行时消失，又重新出现，则必须对其确认，然后才可继续运行。 （1）单击“确认”按钮：例如，单击（装在单元外的）“确认”按钮确认，确认信息将传给安全控制系统。只有在确认后，安全控制系统才重新允许自动运行 （2）外部组件：通过设备 PLC 确认

注意：本地安全配置的每一次更改及保存均被自动记录，并在此处显示记录；同时，在此显示安全控制系统的机器参数，但是无需操作按键导入机器参数。此时没有需要使用这些参数的情况。

（三）选项卡轴监控（8.3 版）

可编辑的参数是每根轴可设定的参数，如表 2-27 所示，通常不需要更改默认值。

表 2-27　每根轴可设定的参数

参数	说　明
制动时间	受监控且与轴相关的制动斜坡时间，用于安全停止 1 和安全停止 2，默认 1～500ms
最大速度 T1	T1 下的最高速度： （1）旋转轴：1.00°～100.00°/s，默认 30°/s （2）线性轴：1.00～1 500.00 mm/s，默认 250 mm/s 例如，该参数可在运行方式 T1 下，以高于 250　mm/s 的速度校准伺服钳 注意：法兰和 TCP 上的笛卡尔速度不受该参数制约而受到监控，最高速度不能超过 250mm/s
轴角允许误差	安全运行停止时，停机监控容差。在容差范围内，安全运行停止时，允许轴活动 （1）旋转轴：0.001°～1°，默认 0.01° （2）线性轴：0.003～3mm，默认 0.1mm

对于参数制动时间，如出现安全停止 1 或 2，由安全控制系统监控制动过程。此外，它监控与轴相关的速度是否低于制动斜坡。若速度过快，即超出制动斜坡，安全控制系统触发安全停止 0。制动斜坡由内部的斜坡倾角系数和制动时间计算得出。这意味着，通过参数制动时间，可以影响监控功能。但制动时间不会影响运动系统的原本运动性能。参数制动时间在 T1/KRF 中不起作用，因为参数值针对与轴相关的监控。此外，在 T1/KRF 中，对法兰上的笛卡尔速度进行（不可配置的）监控。该监控更为严格，因此不使用与轴相关的监控。

注意：

（1）只有在必要时，才可更改默认时间。例如，在使用超重型机器和/或超重型负载时，机器/负载无法在默认时间内停止。安全调试员必须检查“制动时间”值在具体的应用场合中是否需要更改，以及需更改多少；还必须检查，由于进行了更改，是否需要对设备采取专门的额外安全措施，例如是否需要安装自动闭门装置。

（2）虽然可以为各轴设置制动时间，但在制动时，始终使用所有轴中最大的值，所以建议为所有轴输入相同的值。

如果“制动时间”值增高，制动斜坡将更长、更平，即监控严格程度降低。相比以前，同一个制动过程超出制动斜坡的可能性较小，如图 2-24 所示。

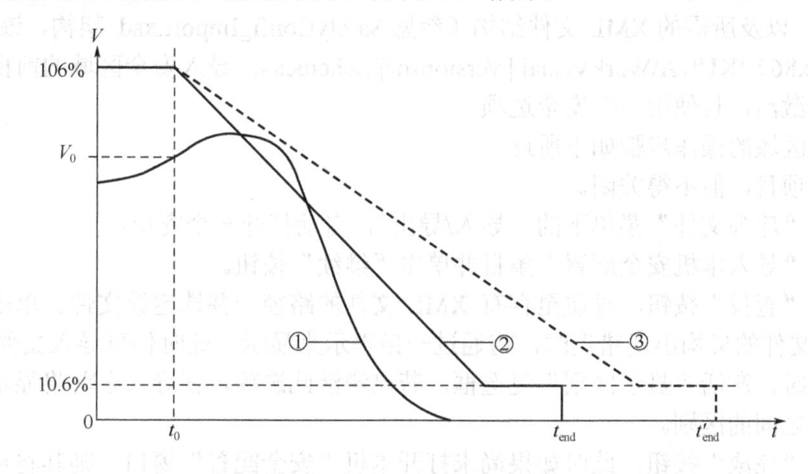

图 2-24　“制动时间”值增高

①—在制动过程中的速度曲线（例）；②—制动斜坡（原始制动时间值）；

③—制动斜坡（更大的制动时间值）；V_0—当制动过程开始时，运动系统的速度

t_0—制动斜坡启动时间点；t_{end}—制动斜坡结束时间点；t'_{end}—制动时间值更大时，制动斜坡的结束点

与轴相关的制动斜坡启动速度始终是轴额定转速的 106%，斜坡降到 10.6%；接着，该速度维持 300 ms，然后降到 0 %，如果 “制动时间”值减小，将使制动斜坡更短、更陡，即监控更严格。相比以前，同一个制动过程更容易超出制动斜坡。

四、导入本机安全配置

导入本机安全配置的前提是机器人控制系统已设为激活，具体步骤如下所述。

（1）选择“序列文件”菜单下的“导入/导出”，自动打开一个窗口。

（2）选择“导入本机安全配置”，并单击“继续”按钮。

（3）导航至存有 SCG 文件的路径并选定该文件，然后单击“打开”按钮。

（4）单击“完成”按钮。

（5）成功导入配置后，将通过一条信息提示来显示。然后，关闭窗口。

注意：导入安全配置或其中某些部分后，必须检查安全配置，否则以后将项目传输给实际应用的机器人控制系统之后，安全配置可能导致机器人以错误的数据运行，也可能造成人员死亡、重伤，或巨大的财产损失。

五、导出局部安全配置

局部安全配置将以 SCG 文件形式导出，其前提是机器人控制系统已设为激活，操作步骤如下所述。

（1）选择“序列文件”菜单下的“导入/导出”，自动打开一个窗口。

（2）选择“导出局部安全配置”并单击“继续”按钮。

（3）显示一个目录和一个文件名，单击“完成”按钮。

（4）成功导出配置后，将通过一条信息提示来显示。然后，关闭窗口。

六、导入安全区域

可将一部分本机安全配置作为 XML 文件导入，该部分称为安全区域，包含单元配置、监控空间（笛卡尔坐标式空间和/或轴空间）、工具的属性。用户可基于其 CAD 系统数据自己创建 XML 文件，以及所需的 XML 文件结构（参见 SafetyConfigImport.xsd 架构，该架构位于 C:\Programme（x86）\KUKA\WorkVisual [Versionsnr]\Schemes）。导入安全区域的前提是机器人控制系统已设为激活，且使用一个安全选项。

导入安全区域的操作步骤如下所述。

（1）保存项目，但不得关闭。

（2）选择“序列文件”菜单下的“导入/导出”，自动打开一个窗口。

（3）选择“导入本机安全配置”条目并单击“继续”按钮。

（4）单击“查找”按钮，导航至存有 XML 文件的路径，并选定该文件。单击“打开”按钮。当 XML 文件的架构出现错误时，将通过一条提示来显示。此时仍可导入文件。

（5）需要时，激活“显示区别”复选框。若已激活此选项，在导入之前将显示已有的和需要导入的数值之间的区别。

（6）单击“完成”按钮，此时如果尚未打开本机“安全配置”窗口，则其将在后台自动打开。若显示区别未被激活，意味着数据被导入。

（7）若显示区别被激活，将显示概览（如图 2-25 所示）。单击“导入”按钮，数据即被导入。

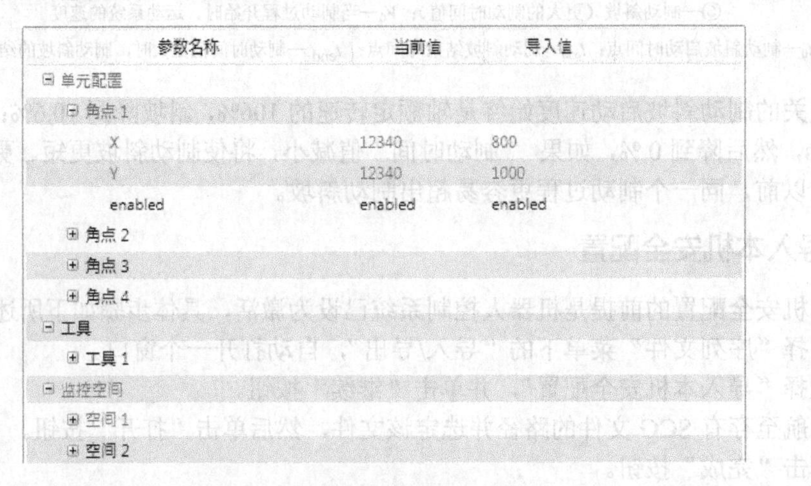

图 2-25　显示差异

在图 2-25 中，红色字表示在应用该元素（或其子元素）时，现有值和待导入的值有所不同；黑色字表示在应用该元素（包括所有子元素）时，现有值和待导入的值相同。

（8）导入结束，显示信息提示“已成功导入局部安全配置”。

注意：即使导入错误，同样会显示“已成功导入局部安全配置”，并通过“信息”窗口中的信息提示来显示，然后关闭窗口。

（9）检查安全配置。“本机安全配置”窗口中的文件会以红色或蓝色显示。其中，红色表示此数值因导入而被更改，但是该值无效；蓝色表示此数值因导入而被更改，但是该值有效。

注意：蓝色并不意味该值一定是 XML 文件中的值！例如，XML 文件中可能含有 WorkVisual 无法分配的值，如“2”，而此时只有“0”或“1”有效。这里，WorkVisual 设置为默认值，并显示出蓝色。

（10）修改无效值。如果存在无效值，则无法保存该项目。

（11）保存项目，以便应用导入的数据。

七、建立现场总线

建立现场总线的步骤如表 2-28 所示。

表 2-28　建立现场总线的步骤

步骤	说　明
1	在 PC 上安装设备说明文件，即导入设备说明文件
2	将 DTM 编目添加到窗口编目，即将编目添加到项目中
3	将现场总线主机添加到项目中，即将现场总线主机粘贴到项目中
4	配置现场总线主机
5	将设备添加到总线中，即添加到现场总线主机之下，一般有将设备手动添加到总线或将设备自动添加到总线（总线扫描）两种方式
6	对设备进行配置，即配置设备或导入工业以太网配置
7	编辑现场总线信号，即由现场总线设备编辑信号
8	连接总线

八、将现场总线主机粘贴到项目中

将现场总线主机粘贴到项目中的前提条件是设备说明文件已添加到 DTM 编目中（编目扫描），且已添加机器人控制系统并设为激活，操作步骤如下所述。

（1）在“项目结构”窗口的“设备”选项卡中展开树形结构，直到节点总线结构可见。

（2）在“DTM 编目”窗口中单击，并保持在所需现场总线主机上。然后，利用拖放功能，将现场总线主机拖到节点树形结构上。

九、配置现场总线主机

配置现场总线主机的前提条件是现场总线主机已添加到项目中，且机器人控制系统已设为激活，操作步骤如下所述。

（1）在“项目结构”窗口的“设备”选项卡中用鼠标右键单击“现场总线主机”。

（2）在弹出的菜单中选择“设置”，自动打开含有设备数据的窗口。

（3）根据需要设定数据，随后单击 OK 按钮保存。

注意：默认设置下，以下地址范围仅由机器人控制系统针对内部用途使用。在此范围内的IP地址不允许由用户分配：

192.168.0.0 … 192.168.0.255

172.16.0.0 … 172.16.255.255

172.17.0.0 … 172.17.255.255

十、将设备手动添加到总线

将设备手动添加到总线的前提条件是设备已添加到DTM编目中，现场总线主机已添加到总线结构中，机器人控制系统已设为激活。操作步骤如下所述。

（1）在“项目结构”窗口的“设备”选项卡中展开树形结构，直到现场总线主机可见。

（2）在DTM编目选中并用鼠标按住所需设备，然后利用Drag&Drop（拖放）功能将其拖到现场总线主机上。

（3）需要时，为其他设备重复步骤（2）。

注意：添加的设备必须与实际使用的设备一致，否则可能产生严重的财产损失。

十一、配置设备

配置设备的前提条件是设备已添加到总线中，且机器人控制系统已设为激活。操作步骤如下所述。

（1）在“项目结构”窗口的“设备”选项卡中用鼠标右键单击设备。

（2）在弹出的菜单中选择“设置”，自动打开一个含有设备数据的窗口。

（3）根据需要设定数据，然后单击OK按钮保存。

注意：默认设置下，以下地址范围仅由机器人控制系统针对内部用途使用。因此，在此范围之内的IP地址不允许由用户分配：

192.168.0.0 … 192.168.0.255

172.16.0.0 … 172.16.255.255

172.17.0.0 … 172.17.255.255

十二、导入工业以太网配置

工业以太网总线也可不用WorkVisual，而是用Step7或PCWORX配置。该配置须由用户导入WorkVisual。WorkVisual需要所用工业以太网设备的GSDML文件，即工业以太网的设备说明文件。导入工业以太网配置的前提条件是导入设备说明文件，机器人控制系统已设为激活，工业以太网配置已从Step 7或PCWORX导出并保存为XML或CFG文件（注意：有关用Step 7或PC WORX配置工业以太网的信息，请查阅文献KR C4工业以太网。有关Step 7或PCWORX中流程的信息，可在本软件的文献中找到）。操作步骤如下所述。

（1）选择“序列文件”菜单下的“导入/导出”，自动打开一个窗口。

（2）选择“导入工业以太网配置”然后单击“继续”按钮。

（3）单击“查找”按钮，导航到存有XML或CFG文件的路径。选定相应的文件，然后单击“打开”按钮。

（4）单击“继续”按钮。

（5）显示一个树形结构，从中可以看出工业以太网配置是否与项目中的设备相符。若不符，将显示区别。需要时，单击“取消”按钮中断导入；否则，单击“完成”按钮。即使配置与项目中的设备之间存在区别，也可执行这一步。若有区别，工业以太网配置将覆写项目中的状态；

项目中的接线是否保留，取决于是什么样的区别。

（6）成功导入配置后，将通过一条信息提示来显示，之后关闭窗口。

十三、工业以太网配置与项目之间的区别

若设备前有一个绿色的“钩”（√），表明无区别，该设备在工业以太网配置和项目中一致。若有区别，将在导入工业以太网配置时有如下表现。

（一）缺少设备，如表 2-29 和图 2-26 所示。

表 2-29　设备不包括在项目中

区别	设备包括在工业以太网配置中，但不在项目里
图标	绿色十字
导入时的影响	设备在项目中被贴入总线

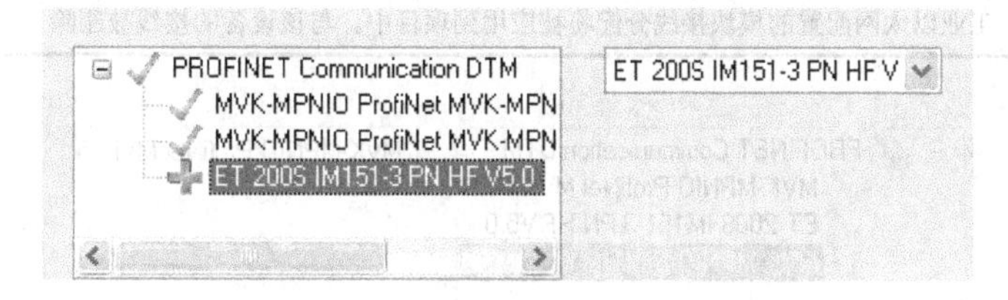

图 2-26　设备不包括在项目中

（二）设备太多，如表 2-30 和图 2-27 所示。

表 2-30　设备不包括在导入中

区别	设备包括在项目里，但不在工业以太网配置中
图标	红色“X”
导入时的影响	设备在项目中从总线删除。与该设备的接线同样被删除

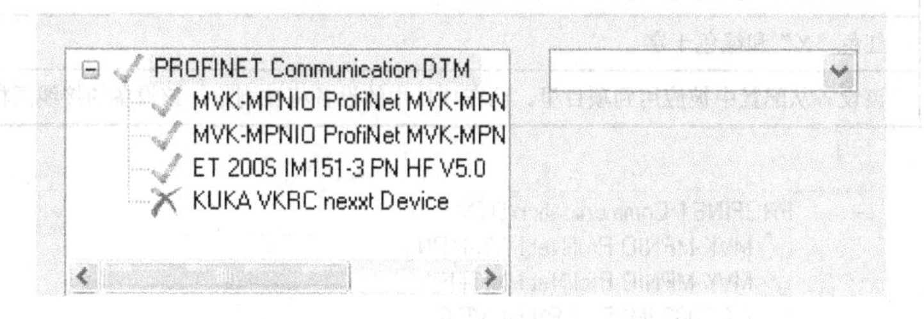

图 2-27　设备不包括在导入中

（三）IP 设定，如表 2-31 和图 2-28 所示。

表 2-31　在 WorkVisual 中改变了 IP 设定

区别	该设备在项目中的 IP 设定与在工业以太网配置中不同 （栏位 IP 地址、子网掩码或标准网关）
图标	笔
导入时的影响	工业以太网配置的 IP 设定将被应用到项目中。保留该设备的接线

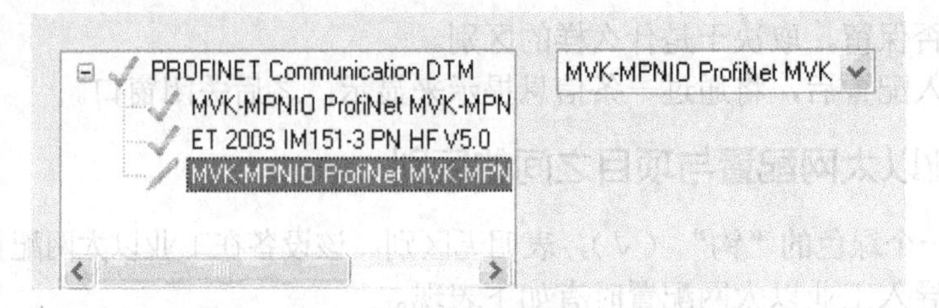

图 2-28 在 WorkVisual 中改变了 IP 设定

（四）模块接线分配，如表 2-32 和图 2-29 所示。

表 2-32 模块接线分配

区别	该设备在项目中的模块接线分配与在工业以太网配置中不同
图标	双箭头
导入时的影响	工业以太网配置的模块接线分配将被应用到项目中。与该设备的接线被删除

图 2-29 模块接线分配

（五）工业以太网名称，如表 2-33 和图 2-30 所示。

表 2-33 工业以太网名称

区别	该设备在项目中的工业以太网名称与在工业以太网配置中不同 WorkVisual 视该设备为两个不同的设备
图标	红色“X”和绿色十字
导入时的影响	该设备从配置中被应用到项目里。已在项目中的设备将被删除。该设备的接线同样被删除

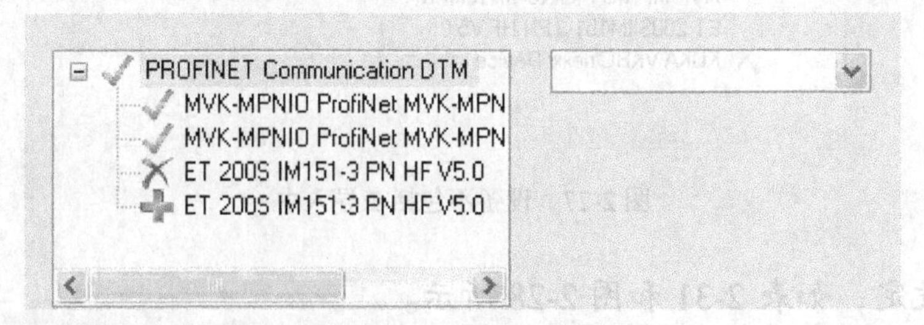

图 2-30 工业以太网名称

注意：在树形结构中不显示设备的工业以太网名称，而是产品名称。因此，此处名称相同。

（六）文字颜色

一般情况下，文字颜色为黑色，也有其他颜色，如表 2-34 所示。

表 2-34 文字颜色

文字颜色	含 义
橘黄	无 GSDML 文件可明确分配给该设备。在选择栏列出了可能的文件，用户须选中一个文件
红色	在 WorkVisual 中无 GSDML 文件用于该设备，用户须提供一个文件

十四、将设备自动添加到总线（总线扫描）

总线扫描供 Interbus 总线和 EtherCAT 使用，总线用户可自动添加。在此处，用户可在 WorkVisual 中启动查找，用于确定实际所用总线中连接了哪些设备。所属设备将自动在 WorkVisual 里添加到总线结构中。与手动粘贴相反，这种方式更快捷，并且不易出错，前提条件是设备已添加到 DTM 编目中，现场总线主机已添加到总线结构中，机器人控制系统已设为激活，实际所用机器人控制系统的网络连接、设备已连到相应的系统中。具体操作步骤如下所述。

（1）在“项目结构”窗口的“设备”选项卡中展开机器人控制系统的树形结构。

（2）用鼠标右键单击现场总线主机，然后选择“拓扑扫描”选项，再选择一条通道，打开“拓扑扫描助手”窗口。

（3）单击“继续”按钮，启动查找。查找结束，WorkVisual 在窗口的左侧显示所有找到的设备。每个设备均用一个数字（即产品代码）表示。

（4）选定一个设备，然后在窗口的右侧 WorkVisual 显示具有相同产品代码的设备说明文件列表。

（5）如果该列表含有多个设备说明文件，则滚动滑过整个列表，检查正使用的设备的文件是否选定。如果选定了另一个文件，选择“手动”选项，然后选定正确的文件。

（6）为所有显示的设备重复执行步骤（4）和（5）。

（7）单击“继续”按钮，确认分配。

（8）单击“结束”按钮，将设备分配给现场总线。

十五、由现场总线设备编辑信号

现场总线信号可在 WorkVisual 中编辑，例如可更改信号宽度，或调换字节顺序，前提条件是现场总线设备已配置，操作步骤如下所述。

（1）在“输入输出接线”窗口的“现场总线”选项卡中选定设备。

（2）在“输入输出接线”窗口右下角单击“编辑提供器处的信号”按钮，打开“信号编辑器”窗口，显示设备的所有输入端和输出端。

（3）按需编辑信号。

（4）单击 OK 按钮，应用编辑内容，并关闭“信号编辑器”窗口。

（一）信号编辑器

信号编辑器左边显示所选设备的输入端，右边显示所选设备的输出端，如图 2-31 所示。

（二）更改信号位宽

更改信号位宽时，信号被分解或合并。信号可被多次分解。信号极限可最多移至存储器段的极限，但信号极限不得移过已转储区域的极限。正被编辑的位显示为红色。更改信号位宽的前提条件是信号编辑器打开，待编辑的信号未连接，操作步骤如下所述。

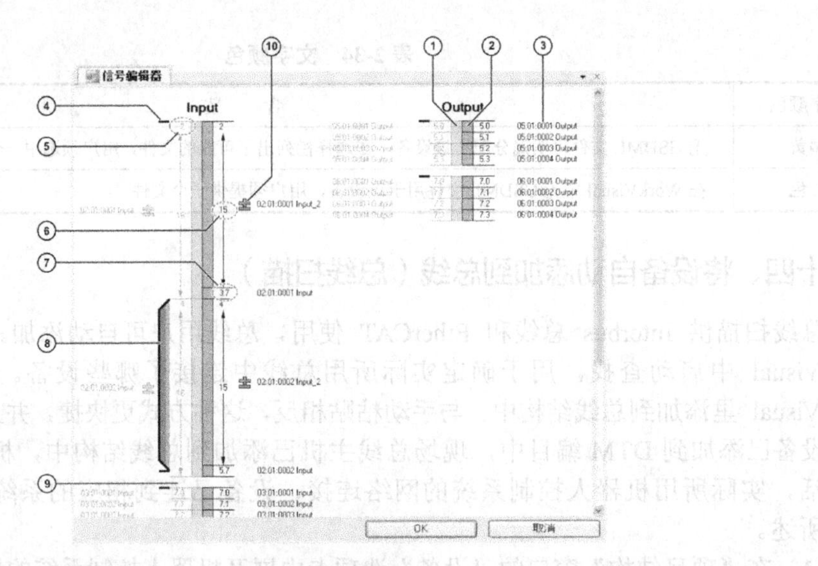

图 2-31 信号编辑器

①—左列显示输入端或输出端的初始配置，每个方框代表 1 位；②—右列可编辑，并总是显示输入端或输出端的当前配置，每个方框代表 1 位；③—信号名称；④—转储的起始标记；⑤—该信号开始的地址；⑥—信号宽度；⑦—该位所属的地址和位数；⑧—竖条表示字节顺序已反转；⑨—存储器段之间的界限；⑩—该信号的数据类型

1. 移动信号极限

（1）在右列中将鼠标光标放在两个信号极限的边界线上，光标变成一个垂直的双箭头。

（2）单击并按住鼠标左键，同时将光标向上或向下运动，边界线将自行移动。

（3）将边界线拉到所需位置，然后松开鼠标按钮。

注意：采用这种方法，可将信号缩小到 1 位。

2. 信号分解

（1）在右列中将鼠标光标放在 1 个位上。

（2）单击并按住鼠标左键，同时将光标向上或向下运动，在初始位显示一条线。

（3）将鼠标光标拉到另一位，然后松开按钮，在该位同样显示一条线。这两条线是新信号的极限。

3. 信号合并

（1）在右列中将鼠标光标放在一个信号的第 1 位（或最后 1 位）上。

（2）单击并按住鼠标左键，同时将光标向下（或向上）运动。

（3）将鼠标光标拉至信号极限以外，并一直拉到另一个信号极限处，然后松开按钮，中间的信号极限消失，信号被合并。

（三）转储信号（字节顺序反向）

信号的字节顺序可以反向（即转储），一次可以转储 2.4 个或 8 个字节，但是信号的各个分区不能转储，也不能超过存储器段的极限进行转储，且字节中的位总是保持不变。

注意：机器人控制系统（V）KR C4 使用 Intel 文件格式；摩托罗拉格式的现场总线信号必须转换为 Intel，通过转储实现。从生产厂家的数据表中不能总是了解到信号是否必须转储。西门子设备的信号一般必须转储。以下操作步骤有助于用户判断一个输入端是否必须转储：

（1）缓慢而均匀地改变输入端处的电压。

（2）在 KUKA.smartHMI 上，在“模拟输入/输出端”窗口观察该信号的数值。如果数值呈跳跃式、不均匀，并且或许在不同方向上改变，即为一种必须转储的迹象。

是将整个区域交换，还是分成几部分交换，会导致不同的结果，如图 2-32 和图 2-33 所示。

图 2-32　字节顺序反向

①—原有顺序；②—将所有字节分两次交换的结果（即先交换前面两个字节，再交换后面两个字节）

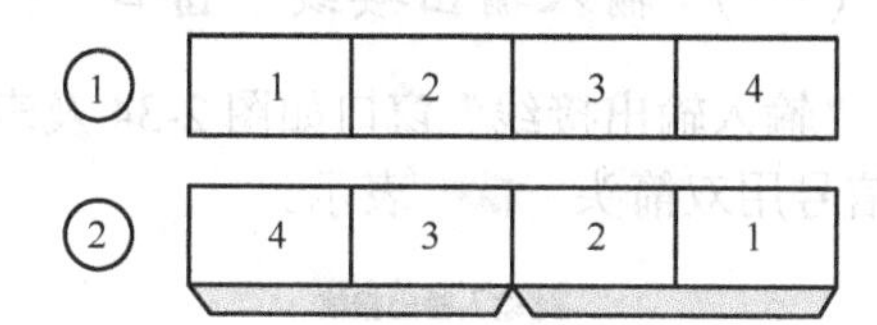

图 2-33　字节顺序反向

①—原有顺序；②—将所有字节一次性整个交换的结果

转储信号（字节顺序反向）的前提是信号编辑器打开，操作步骤如下所述。

（1）将鼠标光标放在转储的起始标记上，光标变成一个垂直的双箭头。

（2）单击并按住鼠标左键，将光标向下移到信号极限处。

（3）显示一根竖条，松开鼠标左键，则字节顺序反转；如果要转储一个较大的区域，不松开鼠标键而继续移动，显示一根较长的竖条后松开鼠标键，则字节顺序反转。此时，显示一个转储的结束标记。

撤销转储的方法如下所述：

（1）将鼠标光标放在转储的结束标记上，光标变成一个垂直的双箭头。

（2）单击并按住鼠标左键，将光标向上朝起始标记方向移动。

（3）竖条消失，反转被撤销。

（四）更改数据类型

在信号编辑器中，数据类型由一个图标显示，如表 2-35 所示。信号的准确数据类型在“输入输出接线”窗口中显示。如果一个信号必须用作模拟输出端或输入端，但设备说明文件中仅将其标记为数字式数据类型，则必须更改数据类型，前提是信号编辑器打开，操作步骤如下所述。

（1）在输入端或输出端列的右侧单击正负号图标，则图标被更改。

（2）不断地单击，直到显示所需图标。

表 2-35　信号编辑器中数据类型

图标	说　明
	带正负号的 Integer 数据类型（根据长度 SINT、INT、LINT 或 DINT）
	不带正负号的 Integer 数据类型（根据长度 USINT、UINT、ULINT 或 UDINT）
	数字式数据类型（根据长度 BYTE、WORD、DWORD 或 LWORD）

（五）更改信号名称

更改信号名称的前提是信号编辑器打开，步骤如下所述。

（1）单击输入端或输出端右侧的名称，则名称可编辑。

（2）输入所需名称，单击“输入”按钮确认。名称在信号编辑器的当前视图中必须是唯一的。已更改的名称在“输入输出接线”窗口中显示。

十六、连接总线

（一）“输入输出接线”窗口

“输入输出接线”窗口如图 2-34 及表 2-36 所示，所连接的信号用绿色图标表示，多重连接的信号用双箭头 表示。

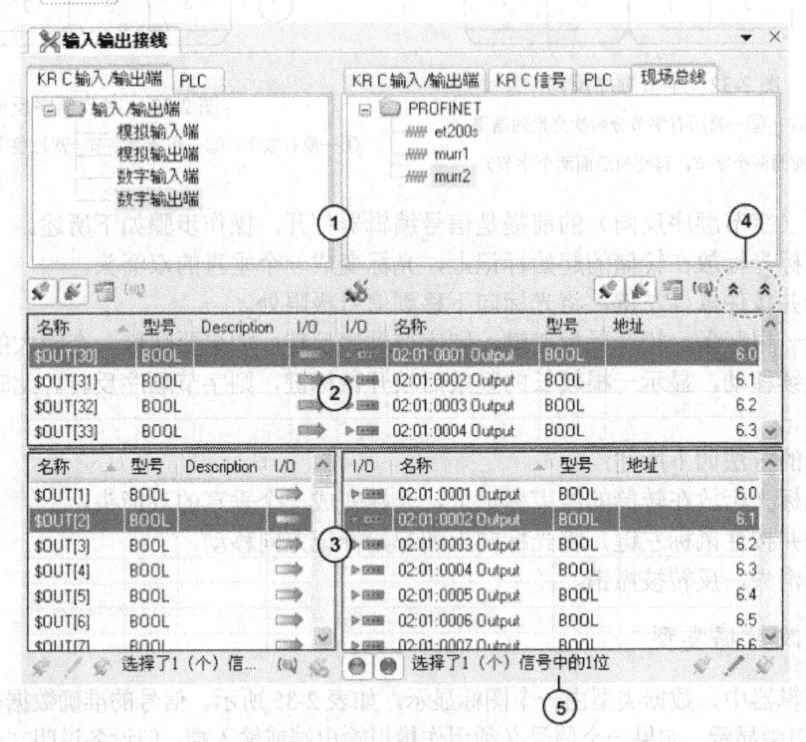

图 2-34　“输入输出接线”窗口

图 2-34 说明如下：

① 显示输入端/输出端类型和现场总线设备，通过选项卡从左、右两侧选定两个要连接的区域，此处所选中区域的信号在下半部分被显示出来；

② 显示连接的信号；

③ 显示所有信号，这里可以连接输入/输出端；

④ 在此可将两个信号显示窗口单独合上，再展开；

⑤ 显示被选定信号包含多少位。

表 2-36　选项卡

名称	说　明
KR C 输入/输出端	此处显示机器人控制系统的模拟和数字输入/输出端，左、右各有一个选项卡 KR C 输入/输出端，用于将机器人控制系统的输入端和输出端相互连接。
可编程控制器（PLC）	这些选项卡只有在使用 MULTIPROG 时才相关
KR C 信号	此处显示机器人控制系统的其他信号
现场总线	此处显示现场总线设备的输入/输出端，左侧和右侧有一个“现场总线”选项卡。左侧选项卡只显示总线输入端，右侧选项卡只显示总线输出端 自系统软件版本 8.3 起，可借助该选项卡将两个现场总线的输入端和输出端连接起来

（二）“输入输出接线”窗口中的按钮

1. 过滤器/查找

如表2-37所示，有些按钮多次出现，它们总是与其所在的“输入输出接线”窗口相关联，“工具提示”会根据相关信号当前处于显示还是隐藏状态而改变。

表2-37　“输入输出接线”窗口中的按钮——过滤器/查找

按钮	名称/说明
	输入端过滤器/显示所有输入端：显示、隐藏输入端
	输出端过滤器/显示所有输出端：显示、隐藏输出端
	对话筛选器：打开“信号过滤器”窗口，输入过滤选项（文字、数据类型和/或信号范围）并单击“过滤器”按钮，显示满足该标准的信号 如果设置了一个过滤器，则按钮右下角出现一个绿色的“钩”（√），如果要删除所设置的过滤器，单击按钮，并在“信号”窗口中单击“复位”按钮，然后单击过滤器
	所显示连接信号上方的按钮： 查找连接信号：只有当选定了一个连接的信号时才可用
	所有信号显示下方的按钮： 查找文字部分：显示一个搜索栏，可在所显示的信号中向上或向下搜索信号名称（或名称的一部分）。如果已显示搜索栏，则该按钮右下角出现一个“叉”（×）。如果要隐藏搜索栏，单击该按钮
	连接信号过滤器/显示所有连接信号：显示、隐藏连接信号
	未连接信号过滤器/显示所有未连接信号。显示、隐藏未连接信号

2. 连接（表2-38）

表2-38　“输入输出接线”窗口中的按钮——连接

按钮	说　明
	断开：断开选定的连接信号。可选定多个连接，一次断开
	连接：将显示中所有被选定的信号相互连接。可以在两侧选定多个信号，一次连接（只有当在两侧选定同样数量的信号时，才有可能）

3. 编辑（表2-39）

表2-39　“输入输出接线”窗口中的按钮——编辑

按钮	说　明
	在提供器处生成信号。只有当使用Multiprog时，才相关
	编辑提供器处的信号： 对于现场总线信号：打开一个可编辑信号位排列的编辑器 对于KRC的模拟输入/输出端以及MULTIPROG信号，此处同样有编辑方式可用。
	删除提供器处的信号。只有当使用Multiprog时，才相关

（三）连接输入端与输出端

可将设备的输入端和输出端配置给机器人控制系统的输入/输出端；也可根据相同的原理，将机器人控制系统的输入端和输出端相互连接（在这种情况下，必须在窗口的两侧均使用“KRC

输入/输出端”选项卡），前提是机器人控制系统已设为激活，WorkVisual 中的总线结构与实际总线的结构一致、现场总线设备已配置。操作步骤如下所述。

（1）单击“接线编辑器”按钮，打开“输入输出接线”窗口。

（2）在窗口左半侧的“KR C 输入/输出端”选项卡中选定需接线的机器人控制系统范围，例如“数字输入端”。信号在“输入输出接线”窗口的下半部分显示。

（3）在窗口右半侧的“现场总线”选项卡中选定设备。设备信号在“输入输出接线”窗口的下半部分显示。

（4）将机器人控制系统的信号利用 Drag&Drop（拖放）功能拉到设备的输入端或输出端；或反之，将设备的输入端或输出端拉到机器人控制系统的信号上。信号就此连接完毕。

（四）将总线输入端与总线输出端通过输入输出接线相连（8.2 版）

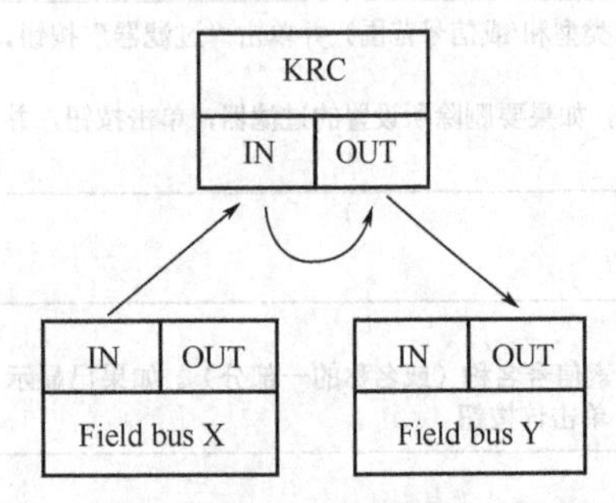

图 2-35　总线输入端与总线输出端相连

借助输入输出接线，可将总线输入端与（同一根或另一根总线的）总线输出端相连，通过间接连接实现，为此，总共需要 3 根接线，操作步骤如下所述。

（1）将总线输入端与机器人控制系统的输入端相连。

（2）将机器人控制系统的输入端与机器人控制系统的输出端相连。

（3）将机器人控制系统的输出端与总线输入端相连。

如图 2-35 所示，在这种情况下，机器人控制系统的输入端和输出端为多重接线。

（五）将总线输入端与总线输出端通过传输应用相连（8.3 版）

如图 2-36 所示，借助传输应用，可将总线输入端直接与（同一根或另一根总线的）一个或多个总线输出端相连，为此在窗口的两侧均使用“现场总线”选项卡。最多可将 2048 个总线输入端与总线输出端相连。如果将一个总线输入端与多个总线输出端连接，则总线输出端的数量至关重要。如果要将多于 512 个总线输出端连接到总线输入端，必须通过分区段方式连接。此时，一个区段中的总线输入端和总线输出端必须相邻，即彼此之间无空隙。此外，区段中的总线输入端和输出端位于插槽内。例如，PROFINET 现场总线包括插槽信号名称和索引编号。索引编号代表位，即索引编号 0001=位 1，索引编号 0002=位 2。如果连接同一插槽内 2 个相邻的位（例如插槽 2 的位 1 和位 2），则产生区块连接；如果连接 2 个不相邻的位或不同插槽的 2 个位（例如插槽 1 的位 4 和插槽 3 的位 5），则不产生区块连接。

注意：自系统软件版本 8.3 起，安全输出端的背景色为黄色。这些输出端不得连接！

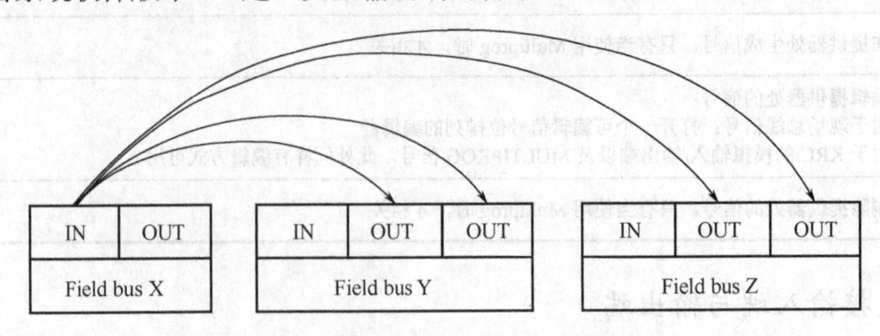

图 2-36　总线输入端与总线输出端相连（可以使用较低系统软件版）

（六）将信号通过输入输出接线多重连接或反向连接

借助输入输出接线，可将信号多重连接。多重连接的信号在“输入输出接线”窗口用一个双箭头 表示。可多重连接包括（机器人控制系统的）输入端与（总线）输入端相连，（机器人控制系统的）同一输入端与（机器人控制系统的）一个或多个输出端相连，如图 2-37 所示。可反向连接包括一个（总线）输出端与一个（机器人控制系统的）输入端相连，如图 2-38 所示。不可以多重连接的包括一个（机器人控制系统的）输入端与（总线）多个输入端相连，一个（机器人控制系统的）输出端与（总线）多个输入端相连，如图 2-39 所示。

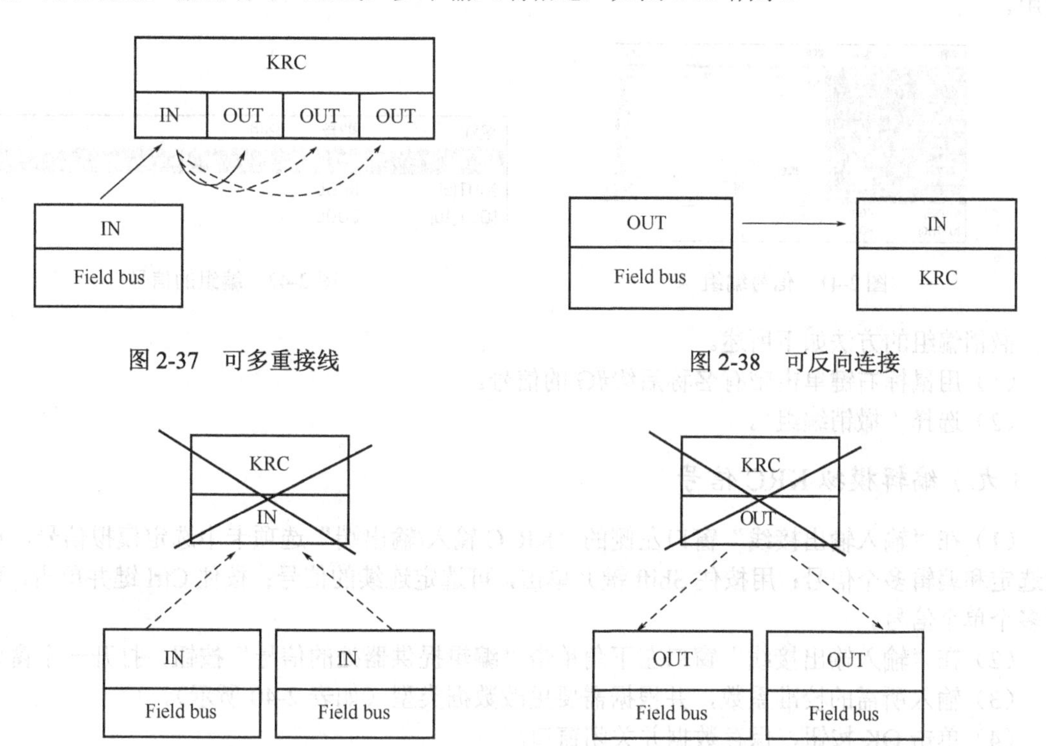

图 2-37　可多重接线

图 2-38　可反向连接

图 2-39　不可多重连接

（七）查找所属信号

查找所属信号的操作步骤如下所述。

（1）选定一个连接的信号。

（2）在选定信号的半个窗口（左侧或右侧）中，单击“查找连接信号”按钮。

① 一旦信号被连接：所分配的信号被标出，显示在所有信号的另外半个窗口里。

② 如果一个信号多重连接：打开“查找信号”窗口。所有与选定信号相连的信号均显示出来。

（3）选择一个信号，然后单击 OK 按钮确认，如图 2-40 所示。

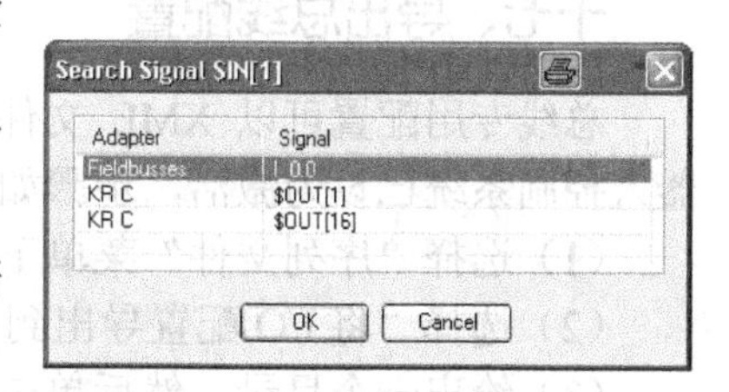

图 2-40　多重连接的信号

（八）给信号编组

机器人控制系统的 8 个数字输入端或输出端可编组为一个具有 BYTE 数据类型的信号。编组的信号可从其名称后缀#G 看出。给信号编组的前提是待编组的信号未连接，方法如下所述（如图 2-41 和图 2-42 所示）。

（1）在“KR C 输入/输出端”选项卡下选定 8 个依次排列的信号，并用鼠标右键单击。

（2）选择编组，信号便汇总成一个 BYTE 型信号，具有最低索引号的名称被新的信号应用。

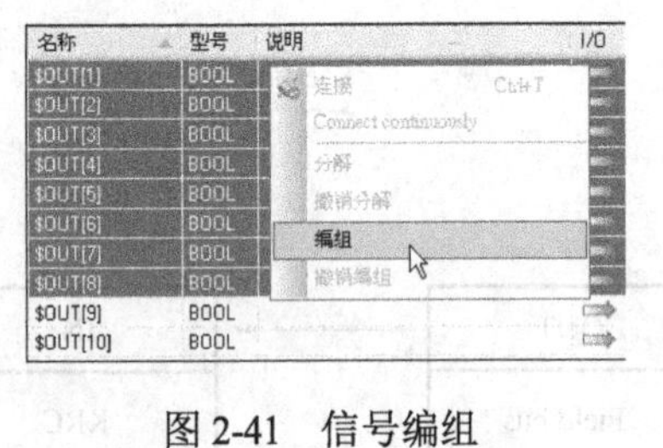

图 2-41　信号编组

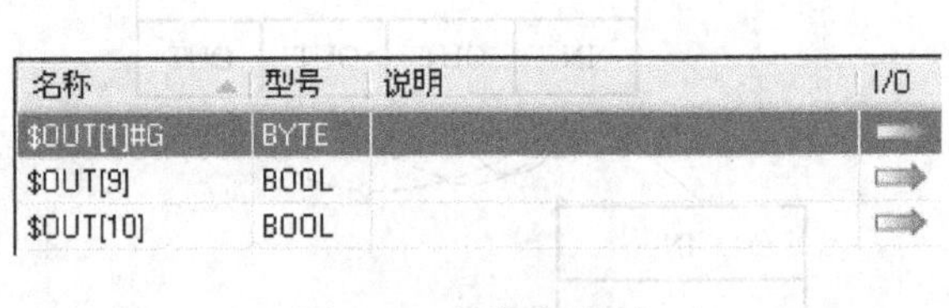

图 2-42　编组的信号

撤销编组的方法如下所述。

（1）用鼠标右键单击带有名称后缀#G 的信号。

（2）选择“撤销编组”。

（九）编辑模拟 KRC 信号

（1）在“输入输出接线”窗口左侧的“KR C 输入/输出端”选项卡中选定模拟信号，可一次选定和编辑多个信号：用按住 Shift 键并单击，可选定连续的信号；按住 Ctrl 键并单击，可选定多个单个信号。

（2）在“输入输出接线”窗口左下角单击“编辑提供器处的信号”按钮，打开一个窗口。

（3）输入所需的校准系数，并根据需要更改数据类型（如表 2-40 所示）。

（4）单击 OK 按钮，保存数据并关闭窗口。

表 2-40　校准系数及类型

栏位	说　明
校准系数	输入所需的校准系数
类型	只能连接相同类型的信号。在此可更改数据类型

十七、导出总线配置

总线专用配置可以 XML 文件形式导出。通过导出，可在需要时检查配置文件，前提是机器人控制系统已设为激活，步骤如下所述。

（1）选择“序列文件”菜单下的“导入/导出”，自动打开一个窗口。

（2）选择“将 I/O 配置导出到 XML 文件中”，然后单击“继续”按钮。

（3）给出一个目录，然后单击“继续”按钮。

（4）单击“完成”按钮。

（5）配置导出总线并导出到给定的目录下，配置完成，将显示一条信息提示，然后关闭窗口。

十八、长文本

（一）显示/编辑长文本

显示/编辑长文本的前提条件是已添加机器人控制系统。并设为激活，操作步骤如下所述。

（1）选择“序列编辑器”菜单下的“长文本编辑器”，如图2-43所示。

（2）长文本按照主题排序。在左列中选择要显示哪些长文本，例如“数字输入端”。

（3）在其他列中选择应显示的一种或多种语言。

（4）按需编辑长文本。

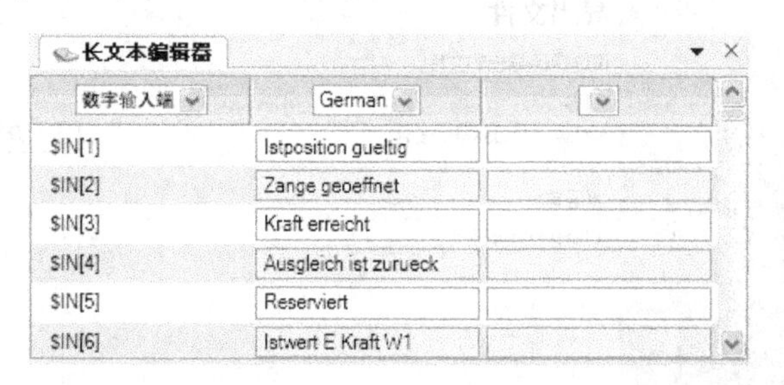

图2-43　长文本编辑器

注意：数字输入端/输出端的长文本可在“输入输出接线”窗口通过单击“编辑提供器处的信号”按钮进行编辑。

（二）导入长文本

可导入的文件格式有.TXT和.CSV，导入的长文本将覆写现有长文本。导入长文本的前提条件是已添加机器人控制系统并设为激活，方法如下所述。

（1）选择“序列文件”菜单下的“导入/导出”，自动打开一个窗口，如图2-44所示。

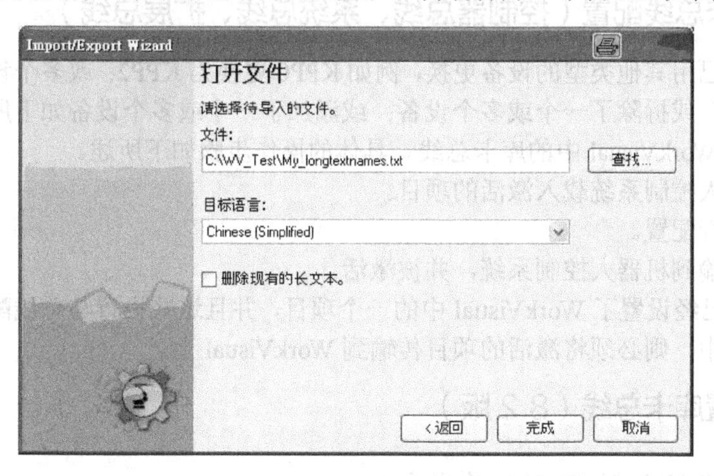

图2-44　导入长文本

（2）选择导入“长文本”，然后单击“继续”按钮。

（3）选择待导入的文件和包含的长文本的语言。

（4）如果信号已有一个名称，而该信号待导入的文件无名称，可通过删除存在的长文本，选择应如何处理现有名称，即“激活：删除名称”，或“非激活：保留名称”。

（5）单击“完成”按钮。

（6）若已成功导入，将以一条信息显示这一结果，然后关闭窗口。

（三）导出长文本

长文本的导出文件格式有.TXT 和.CSV。导出长文本的前提是已添加机器人控制系统，并设为激活，方法如下所述。

（1）选择“序列文件”菜单下的“导入/导出”，自动打开一个窗口，如图 2-45 所示。

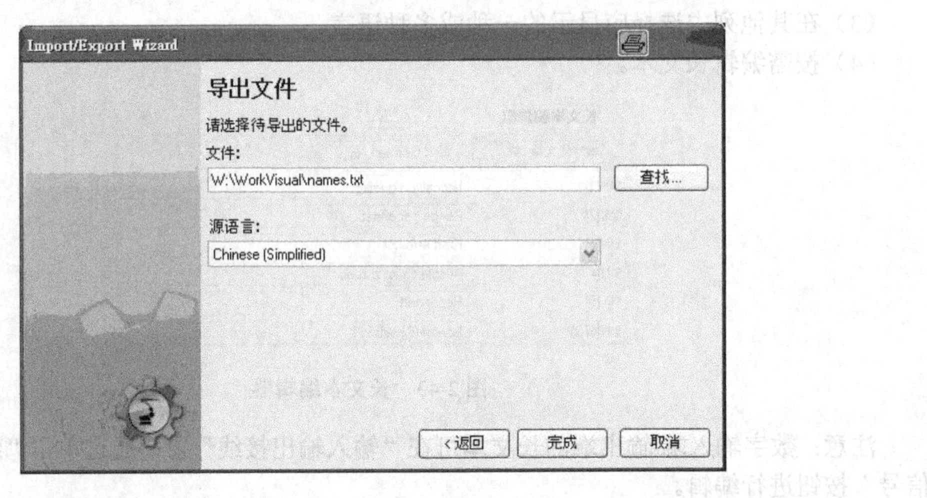

图 2-45　导出长文本

（2）选择“导出长文本”，然后单击“继续”按钮。

（3）确定路径和应生成文件的格式，并选择语言，然后单击“完成”按钮。

（4）若已成功导出，将在窗口中以一条信息显示，然后关闭窗口。

十九、库卡总线配置（控制器总线、系统总线、扩展总线）

在某一设备已用其他类型的设备更换，例如 KPP0 更换为 KPP2；或多个设备通过多个其他类型的设备更换；或拆除了一个或多个设备；或添加了一个或多个设备如下所示。必须根据实时总线配置调整 WorkVisual 中的库卡总线。具体的操作步骤如下所述。

（1）从机器人控制系统载入激活的项目。

（2）按需执行配置。

（3）项目传输到机器人控制系统，并被激活。

注意：如果已经设置了 WorkVisual 中的一个项目，并且这些设置与总线配置一起被传输到机器人控制系统中，则必须将激活的项目传输到 WorkVisual 上。

二十、配置库卡总线（8.2 版）

（一）将设备添加到 KUKA 总线中

按照设备在真实情况下的顺序，对其在控制器总线中排序。虽然排序对控制器总线的工作原理无影响，但是如果顺序与实际情况相符，在“拓扑”选项卡中处理连接的工作量将更小。

（1）准备：仅当设备应添加到扩展总线中并且没有节点库卡扩展总线（SYS-X44）时。

① 在“项目结构”窗口的“设备”选项卡中用鼠标右键单击“节点总线结构”。

② 在弹出的菜单中选择“添加”，打开“DTM 选择”窗口。

③ 选定“库卡扩展总线（SYS-X44）”记录项，然后单击 OK 按钮确认。

（2）前提条件：有设备说明文件。例如，要将设备添加到扩展总线中，必须事先导入文件，在 WorkVisual 中有控制器总线和系统总线的文件；机器人控制系统已设为激活。

（3）操作步骤

① 在“项目结构”窗口的“设备节点总线结构”选项卡中用鼠标右键单击“库卡总线”，如图 2-46 所示。

② 在弹出的菜单中选择“添加”，打开“DTM 选择”窗口。

③ 选定所用设备并单击 OK 按钮确认，该设备被应用到树形结构中。

④ 需要时，在树形结构中用鼠标右键单击设备，并在相关菜单中选择“改名”，给设备重命名。

注意：在一条总线中可能有多个同类设备。为了区别总线结构，WorkVisual 自动将一个编号挂在名称之后。建议给设备一个相应的名称，例如，应以设备安装位置的缩写来说明。在故障信息中，将使用设备在总线结构中的名称。

⑤ 对所有用于实际总线的设备重复执行步骤①～④。

⑥ 检查设备设置，必要时修改。

⑦ 检查设备的连接，必要时修改。

⑧ 只有当控制器总线中的更改涉及到 KPP，或控制器总线完全重新建立时，才可添加 Waggon 驱动程序配置。

图 2-46　控制器总线示例

（二）检查设备设置

（1）在“项目结构”窗口的“设备”选项卡中用鼠标右键单击“设备”。

（2）在相关菜单中选择“设置”，打开“设置”窗口。

（3）选择“一般设置”选项卡，如图 2-47 所示。

（4）检查是否完成了以下设置。若没有，要修正设置。

① 检查制造商识别号：激活。

② 检验产品号：激活。

③ 检查审核编号：关闭（OFF）。

④ 检查系列号：未激活。

（5）单击 OK 按钮，关闭窗口。

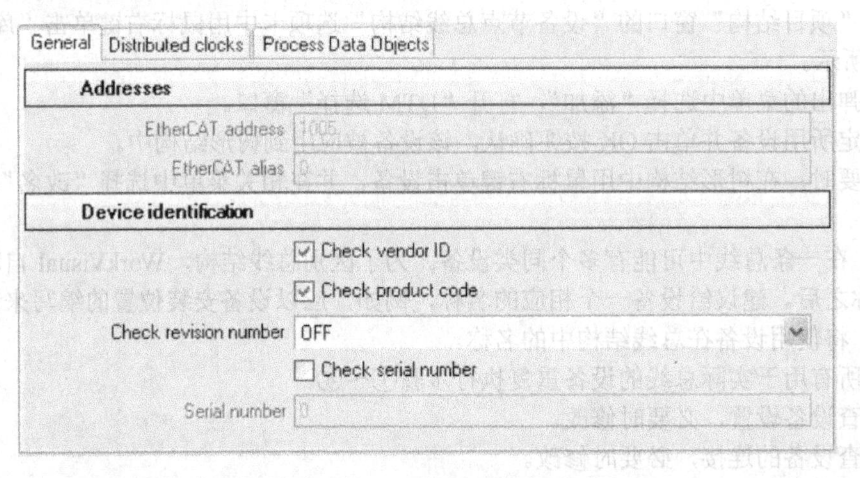

图 2-47 “一般设置”选项卡

（三）将设备并入库卡总线

设备添加到控制器总线中之后，WorkVisual 将自动连接设备。由于 WorkVisual 不知道实际的总线结构，必须检查连接，需要时进行修改。将设备并入库卡总线的操作步骤如下所述。

（1）在“项目结构”窗口的“设备”选项卡中用鼠标右键单击“总线”。

（2）在弹出的菜单中选择“设置”，打开窗口“设置”。

（3）选择“拓扑结构”选项卡。

（4）选定“无效连接”，并将其删除。为此，按 Del 键，或单击鼠标右键，并选择“删除”。

（5）添加缺少的连接，为此单击一个接口并按住鼠标键，将光标拉到另一个接口处，松开鼠标键。

（6）像这样标记临时连接。为此，用鼠标右键单击“连接”，并在相关菜单中选择“可拆开的连接”。连接显示为虚线。例如，对于控制器总线，与 Electronic Mastering Device（EMD）的连接是一个临时连接，因为 EMD 未永久性连接。

（7）单击地址或 Alias 地址还不正确的设备，显示一个窗口，然后输入正确的地址。所有临时相连的设备都需要 Alias 地址。对于 EMD，必须输入 Alias 地址 2001！

（8）需要时，利用拖放功能，将设备拉到其他位置，使“拓扑结构”选项卡一目了然，对总线全无影响。

（9）在右下角单击 OK 按钮。

（四）“拓扑结构”选项卡

如图 2-48 所示，对于“拓扑结构”选项卡的属性，总线中的每一个设备都用一个矩形表示；设备编号说明其物理地址。将鼠标指针移到设备上，显示含有设备名称的工具提示，或选定该设备，则窗口右侧显示该设备的属性，例如“名称”。图 2-48 中的设备如表 2-41 所示。将鼠标指针移到接口上，将显示含有接口名称的工具提示。线条用于显示设备间的连接：实线表示永久性连接，虚线表示临时连接。设备可利用 Drag&Drop 功能拉到其他位置，使“拓扑结构”选项卡一目了然，对总线全无影响。窗口右侧显示选定设备的属性，例如地址和 Alias 地址，属性部分可变。所有临时相连的设备都需要 Alias 地址。对于 EMD，必须输入 Alias 地址 2001！当设备具有一个无效地址或无效 Alias 地址时，图下的信息提示区域将显示出来。

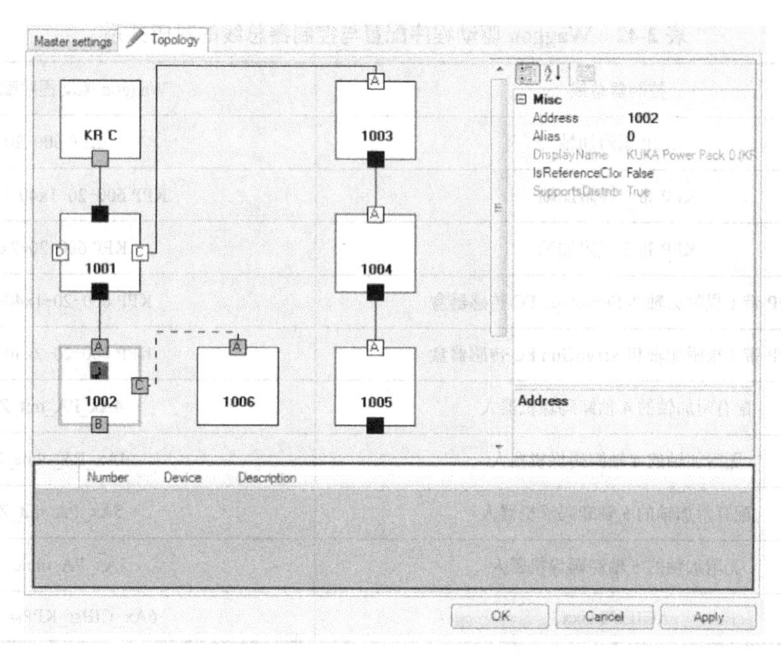

图 2-48　“拓扑结构”选项卡示例：控制器总线

表 2-41　图 2-48 中的设备说明

设备	名
1001	Cabinet Interface Board（CIB）
1002	Resolver Digital Converter （RDC）
1003	库卡 2 轴 Power Pack（KPP2）（G1）
1004	KUKA Servo Pack 手轴（KSP）（T1）
1005	KUKA Servo Pack 基轴（KSP）（T2）
1006	Electronic Mastering Device （EMD）

若要编辑连接，选定无效连接并将其删除，为此，按 Del 键；或单击鼠标右键，然后选择“删除”。要添加缺少的连接，单击一个接口，并按住鼠标键，将鼠标指针拉到另一个接口，然后松开鼠标键；若要标记临时连接，用鼠标右键单击“连接”，并在相关菜单中选择“可拆开的连接”。例如，与 Electronic Mastering Device（EMD）的连接便是一个临时连接，因为 EMD 未永久性连接。

（五）添加 Waggon 驱动程序配置

当完全新建控制器总线，或在控制器总线上执行了涉及 KPP 的改动时，必须将 Waggon 驱动程序配置添加到 WorkVisual 项目中。为此，需要配置 CFCoreWaggonDriverConfig.xml 和 EAWaggonDriverConfig.xml 文件。这些文件将在安装 WorkVisual 时自动一同安装。这些文件位于目录 C:\Programme（x86）\KUKA\WorkVisual[…]\WaggonDriverConfigurations 下，分别在单个控制器总线派生型的子目录中。Waggon 驱动程序配置与控制器总线的对应关系如表 2-42 所示。

表 2-42 Waggon 驱动程序配置与控制器总线的对应关系

控制器总线	Waggon 驱动程序配置目录
KPP 无附加轴	KPP 600-20
KPP 带一根附加轴	KPP 600-20-1x40（1x64）
KPP 带 2 根附加轴	KPP 600-20-2x40
KPP 带 1 根附加轴和 ServoGun FC 传感器盒	KPP 600-20-1x40+SDC
KPP 带 2 根附加轴和 ServoGun FC 传感器盒	KPP 600-20-2x40+SDC
配有附加轴的 4 轴卸码垛机器人	4Ax_PA_mit_ZA
无附加轴的 4 轴卸码垛机器人	4Ax_PA_ohne_ZA
配有附加轴的 5 轴卸码垛机器人	5Ax_PA_mit_ZA
无附加轴的 5 轴卸码垛机器人	5Ax_PA_ohne_ZA
AGILUS sixx	6Ax_CIBsr_KPPsr_KSPsr

添加 Waggon 驱动程序配置的前提是机器人控制系统已设为激活，方法如下所述。

（1）在“项目结构”窗口的“文件”选项卡中展开机器人控制系统的节点。

（2）展开下述节点：Config→User→Common→Mada。

（3）只有当 Waggon 驱动程序文件位于目录 Mada 下且必须删除时，才执行以下操作：

① 用鼠标右键单击一个文件，并在相关菜单中选择“删除”。

② 对第二个文件重复该过程。

（4）用鼠标右键单击“目录 Mada（机器数据）”，并在相关菜单中选择“添加外部文件”。

（5）自动打开一个窗口，在“文件类型”栏选择“记录项所有文件（*.*）”。

（6）导航至存放 Waggon 驱动程序配置文件的目录，选定文件，单击“打开”按钮确认，文件将在树形结构中在目录 Mada 下显示（若不显示，将所有目录合上后再展开，刷新显示）。

二十一、配置库卡总线（8.3 版）

（一）控制器总线

遵循功能配置建议，可在 WorkVisual 中自动安装或更新控制器总线，不再需要添加单个设备，不必连接设备，不必添加 Waggon 驱动程序文件，等等。但在需要时，可手动编辑控制器总线，操作步骤与控制系统8.2版的相同。

（二）系统总线

配置系统总线的操作步骤与控制系统8.2版的相同。

（三）扩展总线

扩展总线的操作步骤与将设备添加到KUKA总线中（8.2版）的相同。

二十二、分配FSoE从站地址（8.3版）

机器人控制系统与预配置的FSoE地址一起供货，此时仅有1个以上的RDC已连接，即在供货状态下，RDC的FSoE地址已预配置为“2”，不允许在机器人控制系统上多次使用一个地址；或是在多个同类型设备同时被替换的情况下，用户必须通过WorkVisual分配地址。

分配FSoE从站地址的准备有：确定实际应用的设备的库卡序列号（注意：对于KSP和KPP，其序列号在铭牌上；RDC在电路板上有一个条形码标签，其上有加密的序列号）；确定系统软件中机器人控制系统的IP地址，方法是：在主菜单中选择“诊断”下的“诊断显示器”，然后在模块中选择用于将WorkVisual计算机与机器人控制系统相连接的接口：Networkinterface（Service）[网络接口（检修）]（针对KSI）或Networkinterface（KLI）（网络接口），接口所属的数据即被显示，包括IP地址。

分配FSoE从站地址的前提是：

（1）WorkVisual：WorkVisual电脑的IP地址和与其相连（KLI或KSI）的接口的IP地址位于同一个子网中；实际所用机器人控制系统的网络连接；机器人控制系统已设为激活；WorkVisual中的配置须符合实际总线结构，建议将实际应用的机器人控制系统的当前项目载入WorkVisual；相关设备通过软件支持地址分配。设备说明文件中保存了是否是这种情况。虽然有时这种情况已经保存在最新的设备说明文件中，但仍会将设备以WorkVisual中的一个旧文件版本添加到总线结构中，随后必须将新文件导入WorkVisual，再将设备从总线结构中删除并再次添加。

（2）实际应用的机器人控制系统：运行方式T1；安全控制系统未允许驱动装置开通，通过单击状态栏中的“驱动装置状态显示”，自动打开“移动条件”窗口，“Safety驱动装置开通”栏必须呈灰色，不允许为绿色，以该方式检验状态；或通过触发紧急停止按键的方式进入此状态。

分配FSoE从站地址的操作步骤如下所述。

（1）在“项目结构”窗口的“设备”选项卡中双击节点“库卡控制器总线（KCB）”，打开“设置”窗口。

（2）输入机器人控制系统的IP地址，然后单击OK按钮，应用说明，并关闭窗口。

（3）用鼠标右键单击节点库卡控制器总线（KCB）并在弹出菜单中选择连接，则这个节点现在以绿色斜体表示。

（4）在节点库卡控制器总线（KCB）下方用鼠标右键单击相关设备，并在弹出的菜单中选择“连接”，则该设备名称以绿色斜体表示。

（5）再次用鼠标右键单击该设备，并在弹出的菜单中选择“功能”下的“FSoE-Slave-Adresse vergeben”，自动打开SoE-Slave-Adressen Vergabe窗口。

（6）输入序列号和FSoE地址（注意：前面的“0”可以省去）。WorkVisual识别该序列号是否正确。如果不正确，在栏位左侧显示红色感叹号。这种情况也出现在输入期间，只要号码不完整，并且因此错误，将显示感叹号。只要完整、正确地输入此号码，红色感叹号即消失。

（7）如果系列号正确，单击“应用”按钮，然后单击 OK 按钮，窗口自动关闭。

（8）再次用鼠标右键单击该设备，并在弹出的菜单中选择“断开”。现在已将数据保存在实际设备上，但实际的控制器总线尚无权限访问设备。

（9）用鼠标右键单击“节点库卡控制器总线（KCB）”，并在弹出的菜单中选择“断开”。几秒后，实际的控制器总线重新访问其设备。

（一）FSoE 地址

（1）KSP 和 KPP，如表 2-43 和表 2-44 所示。

表 2-43 带一列变频器触排的控制器选型

KSP 左边 地址：1022	KSP 中间 地址：1021	KPP 右边 地址：1020

表 2-44 带两列变频器触排的控制器选型

KSP 左上方 地址：1032	KSP 上方中间 地址：1031	KPP 右上方 地址：1030
KSP 左下方 地址：1022	KSP 下方中间 地址：1021	KPP 右下方 地址：1020

（2）RDC，如表 2-45 所示。

表 2-45 RDC

RDC	地址
在库卡机器人上（但 KR 1000 titan 除外）	2
在 KR 1000 titan 上（2 RDCs）	2 和 3
在其他轴上（例如，在附加轴或 CK 上）	2、3、4 和/或 5 2 和 3 仅可在其不同时用于机器人 RDC 时使用

（3）其他部件，如表 2-46 所示（注意：可为这些部件分配 FSoE 地址。实际上没有必要，因为它们在每台机器人控制系统只出现一次）。

表 2-46 其他部件

组件	地址
smartPAD	13330
SIB	13331
扩展型 SIB	13332
CIB	1

注意：作为例外，在获得库卡批准的条件下，可允许如上所示给部分 KSP、KPP 和 RDC 分配其他地址。但是，绝对不允许将 smartPAD、SIB、SIB extended 和 CIB 的地址分配给其他组件。

（二）确定 RDC 的系列号

RDC 在电路板上有一个条形码标签，其上有加密的序列号。条形码的类型有两种。不同类型的序列号，长度不同，如 RDC 在 RDC 盒中，必须打开盒子才能看到标签，如图 2-49 和图 2-50 所示。

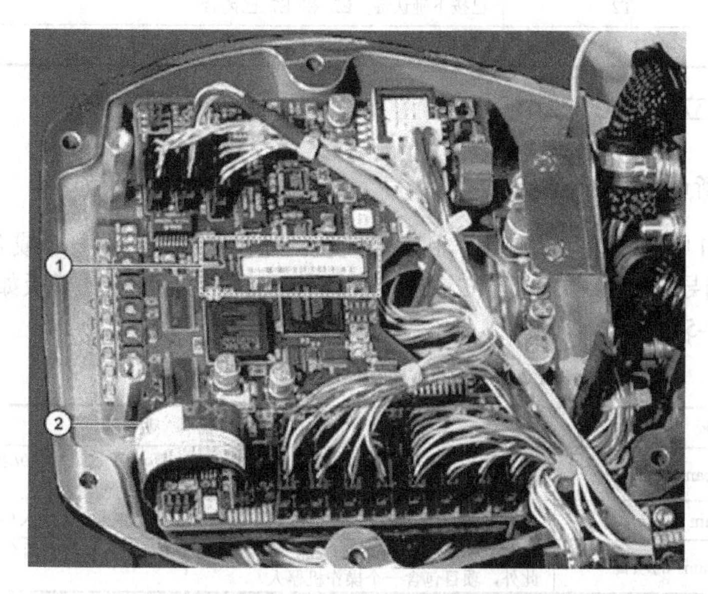

图 2-49　敞开的含 RDC 的盒

① 相关标签位于电路板中央　② EDS 内存条上的标签不重要

图 2-50　RDC 上的标签

对图 2-50 说明如下。

① 最左侧的两个数字标示类型，可以是类型 20（示例中）或类型 26。

② 最右侧的两个数字标示校验码，校验码本身不重要。

③ 校验码左侧为序列号，序列号由几位数字组成，取决于类型：对于类型 20，6 个数字（示例中，012406）；对于类型 26，7 个数字。

二十三、分配 FSoE 从站地址（8.2 版）

对于 8.2.21 及以下版本，在已经更换设备，则必须分配 FSoE 地址，或无法同时更换多个同类设备的情况下，应分配 FSoE 从站地址；前提是：运行方式 T1，$USER_SAF == TRUE。

$USER_SAF 为 TRUE 的条件取决于控制系统类型和运行方式，如表 2-47 所示。操作步骤与控制系统版本 8.3 相同，此处不再赘述。

表 2-47　$USER_SAF＝TRUE

控制柜	运行方式	条件
KR C4	T1/KRF、T2	已按下确认键
	AUT、AUT EXT	操作人员防护装置关闭
VKR C4	T1/KRF	已按下确认键；E2 已闭合
	T2	已按下确认键；E2 和 E7 已闭合
	AUT EXT	操作人员防护装置关闭；E2 和 E7 已打开

二十四、建立 RoboTeam

（一）建立新的 RoboTeam 项目

在 WorkVisual 中有模板可供使用。利用该模板，可建立新的包含一个或多个 RoboTeam 的项目，单元配置向导引导用户完成建立过程。RoboTeams 所包含项目的模板如表 2-48 所示，单元配置向导如图 2-51 所示。

表 2-48　RoboTeams 所包含项目的模板

模板	说明
一般性 RoboTeam 项目	建立项目。在该项目中，由用户确定 RoboTeams 数量和独立机器人数量，还可以确定机器人数和每个 RoboTeam 中附加轴的数量
单一 RoboTeam 项目	建立带一个 RoboTeam 的项目。RoboTeam 包含两个机器人和一个附加轴
包括两个 RoboTeams 的项目	建立一个带两个 RoboTeam 的项目。每个 RoboTeam 包含两个机器人和一个附加轴。此外，项目包含一个操作机器人

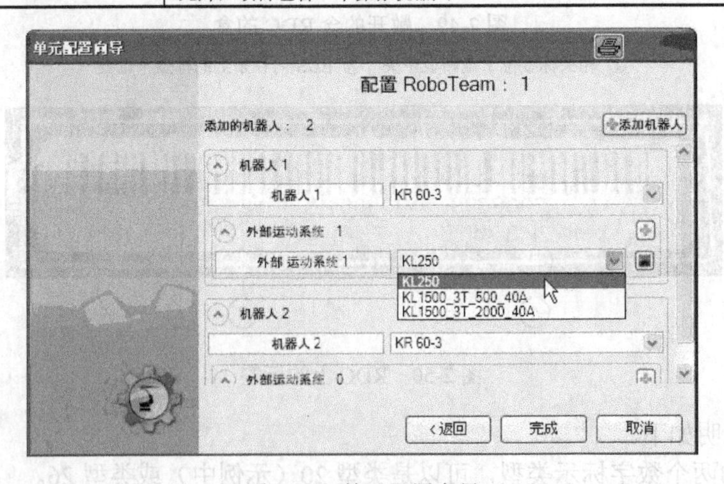

图 2-51　单元配置向导

建立新的 RoboTeam 项目的步骤如下所述。

（1）单击“新建”按钮，打开项目资源管理器，在左侧选择“创建项目”选项卡。

（2）在可用的模板区域内选定一个用于 RoboTeam 项目的模板。

（3）在“文件名”栏中给出项目名称。

（4）在“存储位置”栏中给出项目的默认目录。需要时，选择一个新的目录。

（5）单击“新建”按钮，打开单元配置向导。

（6）在向导中进行所需的设置，例如选择机器人型号。然后用“继续”键进入下一页。

（7）完成设置后，单击“完成”按钮，然后在下一页单击“关闭”按钮。

（8）机器人网络在“项目结构”窗口的“设备”选项卡中显示，如图 2-52 所示。

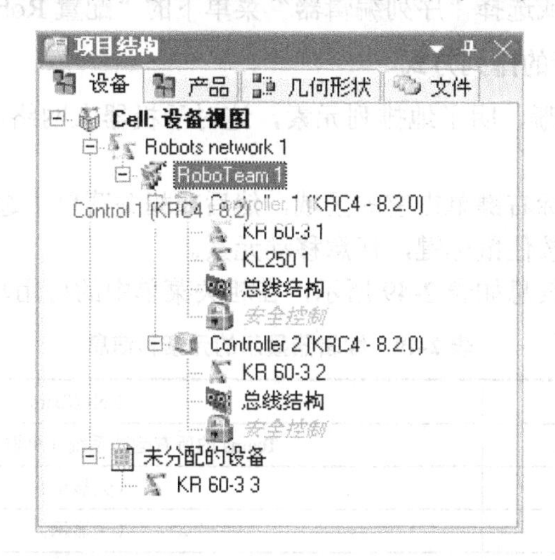

图 2-52 “设备”选项卡中的 RoboTeam

（二）将 RoboTeam 贴入现有项目

RoboTeam 可贴入现有项目。如果要将 RoboTeam 贴入一个新项目，此处有建立项目的专门模板可供使用，比先建立一个普通项目，再贴入 RoboTeam 更简单、快捷。将 RoboTeam 贴入现有项目的前提是有样本 KukaControllers 和 KUKARobots[…]；如果要包含 RoboTeam 附加轴，应有样本 KukaExternalAxes。操作步骤如下所述。

（1）在“项目结构”窗口的“设备”选项卡中用鼠标右键单击单元节点，并在相关菜单中选择“添加 RoboTeam”，节点机器人网络和子节点 RoboTeam 被贴入。节点按默认方式编号，可以改名。

（2）将所需机器人控制系统数量贴入节点 RoboTeam（注意：贴入的机器人控制系统必须相同）。

（3）将机器人配给机器人控制系统。

（4）如果需要，将附加轴配给机器人控制系统。

（5）如果需要，可将另一个 RoboTeam 贴入网络。在此，用鼠标右键单击“节点机器人网络”，并在相关菜单中选择“添加 RoboTeam”选项，然后重复步骤（2）～（5）。

二十五、配置 RoboTeam

（一）机器人网络和 RoboTeam 的编辑器

RoboTeam 和所属网络通过两个不同的编辑器进行配置，前提是至少已建立一个 RoboTeam，操作步骤如下所述。

1．打开机器人网络编辑器

（1）在“项目结构”窗口的“设备”选项卡中选定节点机器人网络。

（2）双击节点图标，或选择“序列编辑器”菜单下的“配置机器人网络”。

2. 打开 RoboTeam 编辑器

（1）在“项目结构”窗口的“设备”选项卡选定节点 Team。

（2）双击节点图标，或选择“序列编辑器”菜单下的“配置 RoboTeam”。

3. 改变编辑器中元素的排列方式

通过移动，用户可清晰、明了地排列元素，这对于机器人网络或 RoboTeam 的配置没有影响。

（1）在编辑器中用鼠标右键单击空的区域，然后在相关菜单中选择“选择元素”。

（2）单击一个元素并按住鼠标键，任意移动元素。

编辑器显示的元素和信息如表 2-49 所示，在相关菜单中的可用功能如表 2-50 所示。

表 2-49 编辑器显示的元素和信息

机器人网络	RoboTeam
网络的所有机器人控制系统	Teams 的所有运动系统（机器人和附加轴）
网络的 TIME 主机	（无显示）
每个 Teams 的安全主机	（无显示）
（无显示）	Teams 的动作主机
（无显示）	工作空间
（无显示）	可以显示工作空间的存取权

表 2-50 在相关菜单中的可用功能

图标	名称/说明
	选择元素。必须选择，以便移动元素或删除主从连接
	定义主从连接。在机器人网络编辑器中，将单个 RoboTeam 与一个安全回路连接；在 RoboTeam 编辑器中，确定动作主机
	删除主从连接
	设置 TIME 主机，仅在机器人网络编辑器中可供使用。确定 TIME 主机
	调用帮助，调用 WorkVisual 的文献，并显示 RoboTeam 一章

（二）将 RoboTeam 连接至安全回路

如果一个机器人网络包含多个 RoboTeam，则 Team 按默认方式形成相互独立的安全回路。为了将两个或更多 Team 纳入一个安全回路，将一个 Team 的安全主机与另一个 Team 的机器人控制系统相连接。该机器人控制系统成为第一个 Team 的安全主机。一个网络的所有 Team 都可与一个安全回路相连。各个 RoboTeam 的安全主机由 WorkVisual 自动确定，并且不能更改。它们在机器人网络编辑器中由灰色箭头表示：每个从属设备都有一个灰色箭头指向主机。将 RoboTeam 连接至安全回路的前提是机器人网络包含一个以上 RoboTeam，并且机器人网络编辑器已打开。操作步骤如下所述。

（1）在编辑器中，用鼠标右键单击空的区域，然后在相关菜单中选择“定义主从连接”。

（2）单击一个 Team 的安全主机，并按住鼠标键。

（3）将鼠标指针拉到另一个 Team 的机器人控制系统上。松开鼠标键，则另一个 Team 的机器人控制系统成为第一个 Team 的安全主机，在编辑器中用一个黑色箭头表示，如图 2-53 所示。

注意：在此操作过程中被拖动机器人控制系统原有的主从关系将被新的主从关系取代，原主从关系被自动删除。

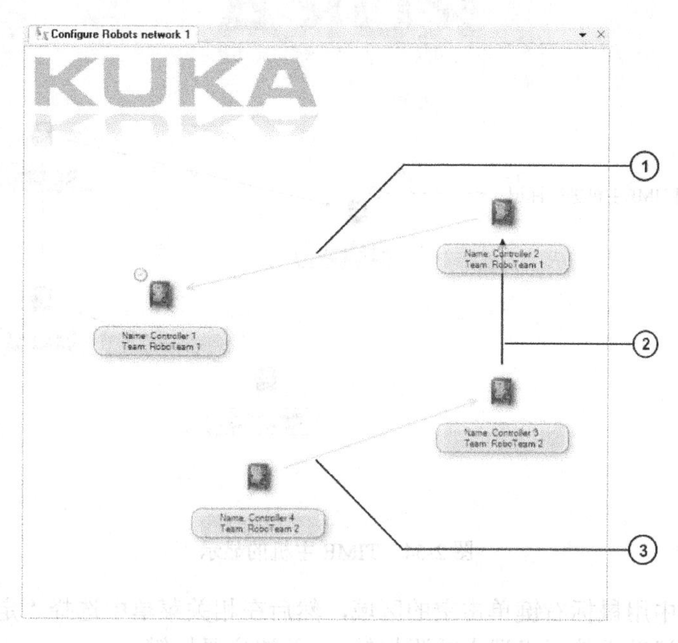

图 2-53　显示安全主机/安全回路

对图 2-53 说明如下。

① ControlNet1 是 Team1 的安全主机（不受用户影响）。

② 利用该箭头，Team1 和 Team2 的用户与一个安全回路连接；或者一个箭头从 Controller3 连接到 Controller1。

③ ControlNet3 是 Team2 的安全主机（不受用户影响）。

（三）确定 TIME 主机

在建立机器人网络之后，信息窗口显示 WorkVisual 已将哪个机器人控制系统确定为 TIME 主机。该规定可以更改。在机器人网络编辑器中，TIME 主机通过一个模拟时钟标记。每个网络只能有一个 TIME 主机。TIME 主机在实际应用的机器人控制系统中看不到，也不能更改。确定 TIME 主机的前提是机器人网络编辑器已打开，操作步骤如下所述。

（1）在编辑器中用鼠标右键单击空的区域，然后在相关菜单中选择“设置 TIME 主机”。

（2）单击要确定为新的 TIME 主机的机器人控制系统，则新的 TIME 主机在编辑器中通过模拟时钟标记，前一个 TIME 主机的时钟消失，如图 2-54 所示。

（四）确定动作主机

确定动作主机，可以确定哪个运动系统应跟在另一个运动系统的动作之后。第二个运动系统即为运动主机。此时不能确定哪些运动系统实际在后面跟随，只能确定哪些运动系统有可能跟随。只有在 WorkVisual 中确定为主机和/或从属设备的运动系统，才能在程序中用作这种运动系统。可进行多重连接和双向连接，因为运动系统可同时作为动作主机和从属设备。可在同方向上的两个运动系统之间进行多重连接（建议仅建立程序实际所需的连接，不必连接两个方向上的每一个运动系统，以免占用不必要的工具和基础坐标系，它们不能再用于其他用途）。确定动作主机的前提是 RoboTeam 的编辑器已打开，操作步骤如下所述。

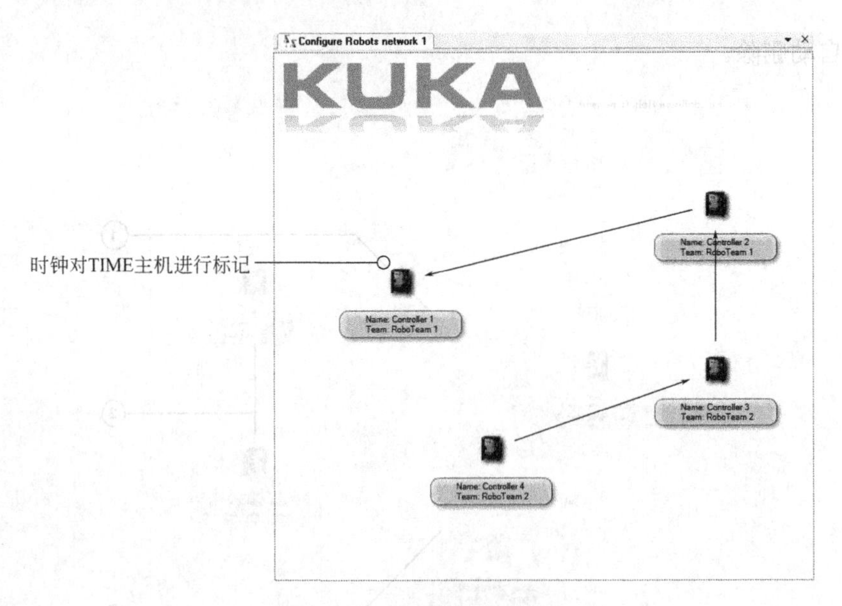

图 2-54 TIME 主机的显示

（1）在编辑器中用鼠标右键单击空的区域，然后在相关菜单中选择“定义主从连接”。

（2）单击一个运动系统（机器人或附加轴），并按住鼠标键。

（3）将鼠标指针拉到另一个运动系统并松开鼠标键，则第一个运动系统可以跟上另一个运动系统，在编辑器中通过一个黑色箭头表示，如图 2-55 所示。

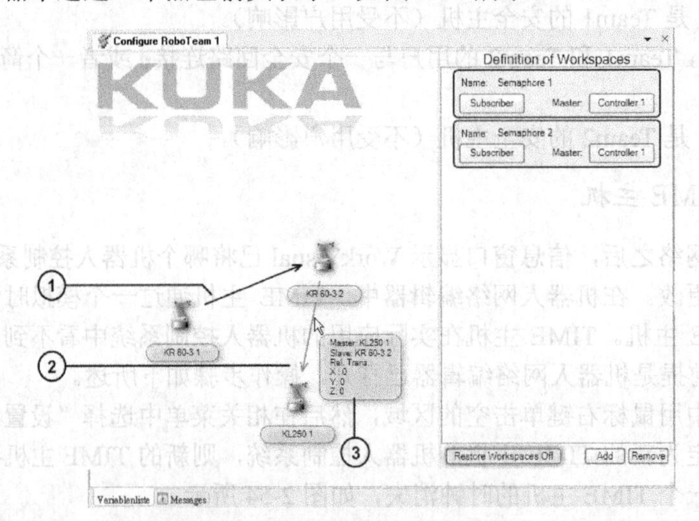

图 2-55 动作主机的显示

（4）重复第（2）步和第（3）步，直到每个运动系统都至少与一个其他运动系统相连。如果还存在未连接的运动系统，则在编辑器关闭时显示以下故障信息：“[NameRoboTeam]的运动协调配置不全！”

对图 2-55 说明如下。

① KR60-3 2 是 KR60-3 1 的动作主机。

② KL250 1 是 KR 60-3 2 的动作主机，黑色箭头变成了橙色箭头，因为鼠标光标放在它上面。

③ 将鼠标光标放在另一个箭头上，打开一个信息显示。仅针对从机器人控制系统载入的项目：在此仅显示从属设备相对于主机世界坐标系的平移值。

（五）删除主从连接

如果要更改一个安全主机到另一个 Team 的连接，不必专门删除现有连接，因为在设置新的连接时会自动删除。但是，动作主机确定的连接如果不再需要，则必须删除。操作步骤如下所述。

（1）在编辑器中用鼠标右键单击空的区域，然后在相关菜单中选择“选择元素”。

（2）单击要删除的箭头，箭头变成蓝色。

（3）用鼠标右键单击，并在相关菜单中选择“删除主从连接”，则箭头被删除。

（六）建立和配置工作空间

此处所说的工作空间，针对的是 RoboTeam，与在库卡系统软件中，通过“配置”→“其他”→“工作空间监控”下的“配置”所配置的工作空间，以及在 SafeOperation 中配置的工作空间无关。操作步骤如下所述。

（1）在 RoboTeam 编辑器的 Workspace（工作空间）定义区域内单击“添加”。

（2）添加一个工作空间。默认名称为“Semaphor[序号]”。默认名称可以更改，方法是：单击名称，名称可编辑；更改名称，然后按回车键确认。

（3）机器人控制系统被确定为工作空间主机。工作空间主机可以更改，方法是：单击“主机”栏旁边显示的名称；显示 Team 的机器人控制系统，然后单击所需的机器人控制系统。

（4）如果要配置工作空间的存取权，单击“用户”按钮，打开一个窗口，如图 2-56 所示。

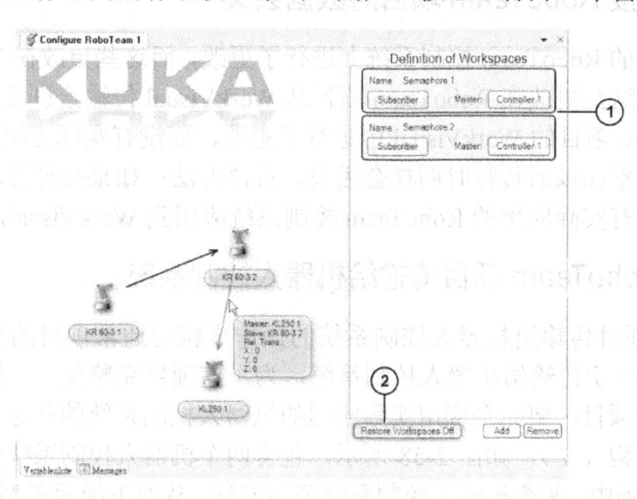

图 2-56 工作空间的显示

对图 2-56 说明如下。

① 工作空间的显示。如果有多个工作空间，最靠上的工作空间（编号 1）优先级最高，最靠下的工作空间优先级最低。

② 在此确定在机器人控制系统冷启动之后，是否恢复工作空间的状态。恢复工作空间打开：状态没有恢复，单击按钮可接通“恢复状态”功能；恢复工作空间关闭：状态被恢复，单击按钮可关闭“恢复状态”功能。

（5）根据需要，确定权限，如图 2-57 所示。

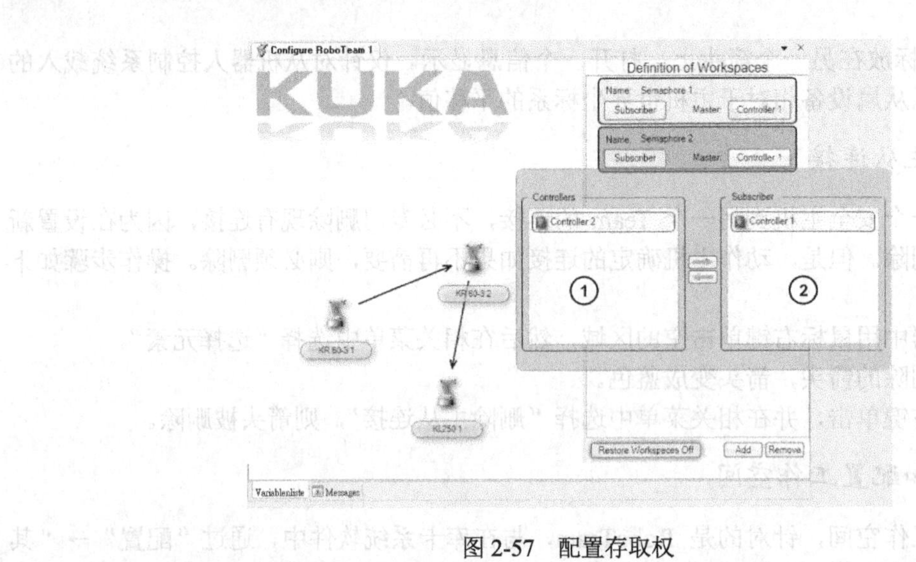

图 2-57　配置存取权

对图 2-57 说明如下。

① 显示不允许在工作空间上存取的机器人控制系统。利用向右箭头，将选定的机器人控制系统移到用户范围内。

② 显示允许在工作空间上存取的机器人控制系统，一次只能在工作空间上存取一个机器人控制系统（提示：机器人控制系统的排列没有给出在工作空间上存取的顺序，该顺序只能通过 KRL 程序确定。利用向左箭头，可将选定的机器人控制系统移到控制系统范围内）。

二十六、在连接 RoboTeam 项目时数据丢失

如果在实际应用的 RoboTeam 控制系统上进行了更改，而这些更改在 WorkVisual 中未执行（例如测量工具），则这些更改在 RoboTeam 项目从 WorkVisual 传输给机器人控制系统时丢失。如果在一个 RoboTeam 项目的 WorkVisual 中进行了更改，而没有实际应用的 RoboTeam 控制系统的当前状态，则数据在以后传输时同样会丢失。解决方法：如果在打开项目之后和编辑项目之前将当前状态从所有实际应用的 RoboTeam 控制系统应用到 WorkVisual，可防止数据丢失。

二十七、将 RoboTeam 项目传输给机器人控制系统

将 RoboTeam 项目传输给机器人控制系统的操作步骤与通常项目的操作步骤相同，如果 RoboTeam 项目是第一次传输给机器人控制系统，为了使项目完整化，应选择实际应用的机器人控制系统中激活的项目；要完全应用实际应用的机器人控制系统的状态，在每个机器人控制系统选出的值列中打钩（√），如图 2-58 所示，包含两个机器人控制系统的 RoboTeam 项目被完整化，在选出的值列中，两个机器人控制系统都被勾选，从而下级元素都将自动划上钩（√）。

注意：当激活一个项目后，在 KUKA smartHMI 上显示与机器人控制系统中尚激活的项目相比较所做更改的概览。如果概览中的标题与安全相关的通信参数下被标为“更改”，表示可以更改迄今为止的项目的紧急停止行为和“操作人员防护装置”信号。因此，在激活项目之后，必须检查紧急停止和“操作人员防护装置”信号的功能是否可靠。如果项目在多个机器人控制系统上激活，必须在各个机器人控制系统上执行这一检查，否则，可能造成人员死亡、重伤或巨大的财产损失。

对图 2-58 说明如下：

① 在机器人控制系统 1 时勾选；

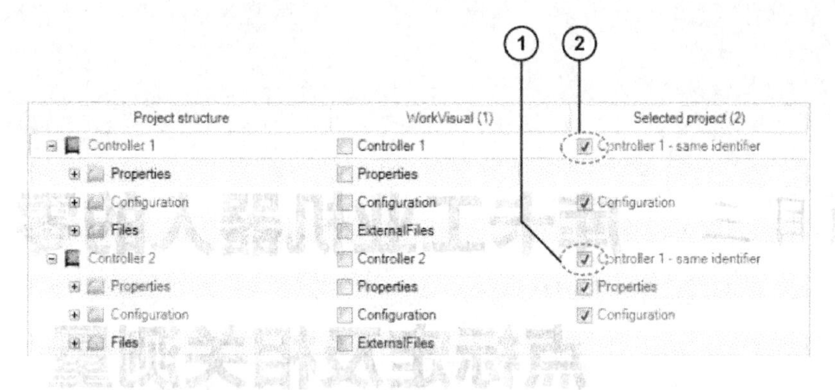

图 2-58　将实际应用的机器人控制系统的状态完全应用

② 在机器人控制系统 2 时勾选。

项目三　库卡工业机器人的零点标定及相关测量

任务一　库卡工业机器人各轴单独运动

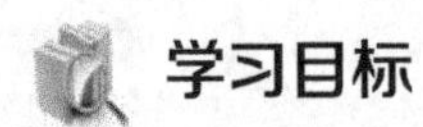

学习目标

① 了解库卡机器人自由度。

② 熟练掌握利用移动键或者 KUKA smartPAD 的 3D 鼠标，使机器人轴逐个运动。

工作任务

了解库卡机器人自由度；熟练掌握利用移动键或者 KUKA smartPAD 的 3D 鼠标，使机器人轴逐个运动。

任务实施

【知识准备】

一、库卡机器人自由度

根据机械原理，机构具有确定运动时必须给定的独立运动参数的数目，即为了确定机构的位置，必须给定的独立的广义坐标的数目，称为机构自由度。对于任意空间的物体，理论上具有 6 个自由度，分别是沿 x 轴平移、沿 y 轴平移、沿 z 轴平移和绕 x 轴转动、绕 y 轴转动、绕 z 轴转动，即 3 个平移和 3 个旋转运动。如图 3-1 所示，库卡机器人一般具有 6 个轴，即 A1～A6，但是每个轴平移的自由度都被限制了，只能绕各轴旋转。

二、机器人轴的运动

在 T1 运行模式下，通过按“确认”键激活驱动装置；按“移动”键或者使用 KUKA smartPAD 的 3D 鼠标，启动机器人轴的调节装置，机器人的每根轴执行所需的正向或负向运动。运动可以是连续的；如果在状态栏中选择增量值，也可以是增量式的。

1．提示信息

常见的提示信息出现的原因及补救措施如表 3-1 所示。

图 3-1　库卡机器人自由度

表 3-1　常见的提示信息出现原因及补救措施

信息提示	原　因	补救措施
激活的指令被禁	出现停机（STOP）信息或引起激活的指令被禁的状态。例如，按下了“紧急停止”键，或驱动装置尚未就绪	解锁“紧急停止”键，并且/或者在“信息”窗口中确认信息提示。按“确认”键后，可立即使用驱动装置
软件限位开关-A5	以给定的方向（+或–）移到所显示轴（例如 A5）的软件限位开关	将显示的轴朝相反方向移动

2. 操作步骤

（1）如图 3-2 所示，选择“轴”作为移动键的选项。

（2）设置手动倍率，如图 3-3 所示。

图 3-2　选择“轴”作为移动键的选项

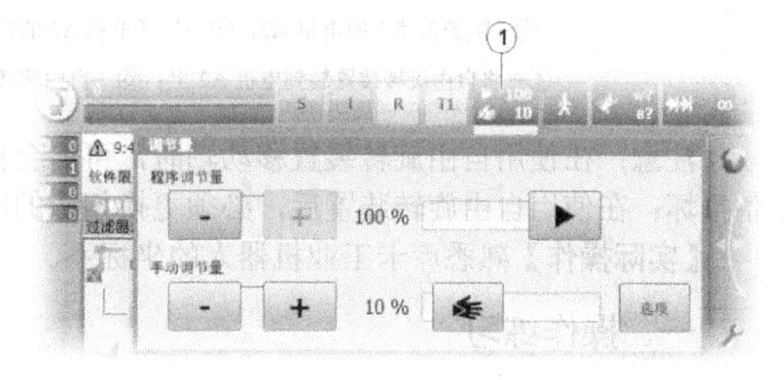

图 3-3　设置手动倍率

（3）将“确认”开关按至中间挡位并按住，如图 3-4 所示，在移动键旁边显示轴 A1～A6。

（4）如图 3-5 所示，按下“+”或“–”移动键，使轴朝正方向或反方向运动。

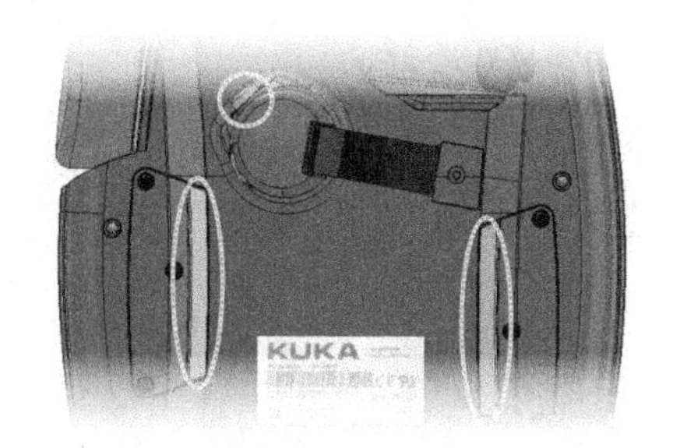

图 3-4　将确认开关按至中间挡位并按住

图 3-5　按下“+”或“–”移动键

3．在紧急情况下脱离控制系统移动机器人

发生事故或故障后，可借助自由旋转装置（如图 3-6 所示）移动机器人。自由旋转装置可用于基轴驱动电机，视机器人类型而定，也可用于手动轴驱动电机。该装置只允许用于特殊情况或紧急情况，例如用于解救人员。如使用了自由旋转装置，必须在此后更换相关的电机。

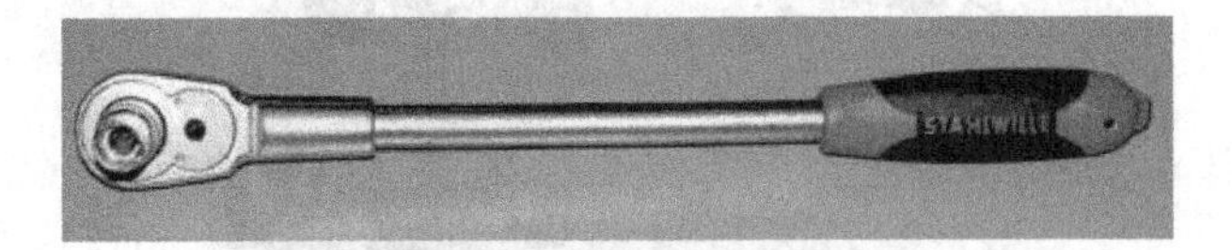

图 3-6 自由旋转装置

使用自由旋转装置的操作步骤（图 3-7）如下所述。

（1）关断机器人控制系统，并做好保护（例如用挂锁锁住），防止未经许可的意外重启。

（2）拆下电机上的防护盖。

（3）将自由旋转装置置于相应的电机上，并将轴朝所希望的方向运动。

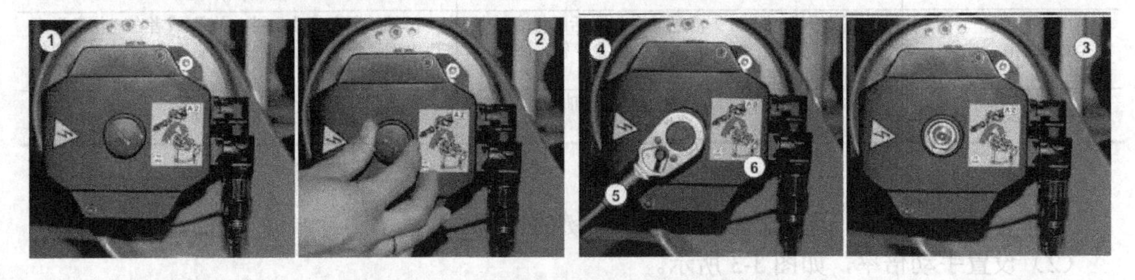

图 3-7 使用自由旋转装置的操作步骤

①—防护盖盖上的电机 A2；②—打开电机 A2 的防护盖；③—防护盖已拆下的电机 A2；

④—将自由旋转装置装到电机 A2 上；⑤—自由旋转装置；⑥—有转向说明的标签（选项）

注意：在使用自由旋转装置移动轴时，可能会损坏电机制动器；也可能导致人员受伤及设备损坏；在使用自由旋转装置后，必须更换相应的电机。

【实际操作】熟悉库卡工业机器人的坐标系。

一、操作练习

在教师的指监督和导下，熟悉并叙述库卡工业机器人各轴的自由度，认真练习利用“移动”键或者 KUKA smartPAD 的 3D 鼠标，使库卡工业机器人各轴逐个运动的基本操作。

二、评分标准

（一）阐述

（1）阐述错误或漏说，每个扣 10 分。

（2）操作与要求不符，每次扣 10 分。

（二）文明生产

违反安全文明生产规程，扣 5～40 分。

（三）定额时间

定额时间 90min。每超过 5min（不足 5min，以 5min 计），扣 5 分。

注意：除定额时间外，各项目的最高扣分不应超过配分数。

温馨提示

（1）注意文明生产和安全。

（2）课后通过网络、厂家、销售商和使用单位等多种渠道，了解关于库卡工业机器人各轴单独运动的知识和资料，分门别类加以整理，作为资料备用。

【评议】

温馨提示

完成任务后，进入总结评价阶段。分自评、教师评价两种，主要是总结评价本次任务中做得好的地方及需要改进的地方。根据评分的情况和本次任务的结果，填写表 3-2 和表 3-3。

表 3-2　学生自评表格

任务完成进度	做得好的方面	不足及需要改进的方面

表 3-3　教师评价表格

在本次任务中的表现	学生进步的方面	学生不足及需要改进的方面

【总结报告】

知识拓展

按轴坐标手动移动的安全提示

一、运行方式

机器人只允许在运行方式 T1（手动降低的速度）下手动运行，手动移动速度在 T1 运行方式下最高为 250mm/s，运行方式可通过连接管理器设置。

二、确认开关

为了能绕机器人移动，必须按下一个确认开关。smartPAD 上装有三个确认开关，各有三个挡位，即未按下、中位和完全按下（警报位置）。

三、软件限位开关

即使采用与轴相关的手动移动，机器人的移动也受到软件限位开关最大正、负值的限制。

注意：如果在信息窗口中出现信息“执行零点标定”，可超过这两个极限值移动，但可能损坏机器人系统！

任务二　熟悉库卡工业机器人相关坐标系

学习目标

① 了解 KUKA 工业机器人相关坐标系。

② 熟练掌握利用“移动”键或者 KUKA smartPAD 的 3D 鼠标，使机器人在世界坐标系中移动的方法。

③ 熟练掌握利用“移动”键或者 KUKA smartPAD 的 3D 鼠标，使机器人在工具坐标系中移动的方法。

④ 熟练掌握利用“移动”键或者 KUKA smartPAD 的 3D 鼠标，使机器人在基坐标系中移动的方法。

⑤ 熟练掌握利用“移动”键或者 KUKA smartPAD 的 3D 鼠标，使用一个固定工具完成机器人的手动移动。

工作任务

学习 KUKA 工业机器人的相关坐标系，熟练掌握使用“移动”键或者 KUKA smartPAD 的 3D 鼠标，使机器人在世界坐标系、工具坐标系及基坐标系中手动移动，以及用一个固定工具完成机器人手动移动的方法。

任务实施

【知识准备】

一、KUKA 工业机器人的相关坐标系

在工业机器人的操作、编程和投入运行的过程中，坐标系具有重要的意义，如图 3-8 所示。在机器人控制系统中，定义了世界坐标系（World）、机器人足部坐标系（Robroot）、基坐标系（Base）、法兰坐标系（Flange）和工具坐标系（Tool）等五种坐标系，如表 3-4 所示。

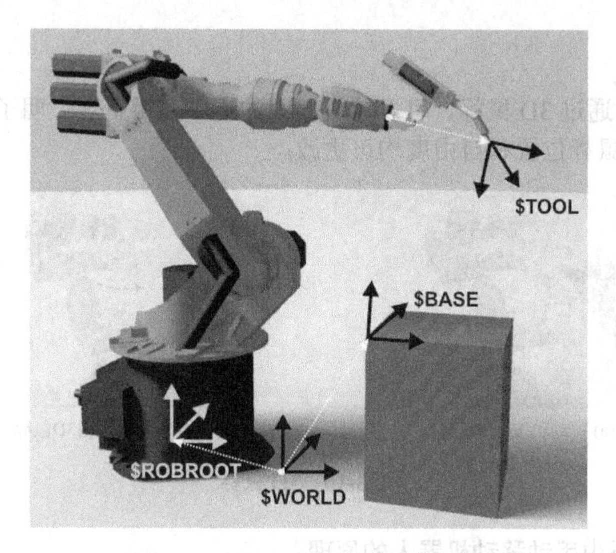

图 3-8　KUKA 机器人上的坐标系

表 3-4　KUKA 机器人上的坐标系

名　称	位　置	应　用	特　点
世界坐标系（World）	可自由定义	机器人足部坐标系（Robroot）和基坐标系（Base）的原点	大多数情况下位于机器人足部
机器人足部坐标系（Robroot）	固定于机器人足内	机器人的原点	说明机器人在世界坐标系中的位置
基坐标系（Base）	可自由定义	工件，工装	说明基坐标在世界坐标系中的位置
法兰坐标系（Flange）	固定于机器人法兰上	工具坐标系（Tool）的原点	原点为机器人法兰中心
工具坐标系（Tool）	可自由定义	工具	工具坐标系（Tool）坐标系的原点称为 TCP（Tool Center Point，工具中心点）

二、机器人在世界坐标系中移动

1．手动移动世界坐标系的原则

在标准设置下，世界坐标系位于机器人底座（Robroot）中，如图 3-9 所示。在 T1 运行模式及“确认”键按下的情况下，使用“移动”键或者 KUKA smartPAD 的 3D 鼠标，机器人工具可以沿世界坐标系的坐标方向运动。在此过程中，所有的机器人轴也会移动，而且速度可以通过设置手动倍率（HOV）来更改。

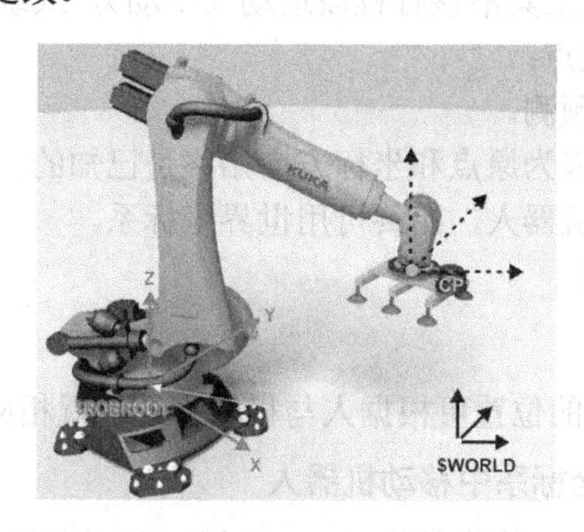

图 3-9　手动移动世界坐标系的原则

2．3D 鼠标

如图 3-10 所示，通过 3D 鼠标，可以使机器人的运动变得直观、明了，是在世界坐标系中手动移动时的首选。鼠标位置和自由度均可更改。

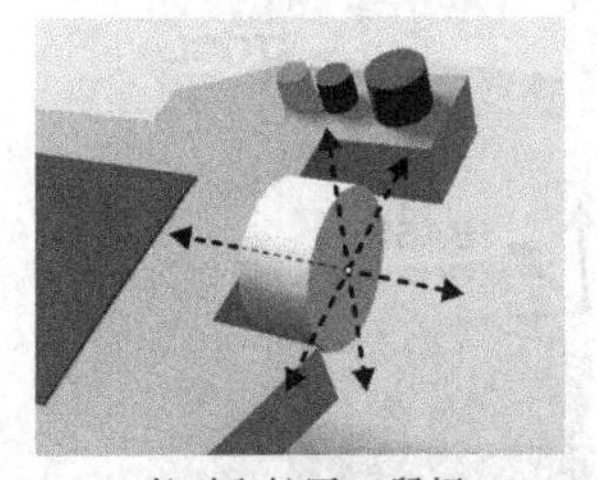

(a) 拉动和按压3D鼠标

(b) 转动或倾斜3D鼠标

图 3-10　3D 鼠标

3．在世界坐标系中手动移动机器人的原理

（1）在世界坐标系中，机器人移动的方式：在世界坐标系（笛卡尔坐标系，如图 3-11 所示）中，可以两种方式移动机器人：

① 沿坐标系的坐标轴方向平移（直线）：X、Y、Z。

② 环绕坐标轴方向转动（旋转/回转）：角度 A、B 和 C。

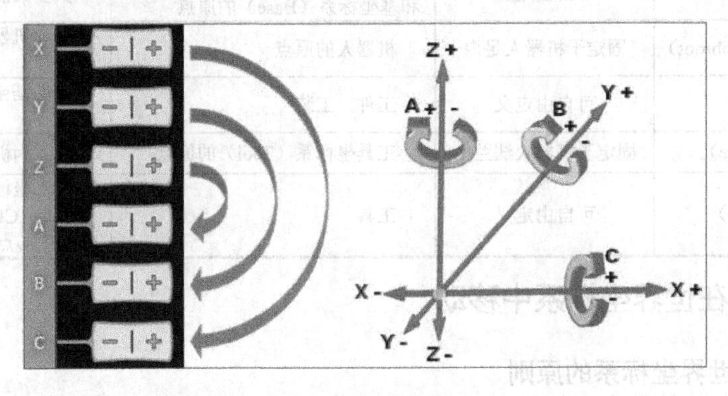

图 3-11　笛卡尔坐标系

（2）在世界坐标系中，机器人移动的过程：机器人收到一条运行指令（例如按“移动”键后），控制器先计算一个行程段，其起点是工具参照点（TCP），方向由世界坐标系给定。控制器控制所有轴相应地运动，使工具沿该行程段运动（平动），或绕其旋转（转动）。

（3）使用世界坐标系的优点：

① 机器人的动作始终可预测。

② 动作始终是唯一的，因为原点和坐标方向始终是已知的。

③ 对于经过零点标定的机器人，始终可用世界坐标系。

④ 可用 3D 鼠标直观操作。

4．3D 鼠标的位置

如图 3-12 所示，3D 鼠标的位置可根据人与机器人的位置相应地调整。

5．使用 3D 鼠标在世界坐标系中移动机器人

（1）平移：如图 3-13 所示，按住并拖动 3D 鼠标，即可实现机器人的平移。

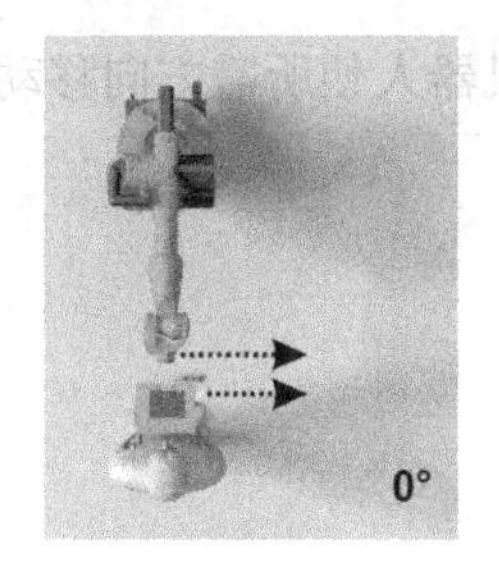

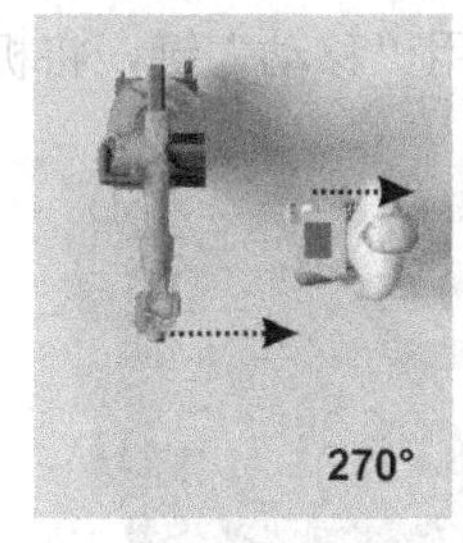

图 3-12　3D 鼠标的 0° 和 270°

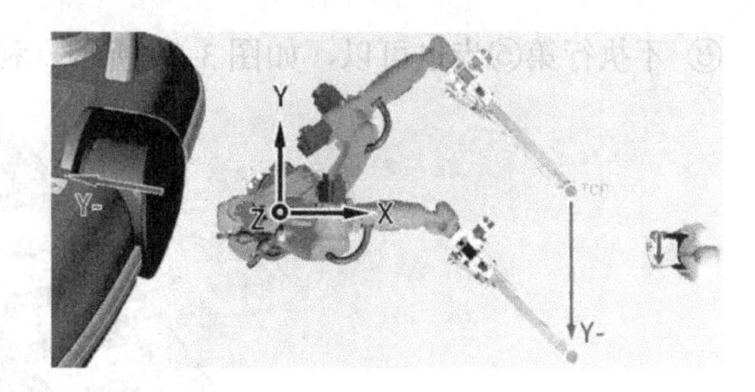

图 3-13　用 3D 鼠标水平向左移动机器人

在世界坐标系中执行机器人平移的步骤如下所述。

① 如图 3-14 所示，通过移动滑动调节器①来调节 KCP 的位置。

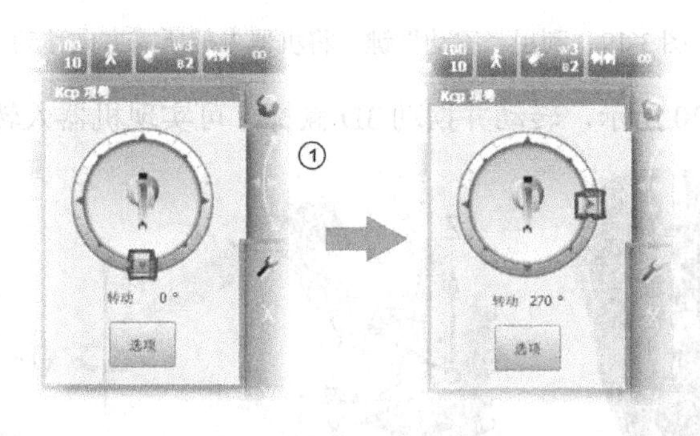

图 3-14　调节 KCP 的位置

② 如图 3-15 所示，选择世界坐标系作为 3D 鼠标的选项。

③ 如图 3-16 所示，设置手动倍率。

图 3-15　选择世界坐标系作为 3D 鼠标的选项　　图 3-16　设置手动倍率

④ 如图 3-17 所示，将“确认”开关调至中间挡位并按住。

⑤ 如图 3-18 所示，用 3D 鼠标将机器人朝所需方向移动。

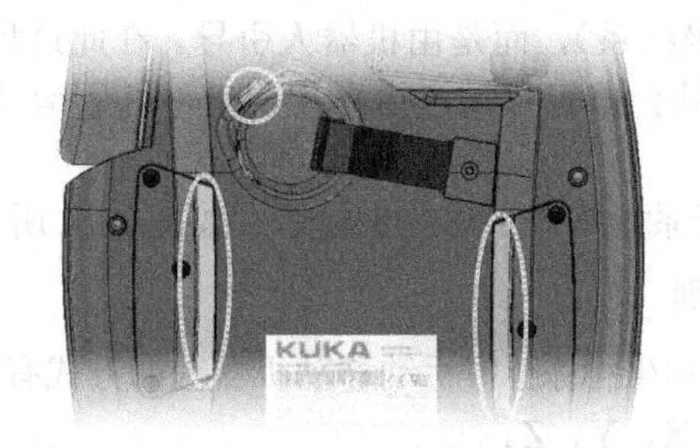

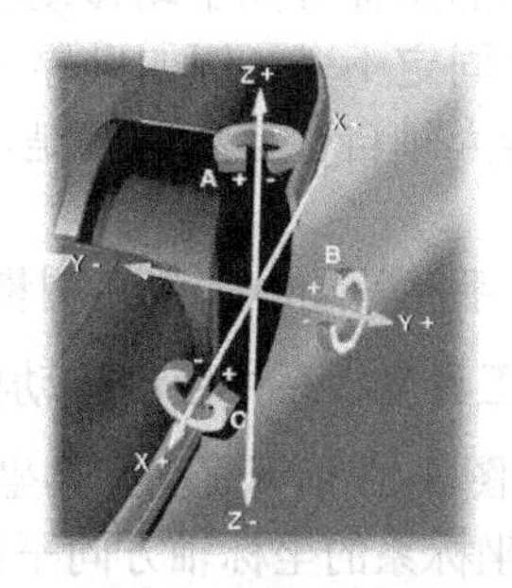

图 3-17　将“确认”开关调至中间挡位并按住　　图 3-18　用 3D 鼠标将机器人朝所需方向移动

⑥ 不执行第⑤步也可以，如图 3-19 所示，利用“移动”键，将机器人朝所需方向移动。

图 3-19 利用“移动”键，将机器人朝所需方向移动

（2）转动：如图 3-20 所示，转动并摆动 3D 鼠标，可实现机器人转动。

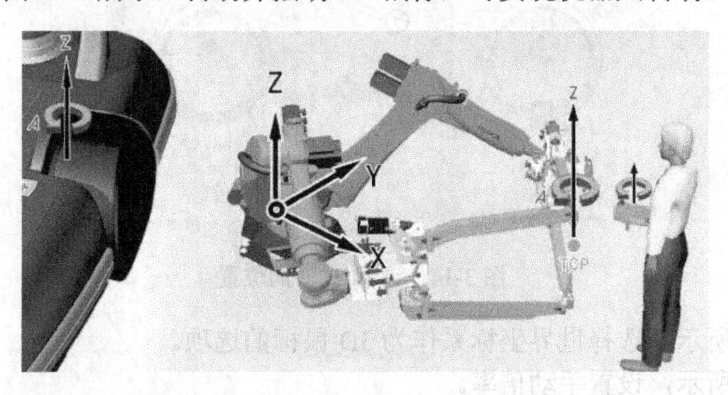

图 3-20 利用 3D 鼠标，让机器人绕 Z 轴旋转运动（转角 A）

在世界坐标系中使机器人转动的操作步骤，与在世界坐标系中使机器人平移的操作步骤相似，在此不再赘述。

三、机器人在工具坐标系中移动

1．机器人工具坐标系

机器人工具坐标系如图 3-21 所示，其原点称为 TCP，与工具的工作点对应。一般可供选择的工具坐标系有 16 个（详见 TCP 标定，此处不详述）。在 T1 运行模式且“确认”键已经按下的情况下，使用“移动”键或者 KUKA smartPAD 的 3D 鼠标，可在工具坐标系中根据之前所测工具的坐标方向手动移动机器人，而且速度可以用手动倍率（HOV）来更改。因此，坐标系并非固定不变（例如世界坐标系或基坐标系），而是由机器人引导。在此过程中，所有需要的机器人轴自行移动；但是，具体哪些轴会自行移动，由系统决定，并因运动情况不同而不同。

注意：手动移动时，未经测量的工具坐标系始终等于法兰坐标系，如图 3-22 所示。

2．在工具坐标系中手动移动机器人的原则

（1）如图 3-23 所示，在工具坐标系（笛卡尔坐标系）中手动移动机器人的方式有以下几种。

① 沿坐标系的坐标轴方向平移（直线）：X、Y、Z。

② 环绕坐标系的坐标轴方向转动（旋转/回转）：角度 A、B 和 C。

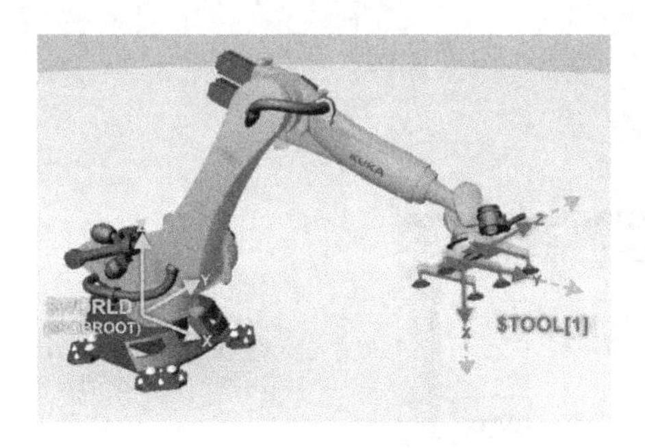

图 3-21　机器人工具坐标系

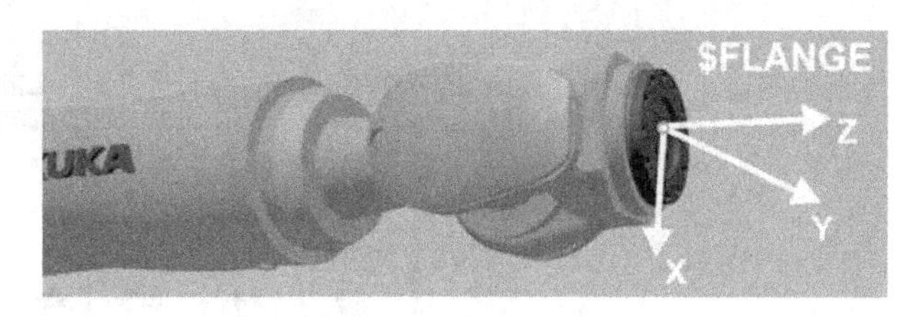

图 3-22　未经测量的工具坐标系始终等于法兰坐标系

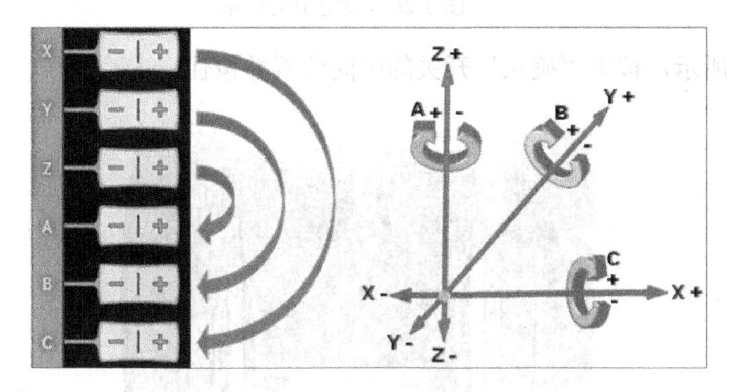

图 3-23　笛卡尔坐标系

（2）使用工具坐标系的优点如下所述。

① 只要工具坐标系已知，机器人的运动始终可预测。

② 可以沿工具作业方向（工具作业方向是指工具的工作方向或者工序方向，如粘胶喷嘴的粘结剂喷出方向，抓取部件时的抓取方向等）移动，或者绕 TCP 调整姿态。

3．在工具坐标系中手动移动机器人的操作步骤

① 如图 3-24 所示，选择“工具”作为所用的坐标系。

② 如图 3-25 所示，选择工具编号。

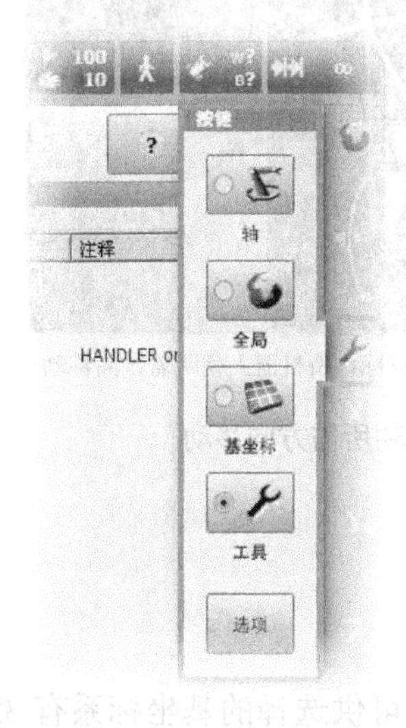

图 3-24　选择“工具”作为所用的坐标系

图 3-25　选择工具编号

③ 如图 3-26 所示，设定手动倍率。

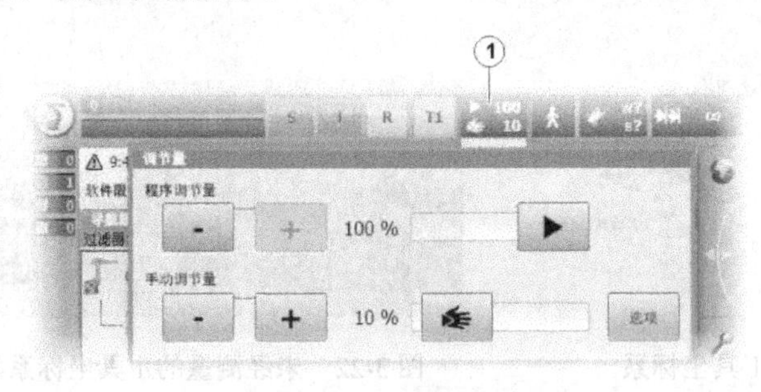

图 3-26 设定手动倍率

④ 如图 3-27 所示，按下“确认”开关的中间位置并按住。

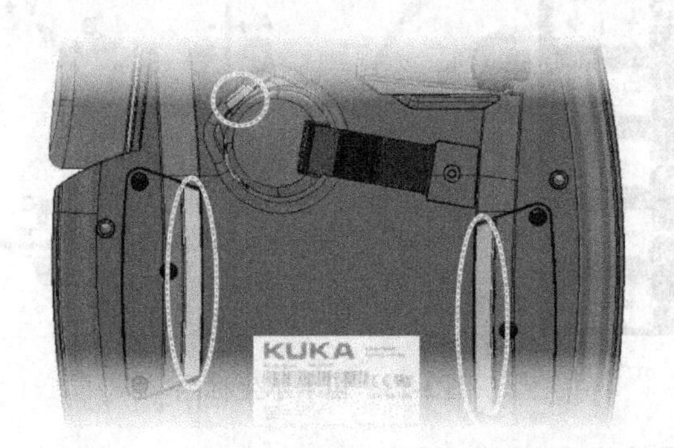

图 3-27 按下“确认”开关的中间位置并按住

⑤ 如图 3-28 所示，利用“移动”键或 3D 鼠标，将机器人朝所需方向移动。

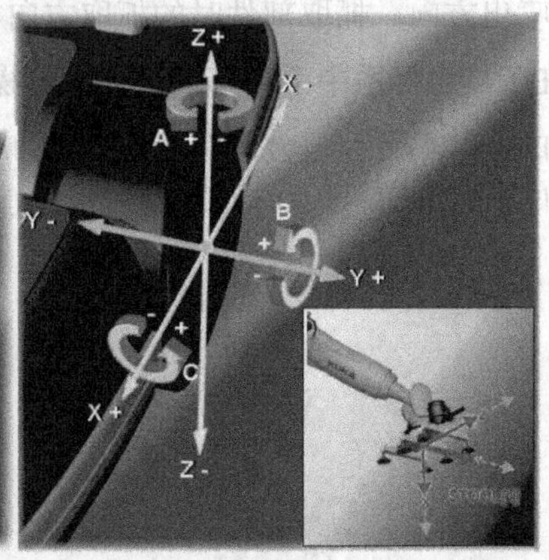

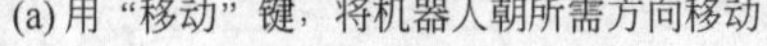

(a) 用“移动”键，将机器人朝所需方向移动　　(b) 利用3D鼠标，将机器人朝所需方向移动

图 3-28 利用“移动”键或 3D 鼠标，将机器人朝所需方向移动

四、机器人在基坐标系中移动

1. 机器人的基坐标系

机器人的基坐标系如图 3-29 所示，可以被单个测量，且可供选择的基坐标系有 32 个（详情见“零点标定”，此处不再赘述），并可以经常沿工件边缘、工件支座或者货盘调整姿态。机

器人的工具在 T1 运行模式及“确认”键按下的情况下，可以根据基坐标系的坐标方向，利用“移动”键或者 KUKA smartPAD 的 3D 鼠标，实现速度可以更改（手动倍率：HOV）的舒适的手动移动。在此过程中，所有需要的机器人轴也自行移动。哪些轴会自行移动，由系统决定，并因运动情况不同而异。

2．在基坐标系中手动移动机器人的方式

如图 3-30 所示，在基坐标系中可以两种不同的方式移动机器人：

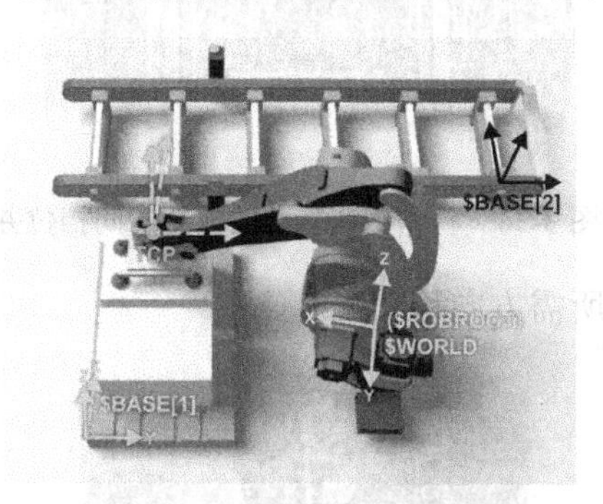

图 3-29　基坐标系中的手动移动

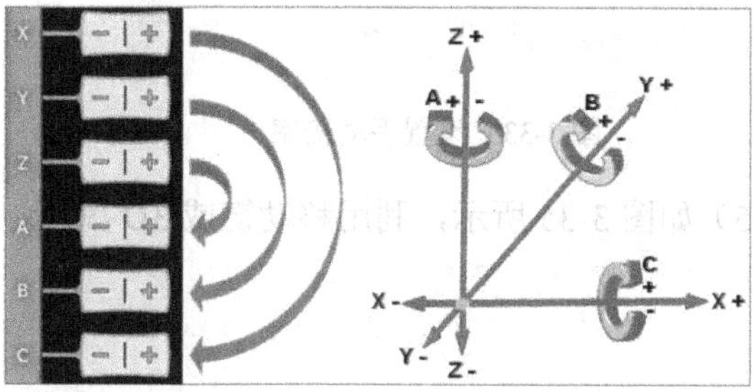

图 3-30　笛卡尔坐标系

① 沿坐标系的坐标轴方向平移（直线）：X、Y、Z。

② 环绕坐标系的坐标轴方向转动（旋转/回转）：角度 A、B 和 C。

3．在基坐标系中手动移动机器人的原理

机器人收到一条运行指令时（例如按“移动”键之后），控制器先计算一个行程段，其起点是工具参照点（TCP），方向由基坐标系给定。控制器控制所有轴相应地运动，使工具沿该行程段运动（平动）或绕其旋转　（转动）。

4．使用基坐标系的优点

（1）只要基坐标系已知，机器人的动作始终可预测。

（2）在操作员相对机器人以及基坐标系正确站立后，就可用 3D 鼠标直观操作。

5．在基坐标系中手动移动机器人的操作步骤

（1）如图 3-31 所示，选择“基坐标”作为“移动”键的选项。

（2）如图 3-32 所示，选择工具坐标和基坐标。

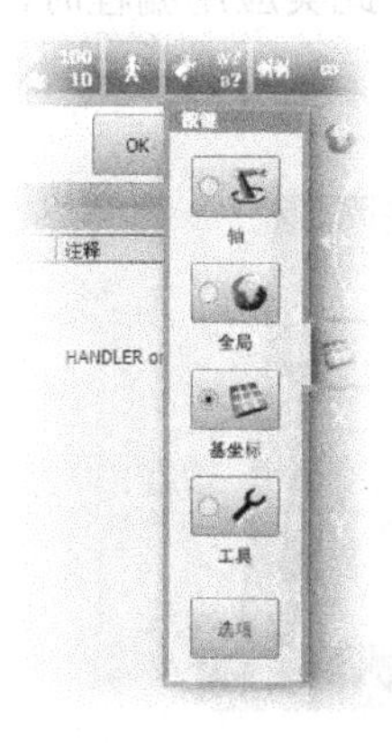

图 3-31　选择“基坐标”作为“移动”键的选项

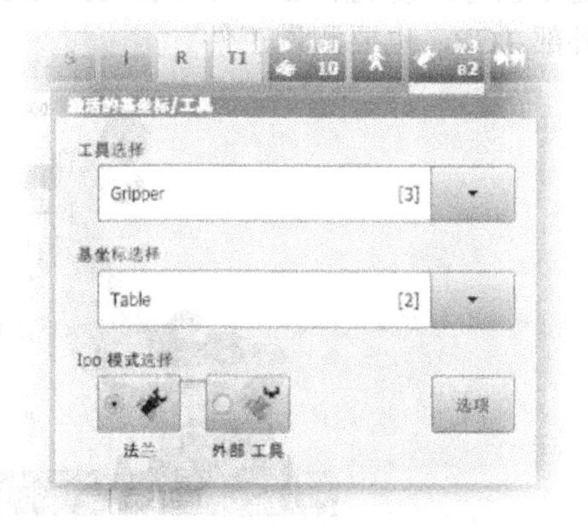

图 3-32　选择工具坐标和基坐标

（3）如图 3-33 所示，设置手动倍率。

（4）如图 3-34 所示，将“确认”开关调至中间挡位并按住。

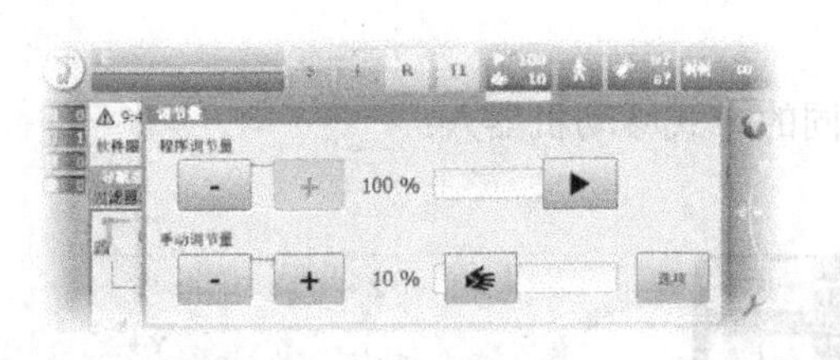

图 3-33　设置手动倍率

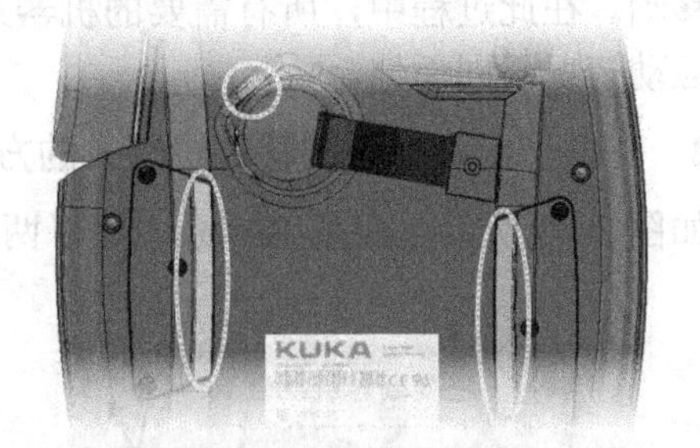

图 3-34　将“确认”开关调至中间挡位并按住

（5）如图 3-35 所示，利用移动键或 3D 鼠标，沿所需方向移动。

(a) 利用“移动”键沿所需方向移动

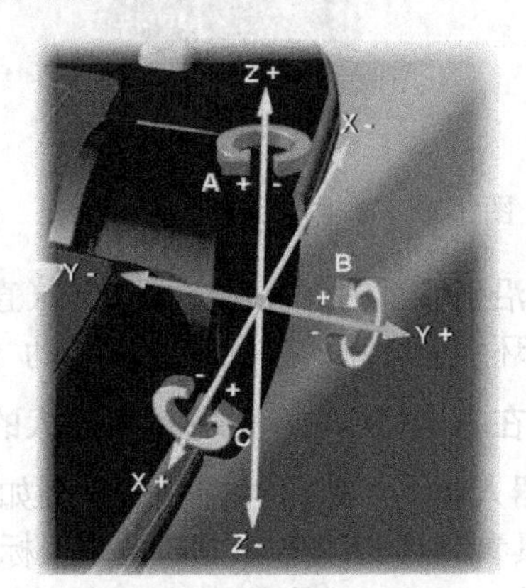

(b) 利用3D鼠标沿所需方向移动

图 3-35　利用移动键或 3D 鼠标，沿所需方向移动

五、用一个固定工具实现手动移动

1．用一个固定工具实现手动移动的含义及应用

如图 3-36 所示，某些生产和加工过程要求机器人操作工件而不是工具，如粘接、焊接等。工件无需放置好，便能加工，可节省夹紧工装。但是要注意，此类应用编程时，既要测量固定工具的外部 TCP，也要测量工件。

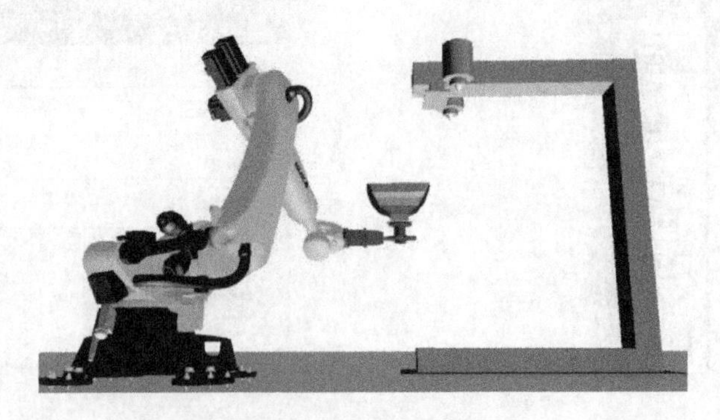

图 3-36　固定工具示例

2．固定工具时更改过的运动过程

虽然工具是固定（不运动）对象，但是仍有一个所属坐标系的工具参照点，称为外部 TCP。由于这是一个不运动的坐标系，所以数据可以如同基坐标系一样进行管理，并作为基坐标存储，运动着的工件可作为工具坐标存储，于是可以相对于 TCP 沿着工件边缘移动。但要注意：机器人在用固定工具手动移动时，运动均是相对外部 TCP 的。

3．利用固定工具手动移动的操作步骤

（1）在“工具选择”窗口中选择由机器人导引的工件。

（2）在“基坐标选择”窗口中选择固定工具。

（3）将“IpoMode（Ipo 模式）选择”设为“外部工具”（如图 3-37 所示）。

（4）为“移动键/3D 鼠标”选项设定工具：

① 设定工具，以便在工件坐标系中移动。

② 设定基坐标，以便在外部工具坐标系中移动。

（5）设定手动倍率。

（6）按下“确认”开关的中间位置，并保持按住。

（7）利用“移动”键/3D 鼠标，朝所需方向移动。

注意：通过在“手动移动选项”窗口中选择“外部工具控制器”切换，所有运动现在均相对外部 TCP，而不是由机器人导引的工具。

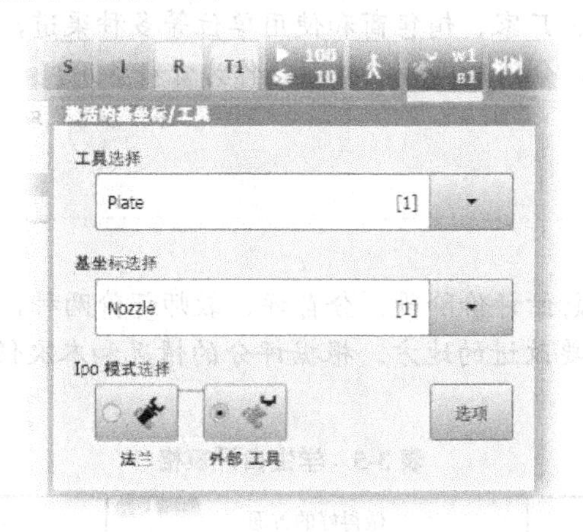

图 3-37　在“选项”菜单中选择“外部 TCP”

【实际操作】熟悉库卡工业机器人在相关坐标系的手动移动。

一、操作练习

在教师的监督和指导下，认真完成下列操作：

（1）简述 KUKA 工业机器人相关坐标系。

（2）利用“移动”键或者 KUKA smartPAD 的 3D 鼠标，使库卡工业机器人在世界坐标系中移动。

（3）利用“移动”键或者 KUKA smartPAD 的 3D 鼠标，使库卡工业机器人在工具坐标系中移动。

（4）利用“移动”键或者 KUKA smartPAD 的 3D 鼠标，使库卡工业机器人在基坐标系中移动。

（5）利用“移动”键或者 KUKA smartPAD 的 3D 鼠标，使用一个固定工具完成机器人的手动移动。

二、评分标准

（一）阐述

（1）阐述错误或漏说，每个扣 10 分。
（2）操作与要求不符，每次扣 10 分。

（二）文明生产

违反安全文明生产规程，扣 5～40 分。

（三）定额时间

定额时间 90min。每超过 5min（不足 5min，以 5min 计），扣 5 分。
注意：除定额时间外，各项目的最高扣分不应超过配分数。

温馨提示

（1）注意文明生产和安全。
（2）课后通过网络、厂家、销售商和使用单位等多种渠道，了解关于库卡工业机器人坐标系的知识和资料，分门别类加以整理，作为资料备用。

【评议】

温馨提示

完成任务后，进入总结评价阶段。分自评、教师评价两种，主要是总结评价本次任务中做得好的地方及需要改进的地方。根据评分的情况和本次任务的结果，填写表 3-5 和表 3-6。

表 3-5 学生自评表格

任务完成进度	做得好的方面	不足及需要改进的方面

表 3-6 教师评价表格

在本次任务中的表现	学生进步的方面	学生不足及需要改进的方面

【总结报告】

停机反应

工业机器人会在操作、监控和出现故障信息时做出停机反应。停机反应与所设定的运行方式的关系如表 3-7 和表 3-8 所示。

表 3-7　停机反应与所设定的运行方式的关系（一）

概　　念	说　　明
安全运行停止	安全运行停止是一种停机监控，它不停止机器人运动，而是监控机器人轴是否静止。如果机器人轴在安全运行停止时运动，则安全运行停止触发安全停止 STOP 0 安全运行停止也可由外部触发 如果安全运行停止被触发，机器人控制系统会给现场总线的一个输出端赋值；如果在触发安全运行停止时不是所有的轴都停止，并以此触发了安全停止 STOP 0，也会给该输出端赋值
安全停止 STOP 0	一种由安全控制系统触发并执行的停止。安全控制系统立即关断驱动装置和制动器的供电电源 注意：该停止在文件中称作安全停止 0
安全停止 STOP 1	一种由安全控制系统触发并监控的停止。该制动过程由机器人控制系统中与安全无关的部件执行，并由安全控制系统监控。例如，一旦机械手静止下来，安全控制系统就关断驱动装置和制动器的供电电源 如果安全停止 STOP 1 被触发，机器人控制系统便给现场总线的一个输出端赋值 安全停止 STOP 1 也可由外部触发 注意：该停止在文件中称作安全停止 1
安全停止 STOP 2	一种由安全控制系统触发并监控的停止。该制动过程由机器人控制系统中与安全无关的部件执行，并由安全控制系统监控。若驱动装置保持接通状态，制动器将保持松开状态。例如，一旦机械手停止下来，安全运行停止即被触发 如果安全停止 STOP 2 被触发，机器人控制系统便给现场总线的一个输出端赋值 安全停止 STOP 2 也可由外部触发 注意：该停止在文件中称作安全停止 2
停机类别 0	驱动装置立即关断，制动器制动，机械手和附加轴（选项）在额定位置附近制动 注意：此停机类别在文件中称为 STOP 0
停机类别 1	机械手和附加轴（选项）在额定位置上制动，1 秒钟后驱动装置关断，制动器制动 注意：此停机类别在文件中称为 STOP 1
停机类别 2	驱动装置不被关断，制动器不制动，机械手及附加轴（选项）通过一个不偏离额定位置的制动斜坡进行制动 注意：此停机类别在文件中称为 STOP 2

表 3-8　停机反应与所设定的运行方式的关系（二）

触发因素	T1,T2	AUT，AUT EXT
“启动”键被松开	STOP 2	
按下“停机”键	STOP 2	
驱动装置关机	STOP 1	
输入端无“运动许可 ”	STOP 2	
关闭机器人控制系统　（断电）	STOP 0	
机器人控制系统内与安全无关的部件出现内部故障	STOP 0 或 STOP 1（取决于故障原因）	
运行期间，工作模式被切换	安全停止 2	
打开防护门（操作人员防护装置）		安全停止 1
松开“确认”键	安全停止 2	
持续按住“确认”键或出现故障	安全停止 1	
按下急停按钮	安全停止 1	
安全控制系统或安全控制系统外围设备中的故障	安全停止 0	

任务三　库卡工业机器人的零点标定

学习目标

① 了解零点标定的原理。

② 熟练掌握机器人必须重新标定零点的情况。

③ 了解关于零点标定的安全提示。

④ 熟练掌握EMD的使用方法。

⑤ 了解机器人零点标定的途径。

⑥ 熟练掌握偏量学习的操作步骤。

⑦ 熟练掌握机器人的零点标定步骤。

工作任务

了解零点标定的原理、机器人必须重新标定零点的情况、关于零点标定的安全提示、EMD的使用方法、机器人零点标定的途径、偏量学习的操作步骤及机器人的零点标定步骤，能够正确、熟练地完成机器人的零点标定。

任务实施

【知识准备】

一、零点标定的原理

1．零点标定

零点标定就是给每个机器人轴分派一个基准值。

2．零点标定的原因

只有工业机器人得到充分和正确的标定零点时，它才能达到最高的点精度和轨迹精度，或者完全能够以编程设定的动作运动，其使用效果才会最好，所以工业机器人在使用前必须充分和正确地标定零点。

3．零点标定的基本内容

完整的零点标定过程包括为每一个轴标定零点，只有这样，才可以使轴的机械位置和电气位置保持一致，即每一个轴都有唯一的角度值。

注意：所有机器人的零点标定位置校准都是一样的，但又不完全相同，精确位置在同一型号的不同机器人之间也会有所不同。

4．精确零点标定的基本工具

EMD（Electronic Mastering Device）即电子控制仪，它可为任何一个在机械零点位置的轴指定一个基准值。

注意：机器人零点标定工具除EMD外一般还有千分表或标尺，但是它们的测量精度都不如EMD。其中，标尺精度最低，千分表次之。

5．机器人各轴机械零点位置的角度基准值

机器人各轴零点标定套筒的位置如图 3-38 所示，机器人各轴机械零点位置的角度基准值如表 3-9 所示。

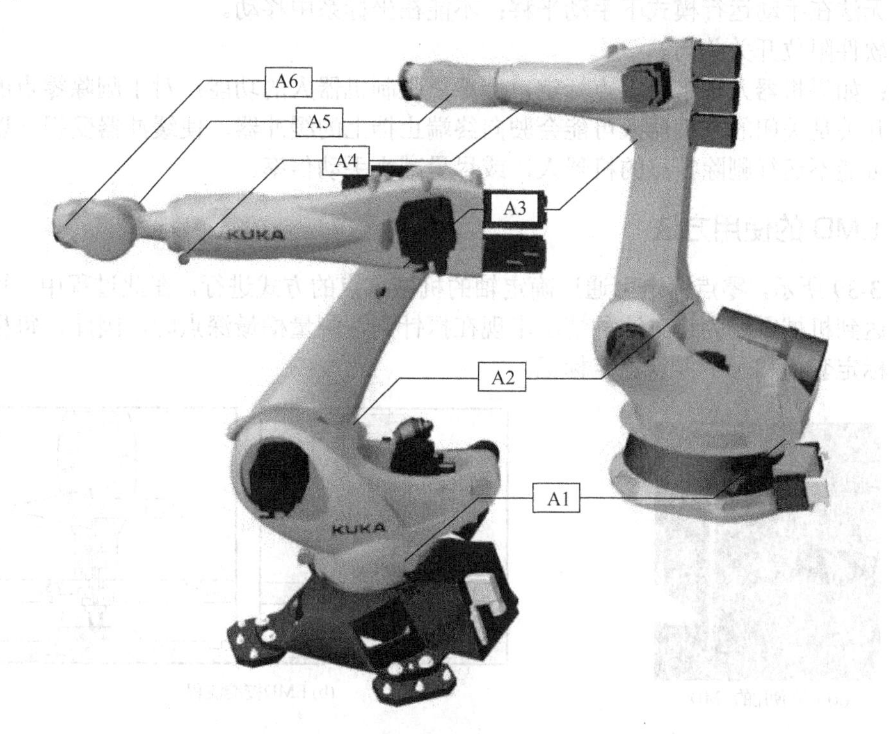

图 3-38　机器人各轴零点标定套筒的位置

表 3-9　机器人各轴机械零点位置的角度基准值

轴	Quantec 机器人	其他机器人型号（2000、KR 16 系列等）
A1	–20°	0°
A2	–120°	–90°
A3	+120°	+90°
A4	0°	0°
A5	0°	0°
A6	0°	0°

二、机器人必须重新标定零点的情况

（1）新的机器人首次投入运行时。

（2）在对参与定位值感测的部件（例如带分解器或 RDC 的电机）采取了维护措施之后。

（3）当未用控制器移动了机器人轴（例如借助于自由旋转装置）时。

（4）机械修理后（如更换齿轮箱后，或以高于 250mm/s 的速度上行移至一个终端止挡之后在碰撞后）。但是要注意，此时必须先删除机器人的零点，然后才可标定零点。在维护前，一般应检查当前的零点标定。

三、关于零点标定的安全提示

（1）无法编程运行：不能沿编程设定的点运行。

（2）无法在手动运行模式下手动平移：不能在坐标系中移动。

（3）软件限位开关关闭。

注意：如果机器人轴未经零点标定，会严重限制机器人的功能；对于删除零点的机器人，软件限位开关是关闭的，机器人可能会驶向终端止挡上的缓冲器，使缓冲器受损，以致必须更换。应尽可能不运行删除零点的机器人，或尽量减小手动倍率。

四、EMD 的使用方法

如图 3-39 所示，零点标定可通过确定轴的机械零点的方式进行。在此过程中，轴将一直运动，直至达到机械零点为止。这种情况出现在探针到达测量槽最深点时，因此，每根轴都配有一个零点标定套筒和一个零点标定标记。

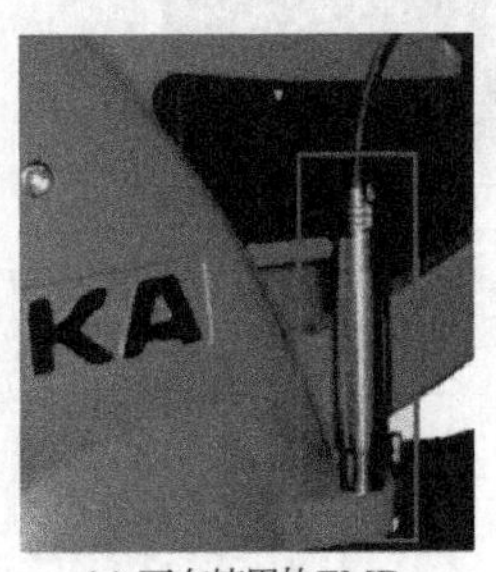

(a) 正在使用的EMD

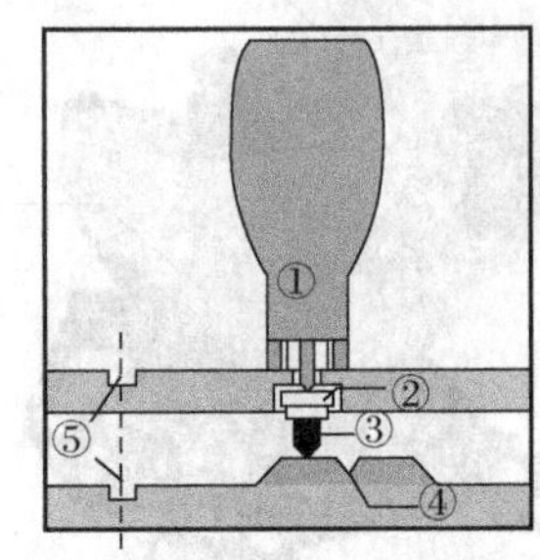

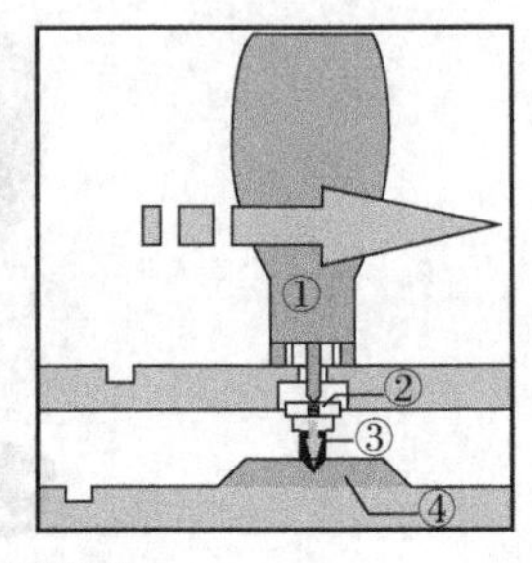

(b) EMD校准流程

图 3-39　EMD 的使用方法

①—EMD（电子控制仪）；②—测量套筒；③—探针；④—测量槽；⑤—预零点标定标记

五、机器人零点标定的途径

机器人零点标定的途径如图 3-40 所示。

六、偏量学习

如图 3-41 所示，通过固定在法兰处的工具重量，机器人承受静态载荷。由于部件和齿轮箱上材料固有的弹性，未承载的机器人与承载的机器人相比，位置上有所区别，这些相当于几个增量的区别将影响到机器人的精确度。“偏量学习”即带负载操作，与首次零点标定（无负载）的差值被存储，称为零点标定偏量值文件（Mastery.logMastery.log），保存在文件 Mastery.log 中。该文件位于硬盘的目录 C:\KRC\ROBOTER\LOG 下，并含有以下特殊零点标定数据：

时间戳记（日期，时间）

轴

机器人的系列号

工具编号

用度表示的偏量值 (Encoder Dif erence)

例如：

Date: 20.01.17　Time: 13:14:10

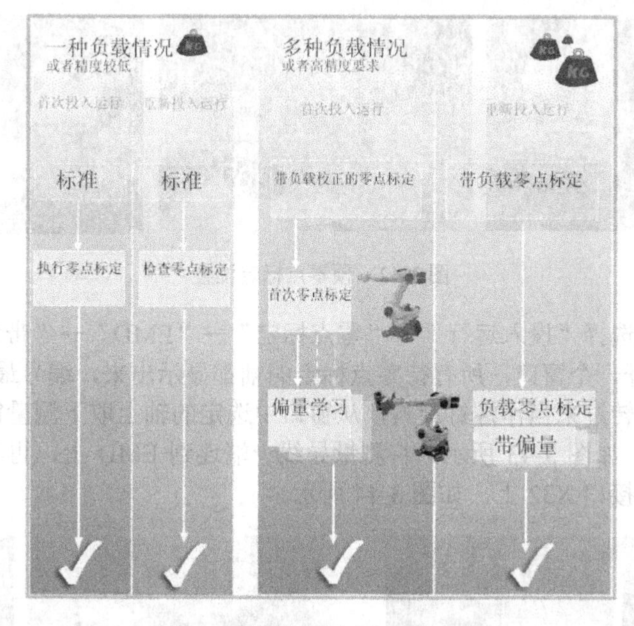

图 3-40　机器人零点标定的途径

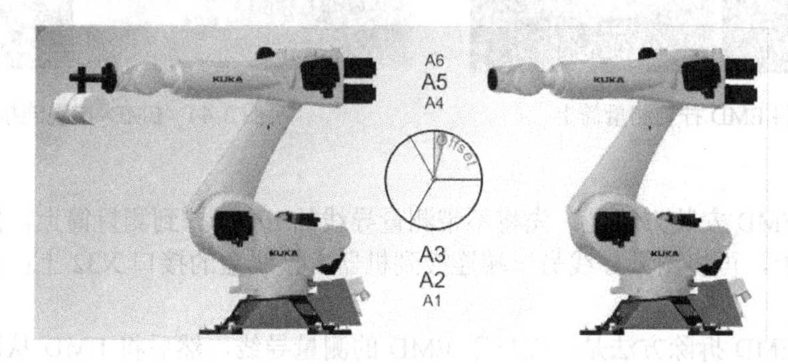

图 3-41　偏量学习

Axis 1　Serialno.: 863334　Tool Teaching for Tool No 5

(Encoder Difference: –0.001209)

Date: 20.01.17　Time: 13:15:44

Axis 2　Serialno.: 863334　Tool Teaching for Tool No 5

（Encoder Difference: 0.005954)

…

注意：只有经带负载校正而标定零点的机器人才具有所要求的高精确度，因此必须针对每种负荷情况进行偏量学习，前提条件是工具的几何测量已完成，即分配了一个工具编号。如果机器人以不同负载工作，则必须对每个负载都执行“偏量学习”；对于抓取沉重部件的抓爪来说，必须对抓爪分别在不带构件和带构件时执行“偏量学习”。

七、零点标定

（一）首次零点标定的操作步骤

（1）如图 3-42 所示，将机器人移到预零点标定位置。

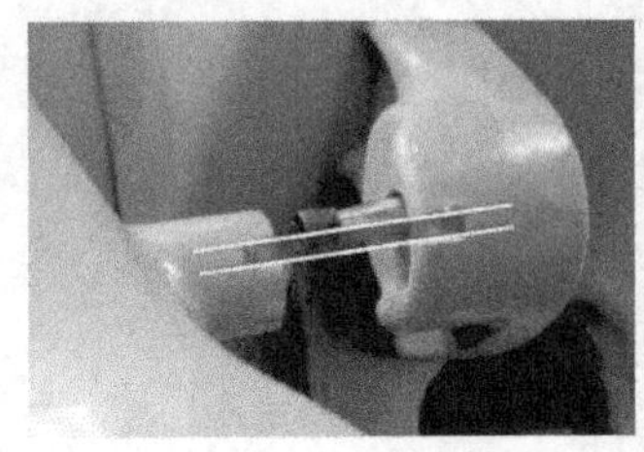
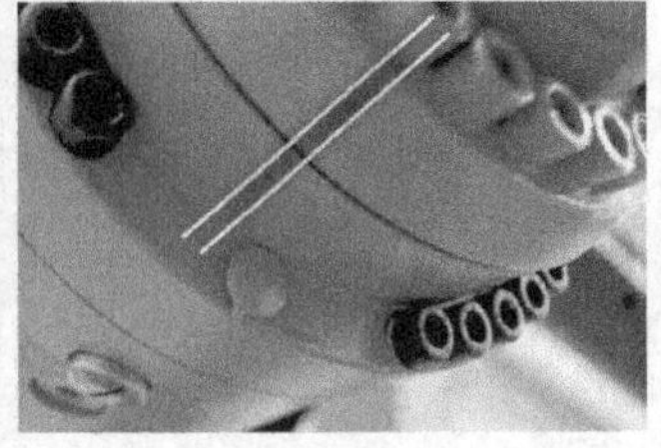
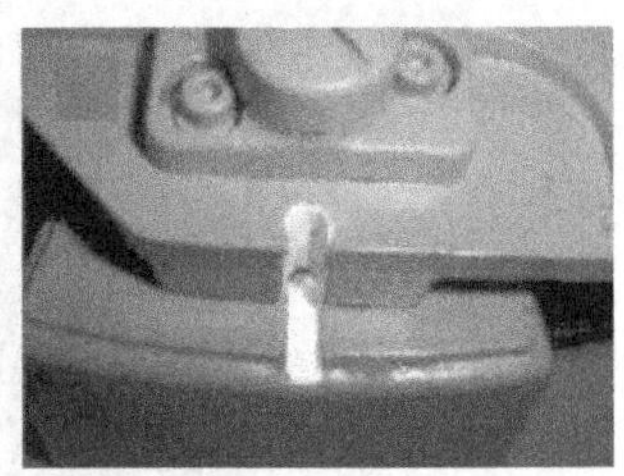

图 3-42　预零点标定位置

（2）在主菜单中选择“投入运行”→“零点标定”→“EMD”→“带负载校正”→“首次零点标定”，自动打开一个窗口，所有待零点标定的轴都显示出来，编号最小的轴已被选定。

（3）把 EMD 翻转过来当作螺钉旋具，从窗口中选定的轴上取下测量筒的防护盖，然后把 EMD 拧到测量筒上，如图 3-43 所示。将测量导线一端连到 EMD 上，再将测量导线另一端连接到机器人接线盒的接口 X32 上，如图 3-44 所示。

图 3-43　将 EMD 拧到测量筒上

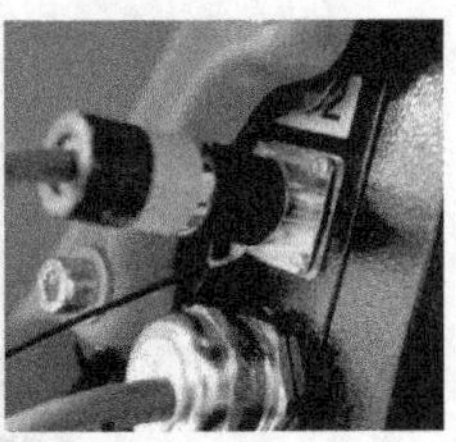

图 3-44　EMD 电缆连接

注意：

① 正确的 EMD 安装方法是：先将不带测量导线的 EMD 拧到测量筒上，然后将测量导线一端接到 EMD 上，再将测量导线另一端连接到机器人接线盒的接口 X32 上；否则，测量导线会被损坏。

② 正确的 EMD 拆除方法是：先拆下 EMD 的测量导线，然后将 EMD 从测量筒上拆下，换到下一个标定位；待零点全部标定之后，将测量导线从接口 X32 上取下，否则会出现干扰信号或导致损坏。

（4）单击“零点标定”。

（5）将“确认”开关调至中间挡位并按住，然后按下并按住“启动”键，如图 3-45 所示。如果 EMD 通过了测量切口的最低点，则已到达零点标定位置，此刻机器人自动停止运行，同时数值被存储，该轴在窗口中消失。

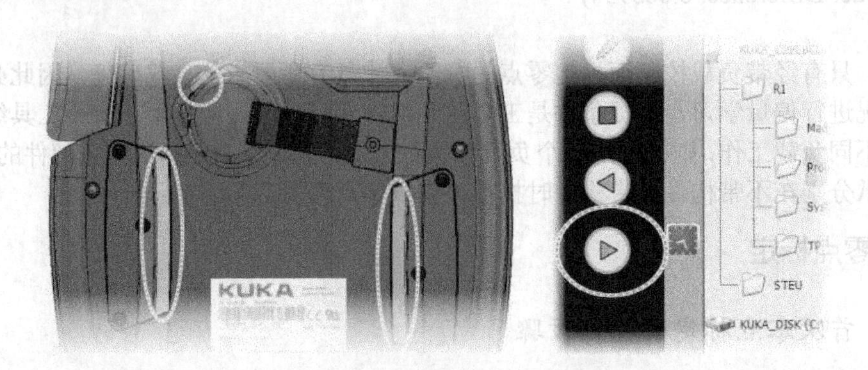

图 3-45　“确认”键和“启动”键

（6）将测量导线从 EMD 上取下，然后从测量筒上取下 EMD，并将防护盖重新装好。

（7）对所有待零点标定的轴重复步骤（2）～（5）。

（8）关闭窗口。

（9）将测量导线从接口 X32 上取下。

（二）偏量学习操作步骤

（1）将机器人置于预零点标定位置。

（2）在主菜单中选择“投入运行”→“零点标定”→“EMD”→“带负载校正”→“偏量学习”。

（3）输入工具编号，然后用单击 OK 按钮确认，打开一个窗口，所有工具尚未学习的轴都显示出来，编号最小的轴被选定。

（4）从窗口中选定的轴上取下测量筒的防护盖，将 EMD 拧到测量筒上，然后将测量导线连到 EMD 上，并连接到底座接线盒的接口 X32 上。

（5）单击“学习”按钮。

（6）按“确认”开关和“启动”键，当 EMD 识别到测量切口的最低点时，到达零点标定位置，此刻机器人自动停止运行，打开一个窗口。该轴上与首次零点标定的偏差以增量和度的形式显示出来。

（7）单击“OK”按钮确认，则该轴在窗口中消失。

（8）将测量导线从 EMD 上取下，然后从测量筒上取下 EMD，并将防护盖重新装好。

（9）对所有待零点标定的轴重复步骤（3）～（7）。

（10）将测量导线从接口 X32 上取下。

（11）单击“关闭”按钮关闭窗口。

（三）带偏量的负载零点标定的操作步骤

带偏量的负载零点标定是在有负载的情况下进行，计算首次零点标定量的步骤如下所述。

（1）将机器人移到预零点标定位置。

（2）在主菜单中选择“投入运行”→“零点标定”→“EMD”→“带负载校正”→“负载零点标定”→“带偏量”。

（3）输入工具编号，然后单击 OK 按钮确认。

（4）取下接口 X32 上的盖子，然后将测量导线接上。

（5）从窗口中选定的轴上取下测量筒的防护盖。

（6）将 EMD 拧到测量筒上。

（7）将测量导线接到 EMD 上。在此过程中，将插头的红点对准 EMD 内的槽口。

（8）单击“检查”按钮。

（9）按住“确认”开关，并按下“启动”键。

（10）需要时，单击“保存”按钮来存储这些数值，则旧的零点标定值被删除。如果要恢复丢失的首次零点标定，必须保存这些数值。

（11）将测量导线从 EMD 上取下，然后从测量筒上取下 EMD，并将防护盖重新装好。

（12）对所有待零点标定的轴重复步骤（4）～（10）。

（13）关闭窗口。

（14）将测量导线从接口 X32 上取下。

至此，零点标定才算完成。

【实际操作】熟悉库卡工业机器人在相关坐标系的手动移动。

一、操作练习

在教师的指监督和指导，认真完成下列任务：

（1）阐述零点标定目的，以及机器人 6 个轴机械零点位置的角度基准值。

（2）删除所有机器人轴的零点。

（3）将机器人的所有轴按轴坐标方式移动到预零点标定位置。

（4）通过 EMD 对所有轴进行首次零点标定。

（5）通过 EMD 对所有轴进行带偏量学习。

（6）通过 EMD 对所有轴进行带偏量的负载零点标定。

（7）按轴坐标显示实际位置。

二、评分标准

（一）阐述

（1）阐述错误或漏说，每个扣 10 分。

（2）操作与要求不符，每次扣 10 分。

（二）文明生产

违反安全文明生产规程，扣 5～40 分。

（三）定额时间

定额时间 90min。每超过 5min（不足 5min，以 5min 计），扣 5 分。

注意：除定额时间外，各项目的最高扣分不应超过配分数。

温馨提示

（1）注意文明生产和安全。

（2）课后通过网络、厂家、销售商和使用单位等多种渠道，了解关于库卡工业机器人零点标定的知识和资料，分门别类加以整理，作为资料备用。

【评议】

温馨提示

完成任务后，进入总结评价阶段。分自评、教师评价两种，主要是总结评价本次任务中做得好的地方及需要改进的地方。根据评分的情况和本次任务的结果，填写表 3-10 和表 3-11。

表 3-10　学生自评表格

任务完成进度	做得好的方面	不足及需要改进的方面

表 3-11　教师评价表格

在本次任务中的表现	学生进步的方面	学生不足及需要改进的方面

【总结报告】

一、使用千分表进行零点标定

采用千分表进行零点标定时，由用户手动将机器人移动至预零点标定位置，而且必须带负载标定。此方法的缺点是不能将不同负载的多个零点标定值都存储下来。

使用千分表进行零点标定的前提是：负载已装在机器人上；所有轴都处于预零点标定位置；移动方式“移动键”激活，并且轴被选择为坐标系统；没有选定任何程序；运行方式为 T1。

使用千分表进行零点标定的步骤如下所述。

（1）在主菜单中选择“投入运行”→“零点标定”→“千分表”，打开一个窗口，所有未经零点标定的轴均会显示出来。此时，必须首先标定的轴被标记出来。

（2）从轴上取下测量筒的防护盖，然后将千分表装到测量筒上，如图 3-46 所示。用内六角扳手松开千分表颈部的螺栓，转动表盘，至能清晰读数。将测量表的螺栓按入千分表，直至止挡处，然后用内六角扳手重新拧紧千分表颈部的螺栓。

图 3-46　安装千分表

（3）将手动倍率降低到 1%。

（4）将轴由“+”向“−”运行。在测量切口的最低位置可以看到指针反转处，将千分表置为零位。如果无意间超过了最低位置，将轴来回运行，直至达到最低位置。至于是由“+”向“−”；还是由“−”向“+”运行，无关紧要。

（5）重新将轴移回预标定位置。

（6）将轴由“+”向“−”运动，直至指针处于零位前5～10个分度。

（7）切换到增量式手动运行模式。

（8）将轴由“+”向“−”运行，直至到达零位。

注意：如果过零位，必须重复（5）～（8）步。

（9）单击“零点标定”，已标定过的轴从选项窗口中消失。

（10）从测量筒上取下千分表，将防护盖重新装好。

（11）由增量式手动运行模式重新切换到普通正常运行模式。

（12）对所有待标定的轴重复步骤（2）～（11）。

（13）关闭窗口。

二、机器人附加轴的零点标定

KUKA生产的附加轴不仅可以通过EMD进行零点标定，还可以通过千分表进行零点标定；非KUKA出品的附加轴可使用千分表进行零点标定，如果希望使用EMD进行零点标定，必须为其配备相应的测量筒；附加轴的零点标定过程与机器人轴的相同，只是“轴”选择列表上除了显示机器人轴，也显示所设计的附加轴，如图3-47所示。

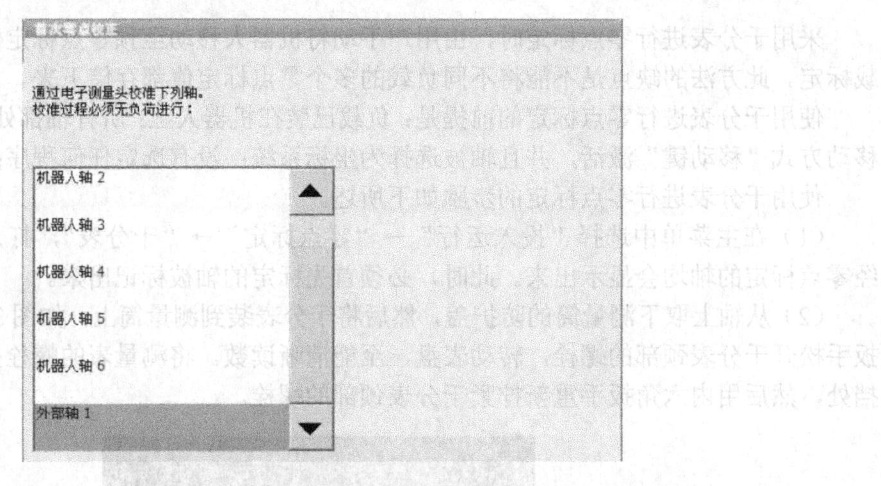

图3-47 待零点标定轴的选择列表

注意：对带两个以上附加轴，即系统中带有多于8个轴的机器人系统进行零点标定时，必要时，将EMD的测量导线连接到第二个RDC上。

三、取消零点标定

取消零点标定就是将各个轴的零点标定值删除，此时轴不动。注意：轴A4、A5和A6以机械方式相连，即当轴A4数值被删除时，轴A5和A6的数值也被删除；当轴A5数值被删除时，A6的数值也被删除。对于已去零点标定的机器人，软件限位开关已关闭，机器人可能驶向极限卡位的缓冲器，使其受损，以致必须更换，所以应尽可能不运行已去零点标定的机器人，或尽里减少手动倍率。取消零点标定的前提是没有选择程序，操作步骤如下所述。

（1）在主菜单中选择“投入运行”→“零点标定”→“取消调整”，打开一个窗口。

（2）标记需取消调节的轴。

（3）单击“取消调节”按钮，轴的调整数据被删除。

（4）对所有需要取消调整的轴重复步骤（2）和（3）。

（5）关闭窗口。

任务四　库卡工业机器人的相关测量

学习目标

① 掌握机器人上负载的概念及测量方法和步骤。
② 熟练掌握工具测量的目的、方法及步骤。
③ 熟练掌握测量基坐标的目的、方法及步骤。
④ 熟练掌握固定工具测量的目的、方法及步骤。

工作任务

学习机器人上负载的概念及测量的方法和步骤，以及工具测量、基坐标测量和固定工具测量的目的、方法及步骤，能够正确、熟练地完成机器人的负载、工具、基坐标和固定工具的测量。

任务实施

【知识准备】

一、机器人上负载的测量

机器人上的负载如图 3-48 所示。

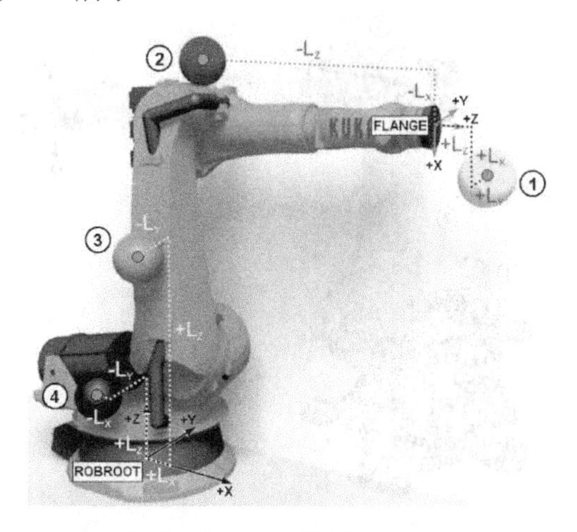

图 3-48　机器人上的负载

①—负荷；②—轴 3 的附加负载；③—轴 2 的附加负载；④—轴 1 的附加负载

（一）工具负载数据

工具负载数据是指所有装在机器人法兰上的负载，它是另外装在机器人上并由机器人一起移动的质量。需要输入的值有质量、重心位置（质量受重力作用的点）、质量转动惯量以及所属的主惯性轴。负载数据必须输入机器人控制系统，并分配给正确的工具，但是如果负载数据已经由 KUKA.LoadDataDetermination 传输到机器人控制系统中，则无需再手工输入。工具负载数据的可能来源有 KUKA.LoadDetect 软件选项（仅用于负载）、生产厂商数据、人工计算、CAD 程序等。输入的负载数据会影响许多控制过程，如控制算法（计算加速度）、速度和加速度监控、力矩监控、碰撞监控、能量监控等，所以正确输入负载数据是非常重要的。如果机器人以正确输入的负载数据执行其运动，则可以从它的高精度中受益，使运动过程具有最佳的节拍时间，使机器人达到较长的使用寿命（由于磨损小）等。

输入负载数据的步骤如下所述。

（1）选择主菜单“投入运行”→“测量”→“工具”→“工具负载数据”。

（2）在“工具编号”栏中输入工具的编号，然后单击“继续”按钮确认。

（3）输入负载数据：

① M 栏：质量。

② X、Y、Z 栏：相对于法兰的重心位置。

③ A、B、C 栏：主惯性轴相对于法兰的取向。

④ JX、JY、JZ 栏：惯性矩。

注意：JX 是坐标系绕 X 轴的惯性。该坐标系通过 A、B 和 C 相对于法兰转过一定角度，以此类推，JY 和 JZ 是指绕 Y 轴和 Z 轴的惯性。

（4）单击“继续”按钮确认。

（5）按下“保存”键。

（二）机器人上的附加负载

机器人上的附加负载是在基座①、大臂②或小臂③上附加安装的部件，如供能系统、阀门、上料系统、材料储备等，如图 3-49 所示。

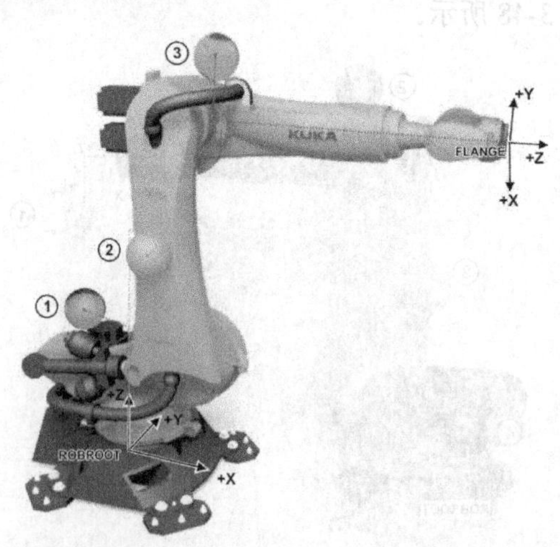

图 3-49　机器人上的附加负载

附加负载数据必须输入机器人控制系统，必要的数据包括质量（m），单位是 kg；物体重心至参照系（X、Y 和 Z）的距离，单位是 mm；主惯性轴与参照系（A、B 和 C）的夹角，单位是度（°）；物体绕惯性轴（Jx、Jy 和 Jz）的转动惯量，单位是 kgm^2。每个附加负载的 X、Y、Z 值的参照系如表 3-12 所示。

表 3-12　每个附加负载的 X、Y、Z 值的参照系

负　载	参　考　系
附加负载 A1	Robroot 坐标系 A1 = 0°
附加负载 A2	Robroot 坐标系 A2 = –90°
附加负载 A3	法兰坐标系　A4 = 0°，A5 = 0°，A6 = 0°

附加负载数据的来源有生产厂商数据、人工计算、CAD 程序等。负荷数据以不同的方式对机器人运动产生影响，如轨迹规划、加速度、节拍时间、磨损等，尤其要注意的是，如果用错误的负载数据或不适当的负载来运行机器人，将导致人员受伤和生命危险，以及严重的财产损失。

输入附加负载数据的操作步骤如下所述。

（1）选择主菜单“投入运行”→“测量”→“附加负载数据”。

（2）输入其上将固定附加负荷的轴编号，然后单击“继续”按钮确认。

（3）输入负荷数据，然后单击“继续”按钮确认。

（4）按下“保存”键。

二、工具测量

如图 3-50 所示，工具测量就是用户给安装在法兰上的工具分配一套笛卡尔坐标系（工具坐标系）。该工具坐标系以用户设定的一个点作为原点，此点称作 TCP（Tool Center Point，工具中心点）。通常 TCP 落在工具的工作点上。因此，工具测量包括 TCP（坐标系原点）的测量和坐标系姿态/朝向的测量。测量时，工具坐标系的原点在法兰坐标系中的坐标（用 X、Y 和 Z）和工具坐标系在法兰坐标系中的姿态（用角度 A、B 和 C）被保存。

注意：最多可存储 16 个工具坐标系，即变量 TOOL_DATA[1…16]。此处说明的测最方法不得用于固定工具。

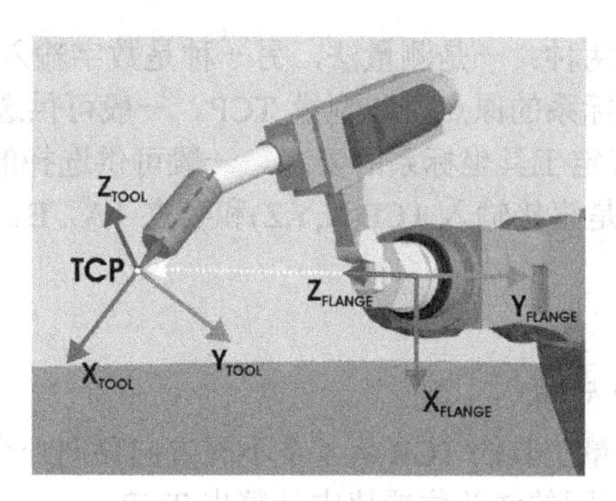

图 3-50　TCP 测量

工具测量的优点如下所述。

1. 手动移动得以改善

如图 3-51 所示，工具可以围绕 TCP 转动，而 TCP 位置不会发生变化。如图 3-52 所示，工具可以沿工具作业方向移动。

2. 运动编程更简洁

如图 3-53 所示，沿着 TCP 上的轨迹保持已编程的运行速度。此外，定义的姿态也可沿着

轨迹。

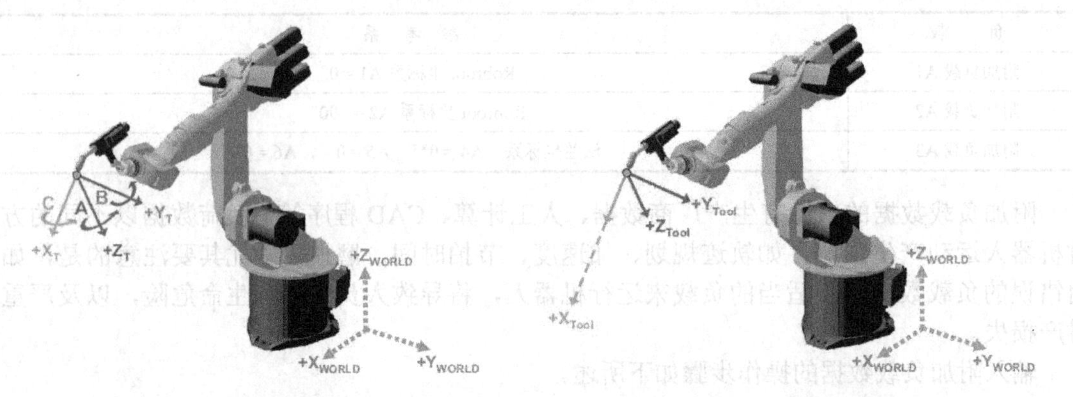

图 3-51 绕 TCP 改变姿态　　　　图 3-52 沿工具作业方向移动

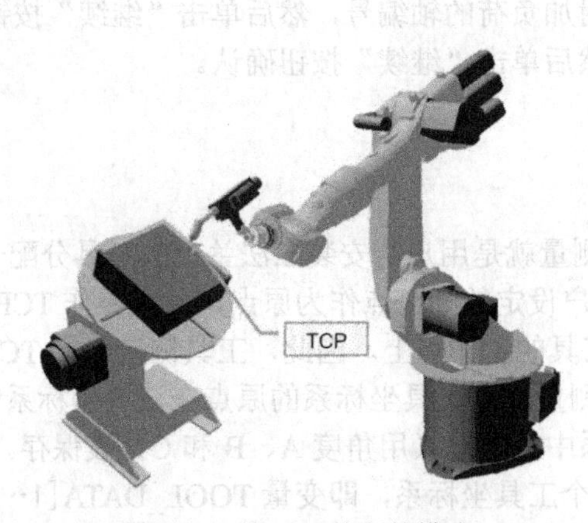

图 3-53 带 TCP 编程的模式

工具测量的方法一般有两种：一是测量法，另一种是数字输入法。其中，测量法主要分两步操作。首先，确定工具坐标系的原点，即测量 TCP。一般可供选择的方法有 XYZ 4 点法和 XYZ 参照法两种。其次，确定工具坐标系的姿态。一般可供选择的方法有 ABC 世界坐标法和 ABC 2 点法。数字输入法就是直接输入 TCP(X,Y,Z)和姿态（A，B，C）的数据。分别简述如下。

（一）测量法

1．测量 TCP 之 XYZ 4 点法

XYZ 4 点法就是将待测量工具的 TCP 从 4 个不同方向移向一个参照点（此参照点可以任意选择），机器人控制系统从不同的法兰位置值中计算出 TCP。

注意：移至参照点的 4 个法兰位置必须间隔足够远，并且不得位于同一平面内。XYZ 4 点法不能用于卸码垛机器人。

运用 XYZ 4 点法的前提是要测量的工具已安装在连接法兰上，且运行方式为 T1。操作步骤如图 3-54 所示。

（1）选择“序列”菜单中“投入运行”→“测量”→“工具”→“XYZ 4 点”。

（2）为待测量的工具给定一个号码和一个名称，然后单击“继续”按钮确认。

（3）将 TCP 移至任意一个参照点，然后按下软键测量，弹出“是否应用当前位置？继续测量”对话框，单击“是”按钮确认。

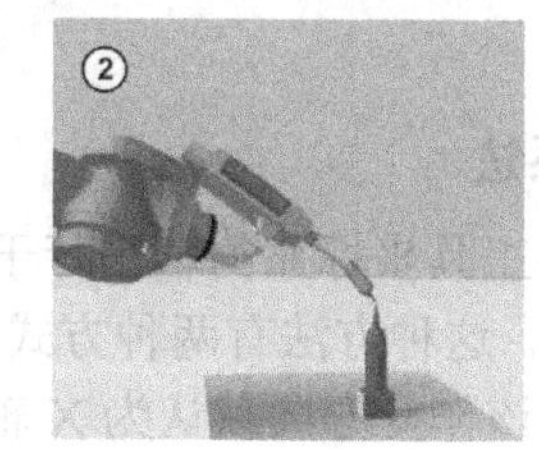

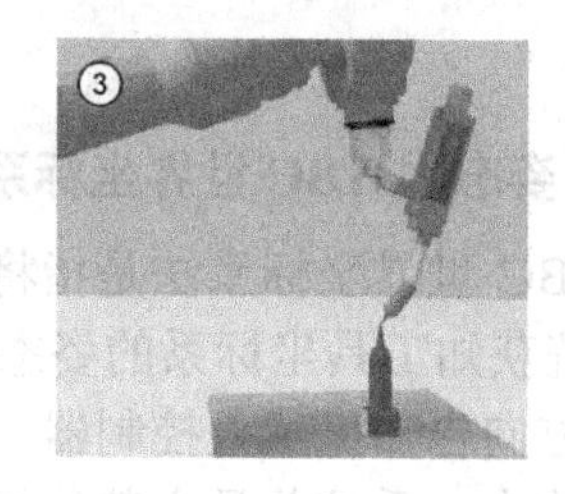

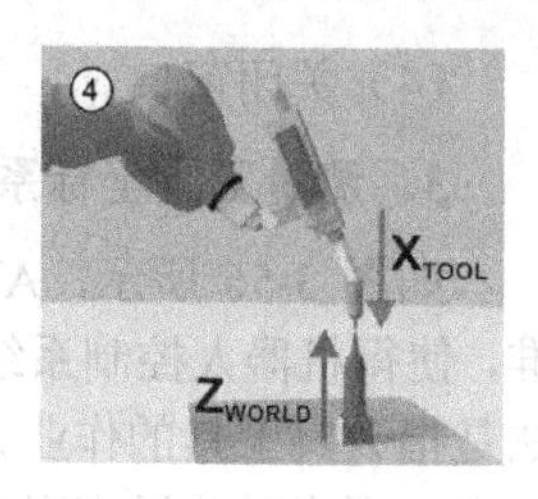

图 3-54　XYZ 4 点法

（4）将 TCP 从一个其他方向朝参照点移动，重新单击“测量”按钮，然后单击“是”按钮，回答对话框提问。

（5）把第（4）步重复两次。

（6）自动打开“负载数据输入”窗口。正确输入负载数据后，单击“继续”按钮。

（7）包含测得的 TCP X、Y、Z 值的窗口自动打开，测量精度可在误差项中读取，数据可通过单击“保存”按钮直接保存。

2．测量 TCP 之 XYZ 参照法

XYZ 参照法就是将一件新工具与一件已测量过的工具进行比较测量。机器人控制系统比较法兰位置，并计算新工具的 TCP。

运用 XYZ 参照法的前提是在法兰上装一个已测量过的工具，并且 TCP 的数据已知；运行方式为 T1。操作步骤如图 3-55 所示。

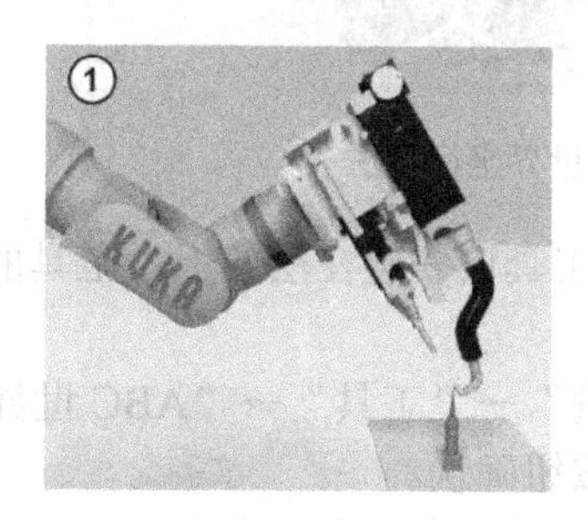

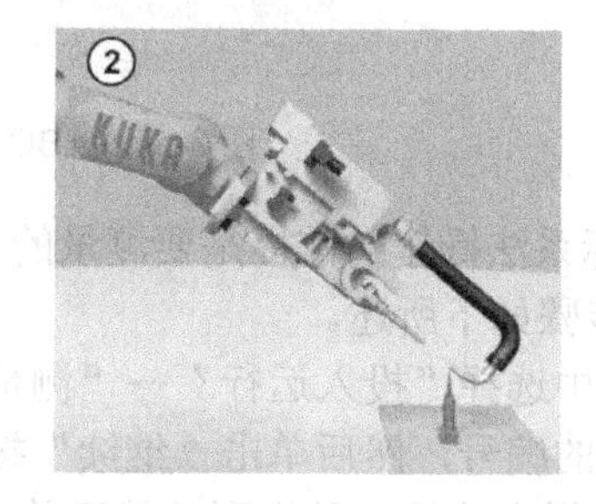

图 3-55　XYZ 参照法

（1）在主菜单中选择“投入运行”→“测量”→“工具”→“XYZ 参照”。

（2）为新工具指定一个编号和一个名称，然后单击“继续”按钮确认。

（3）输入已测量工具的 TCP 数据，然后单击“继续”按钮确认。

（4）将 TCP 移至任意一个参照点，然后单击“测量”，再单击“继续”按钮确认。

（5）将工具撤回，然后拆下，装上新工具。

（6）将新工具的 TCP 移至参照点，然后单击“测量”，再单击“继续”按钮确认。

（7）单击“保存”按钮，数据被保存，窗口自动关闭；或单击“负载数据”，数据被保存，同时自动打开一个窗口，在此窗口中输入负载数据；或单击“ABC 2 点法”或“ABC 世界坐标法”按钮，数据被保存，自动打开一个窗口，在此窗口中输入工具坐标系的方向。

注意：使用 XYZ 参照法之前，应做一点准备工作，即计算已测量工具的 TCP 数据，以备 XYZ 参照测量时的第（2）步使用，步骤如下所述。

（1）在主菜单中选择“投入运行”→“测量”→“工具”→“XYZ 参照”。

（2）输入已经测量的工具编号。

（3）记录 X、Y 和 Z 值。

（4）关闭窗口。

3．测量工具坐标系姿态之ABC世界坐标系法

如图3-56所示，ABC世界坐标系法是指将工具坐标系的轴平行于世界坐标系的轴进行校准，使得机器人控制系统获知工具坐标系的姿态。这种方法有两种方式，即5D法和6D法。5D法是指只将工具的作业方向告知机器人控制器。该作业方向默认为X轴，其他轴的方向由系统确定，用户对此没有影响力，系统总是为其他轴确定相同的方向，如果之后必须对工具重新测量，比如在发生碰撞后，仅需要重新确定作业方向，无需考虑作业方向的转度。该方法主要应用于MIG/MAG焊接、激光切割或水射流切割等。6D法是指将所有3根轴的方向均告知机器人控制系统。该方法主要应用于焊钳、抓爪或粘胶喷嘴等。

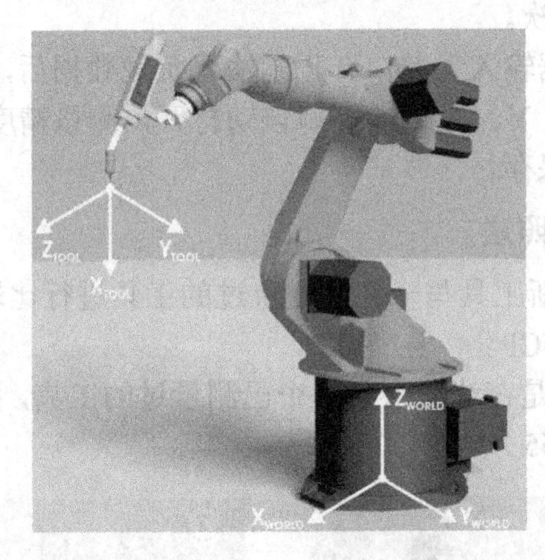

图3-56 ABC世界坐标系法

ABC世界坐标系法操作的前提是要测量的工具已安装在法兰上，工具的TCP已测量，运行方式T1。操作步骤如下所述。

（1）在主菜单中选择“投入运行”→“测量”→“工具”→“ABC世界坐标”。

（2）输入工具的编号，然后单击“继续”按钮确认。

（3）在5D/6D栏中选择一种变型，然后单击“继续”按钮确认。

（4）如果选择5D，要将$+X_{工具坐标}$调整至平行于 $-Z_{世界坐标}$的方向（$+X_{TOOL}$=作业方向）；如果选择6D，要将$+X_{工具坐标}$调整至平行于$-Z_{世界坐标}$的方向（$+X_{TOOL}$=作业方向），将$+Y_{工具坐标}$调整至平行于$+Y_{世界坐标}$的方向，将$+Z_{工具坐标}$调整至平行于$+X_{世界坐标}$的方向。

（5）单击“测量”按钮确认。对于信息提示“要采用当前位置吗？ 测量将继续”，单击“是”按钮确认。

（6）打开另一个窗口，在此必须输入负荷数据。

（7）单击“继续”和“保存”按钮，结束此过程。

（8）关闭菜单。

注意：上述ABC世界坐标系法操作步骤只适用于工具作业方向为默认作业方向（X向）的情况。如果作业方向改为Y向或Z向，操作步骤必须相应地更改。

4．测量工具坐标系姿态之ABC 2点法

如图3-57所示，ABC 2点法是指通过趋近X轴上一个点和XY平面上一个点，让机器人控制系统获知工具坐标系各轴的方法。这是可以让轴方向获得精确值的方法。

应用ABC 2点法的前提是要测量的工具已安装在法兰上，工具的TCP已测量，运行方式

T1。操作步骤如下所述。

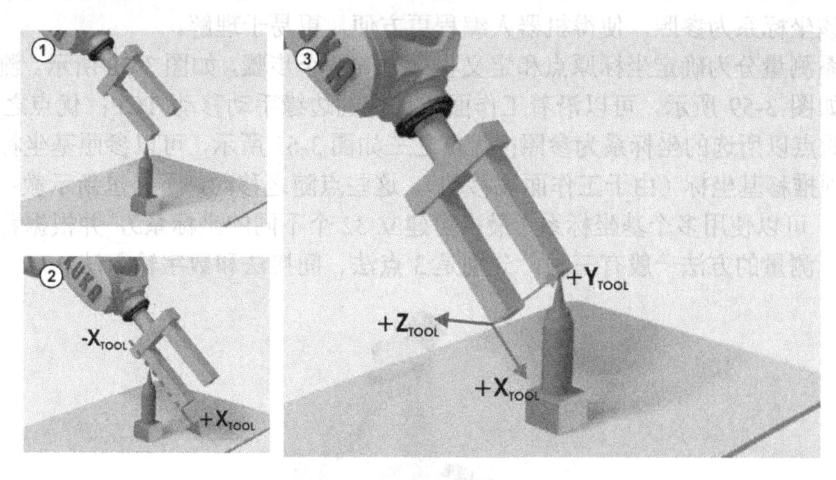

图 3-57　ABC 2 点法

（1）在主菜单中选择“投入运行”→“测量”→“工具”→“ABC 2 点”。

（2）输入已安装工具的编号，单击“继续”按钮确认。

（3）将 TCP 移至任意一个参照点，然后单击“测量”按钮，最后单击“继续”按钮确认。

（4）移动工具，使参照点在 X 轴上与一个为负 X 值的点重合（即与作业方向相反），然后单击“测量”按钮，最后单击“继续”按钮确认。

（5）移动工具，使参照点在 XY 平面上与一个在正 Y 向上的点重合，然后单击“测量”按钮，再单击“继续”按钮确认。

（6）单击“保存”按钮，数据被保存，窗口关闭；或单击“负载数据”，保存数据，同时自动打开一个窗口。在此窗口中输入负载数据。

注意：上述操作步骤适用于工具作业方向为默认作业方向（X 向）的情况。如果作业方向改为 Y 向或 Z 向，操作步骤必须相应地更改。

（二）数字输入法

工具的数据可以根据 CAD、外部测量的工具、工具生产厂商的说明等资料手动输入。这种方法叫做数字输入法，尤其适用于卸码垛机器人。因为该机器人只有 4 个轴，如 KR 180PA，必须在“工具数据”栏中以数字形式输入，而 XYZ 和 ABC 法均无法使用。此类机器人只能限制地改向。使用数字输入法的前提是已知相对于法兰坐标系的 X、Y、Z 和相对于法兰坐标系的 A、B、C，同时运行方式 T1。操作步骤如下所述。

（1）在主菜单中选择“投入运行”→“测量”→“工具”→“数字输入”。

（2）为待测量的工具给定一个号码和一个名称，然后单击“继续”按钮确认。

（3）输入数据，再单击“继续”按钮确认。

（4）单击“保存”按钮，数据被保存，窗口关闭；或单击“负载数据”，则数据被保存，同时打开一个窗口。在此窗口中输入负载数据。

三、测量基坐标

测量基坐标就是用户配给工作面或工件一个笛卡尔坐标系，称之为基础坐标系，是根据世界坐标系在机器人周围的某一个位置上创建的坐标系，其原点为用户指定的一个点，一般指定在设定的工件支座和抽屉的边缘、货盘或机器的外缘，其目的是让机器人的运动以及编程设定的位置均以该坐标系为参照，使得机器人编程更方便，更易于理解。

基坐标系测量分为确定坐标原点和定义坐标方向两个步骤，如图 3-58 所示。测定了基坐标的优点之一如图 3-59 所示，可以沿着工作面或工件的边缘手动移动 TCP；优点之二如图 3-60 所示，示教的点以所选的坐标系为参照；优点之三如图 3-61 所示，可以参照基坐标对点进行示教，如果必须推移基坐标（由于工作面被移动），这些点随之移动，不必重新示教；优点之四如图 3-62 所示，可以使用多个基坐标系（最多可建立 32 个不同的坐标系），并根据程序流程加以应用。基坐标测量的方法一般有三种，分别是 3 点法、间接法和数字输入法。

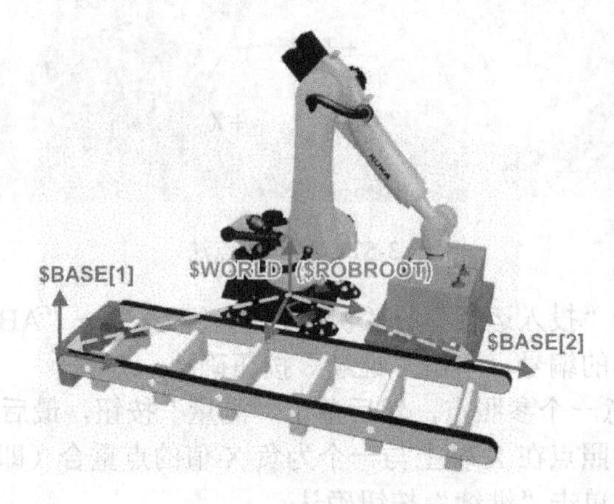

图 3-58　基坐标系测量

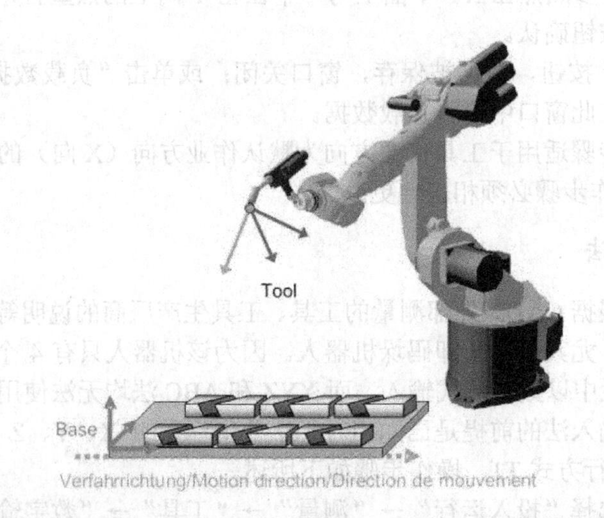

图 3-59　优点之一：沿着工作面或工件的边缘手动移动 TCP

注意：如果工件已装在法兰上，不得使用此处描述的测量方法，必须采用专用的测量方式，即测量固定工具。

（一）3 点法

3 点就是移至新基础坐标系的原点和其他 2 个点。这 3 个点完成定义原点、定义 X 轴正方向及定义 Y 轴正方向（XY 平面），即定义新的基础系。操作的前提是在法兰上装有一个已测量过的工具；运行方式 T1。具体步骤如下所述。

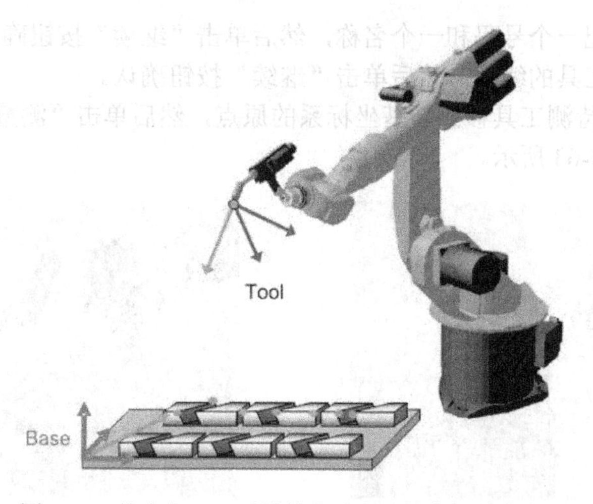

图 3-60　优点之二：示教的点以所选的坐标系为参照

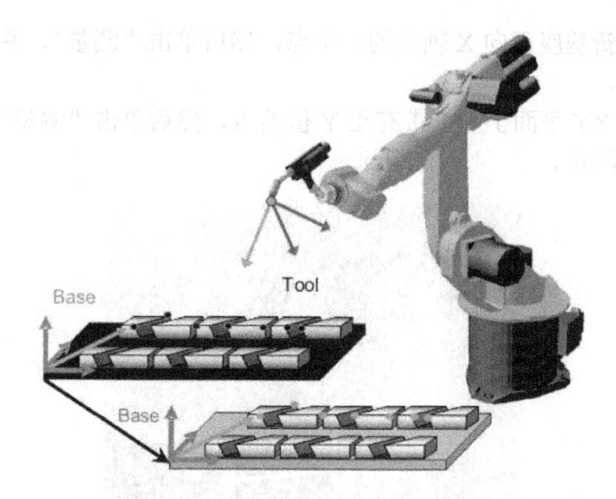

图 3-61　优点之三：参照基坐标对点进行示教

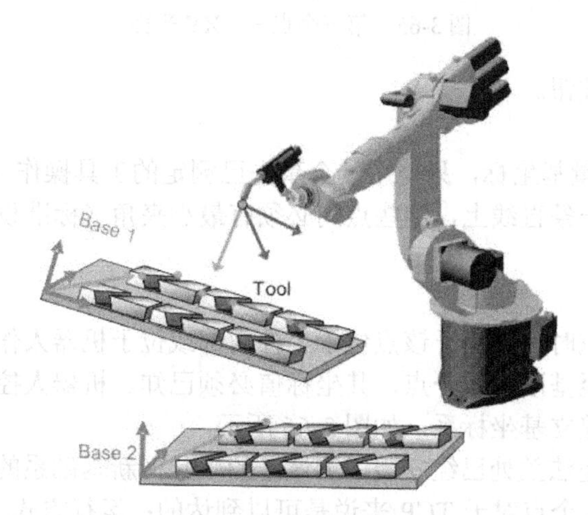

图 3-62　优点之四：使用多个基坐标系

（1）在主菜单中选择“投入运行”→“测量”→“基础坐标系”→“3 点”。

（2）为基坐标分配一个号码和一个名称，然后单击“继续”按钮确认。

（3）输入已安装工具的编号，然后单击“继续”按钮确认。

（4）利用 TCP 将待测工具移到新基坐标系的原点，然后单击“测量”按钮，并单击“是”按钮确认位置，如图 3-63 所示。

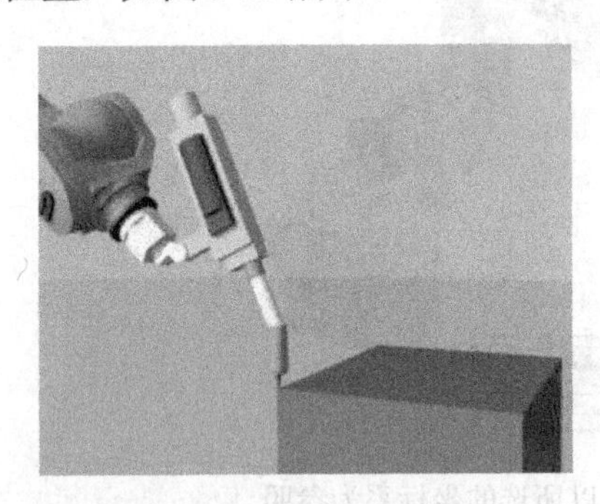

图 3-63　第一个点——原点

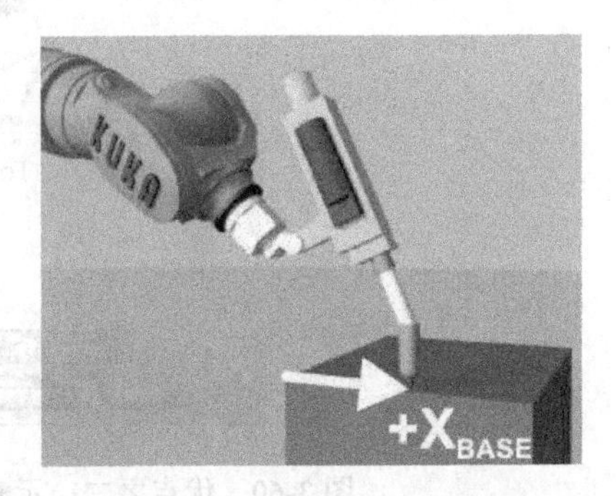

图 3-64　第二个点——X 向

（5）将 TCP 移至新基座正向 X 轴上的一个点，然后单击“测量”，并单击“是”按钮确认位置，如图 3-64 所示。

（6）将 TCP 移至 XY 平面上一个带有正 Y 值的点，然后单击“测量”，并单击“是”按钮确认位置，如图 3-65 所示。

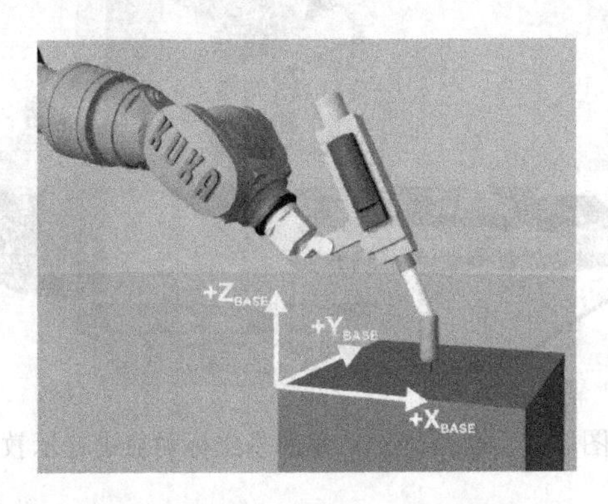

图 3-65　第三个点——XY 平面

（7）单击“保存”按钮。

（8）关闭菜单

注意：用 3 点法测量基坐标，只能用一个事先已测定的工具操作（TCP 必须为已知的）；三个测量点不允许位于一条直线上，这些点间必须有最小夹角（标准设定 2.5° \u65289X）。

（二）间接方法

当无法移入基准原点时，如由于该点位于工件内部或位于机器人作业空间之外，须采用间接的方法。此时，须移至基准的 4 个点，其坐标值必须已知。机器人控制系统将以这些点为基础，对基准进行计算，建立基坐标系，如图 3-66 所示。

应用间接法的前提是法兰处已经安装了测量过的工具；新基础系的 4 个点的坐标已知，如从 CAD 中得知，且这 4 个点对于 TCP 来说是可以到达的；运行方式 T1。具体操作步骤如下所述。

（1）在主菜单中选择“投入运行”→“测量”→“基坐标”→“间接”。

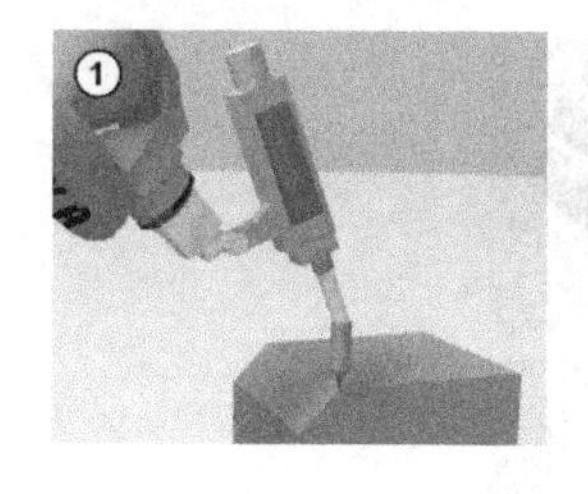

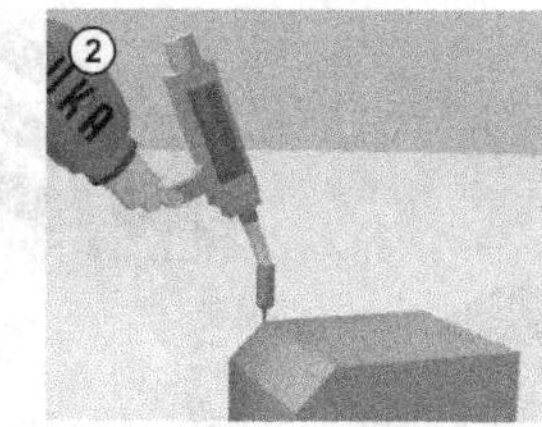

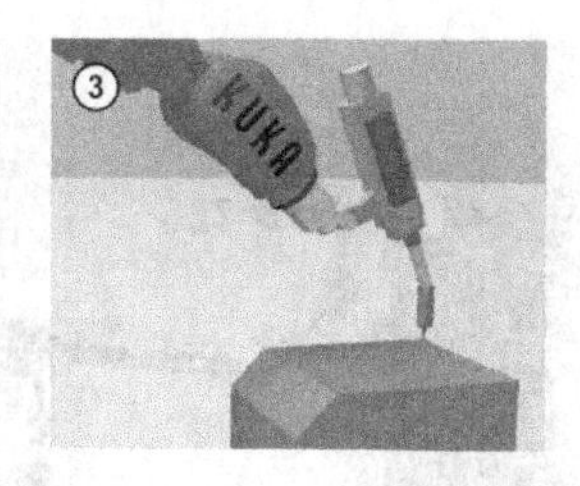

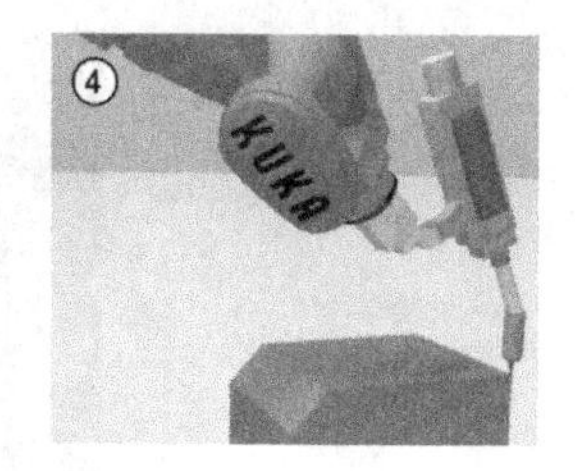

图 3-66　间接法

（2）为基坐标系给定一个号码和一个名称，然后单击“继续”按钮确认。

（3）输入已安装工具的编号，然后单击“继续”按钮确认。

（4）输入新基准的一个已知点的坐标，并用 TCP 移至该点，然后单击“测量”按钮，再单击“继续”按钮确认。

（5）将步骤（4）重复三次。

（6）单击“保存”按钮。

（三）数字输入法

应用数字输入法的前提是已知基座的原点与世界坐标系原点的距离和基座坐标轴相对于世界坐标系的旋转等数值；运行方式 T1。具体操作步骤如下所述。

（1）在主菜单中选择“投入运行”→“测量”→“基坐标系”→“数字输入”。

（2）为基坐标系给定一个号码和一个名称，然后单击“继续”按钮确认。

（3）输入数据，再单击“继续”按钮确认。

（4）单击“保存”按钮。

四、固定工具测量

如图 3-67 所示，固定工具的测量分为两步。第一步是测量固定工具的 TCP。固定工具的 TCP 称为外部 TCP，常用的方法有测量和直接输入，目的是确定固定工具的外部 TCP 和世界坐标系原点之间的距离。第二步是测量工件，目的是根据外部 TCP 确定该坐标系姿态，常用的方法有直接法和间接法。

（一）测量固定工具的 TCP

1. 测量外部 TCP

首先是确定 TCP，即将固定工具的 TCP 告知机器人控制系统，为此用一个已经测量过的工具移至 TCP，如图 3-68 所示；之后是确定姿态，即将固定工具的坐标系取向告知机器人控制系统，为此用户对一个已经测量过的工具坐标系平行于新的坐标系进行校准，如图 3-69 所示。一般有 5D 法和 6D 法两种方式。5D 法是指用户将工具的作业方向告知机器人控制系统，该作业方向默认为 X 轴，其他轴的取向将由系统确定，用户对此没有影响力，系统总是为其他轴确定相同的取向。如果之后必须对工具重新测量，比如在发生碰撞后，仅需要重新确定作业方向，无需考虑碰撞方向的转度。6D 法是指用户将所有三个轴的取向告知机器人控制系统。

测量外部 TCP 的前提是在法兰上装有一个已测量过的工具；运行方式 T1。具体步骤如下所述。

（1）在主菜单中选择“投入运行”→“测量”→“固定工具”→“工具”。

（2）为固定工具给定一个号码和一个名称，然后单击“继续”按钮确认。

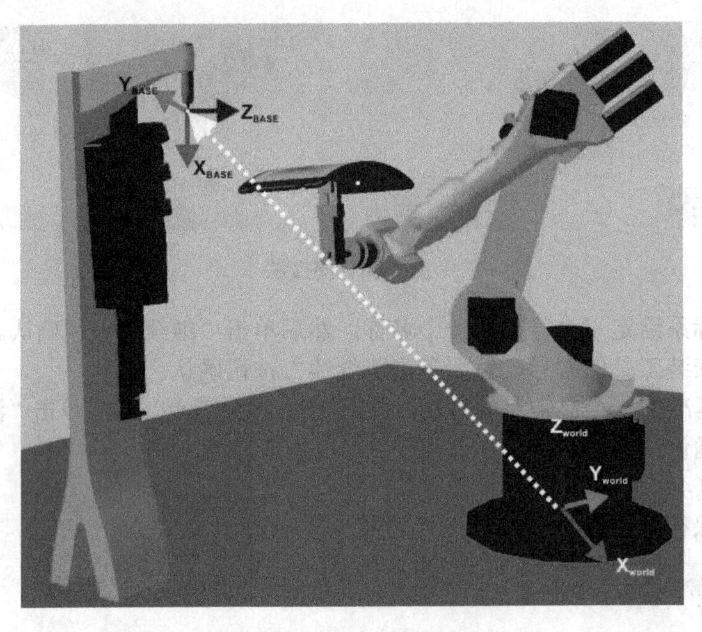

图 3-67 固定工具的测量

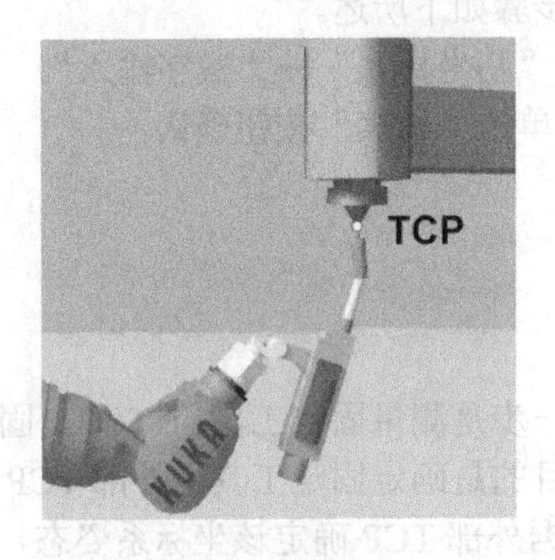

图 3-68 移至外部 TCP

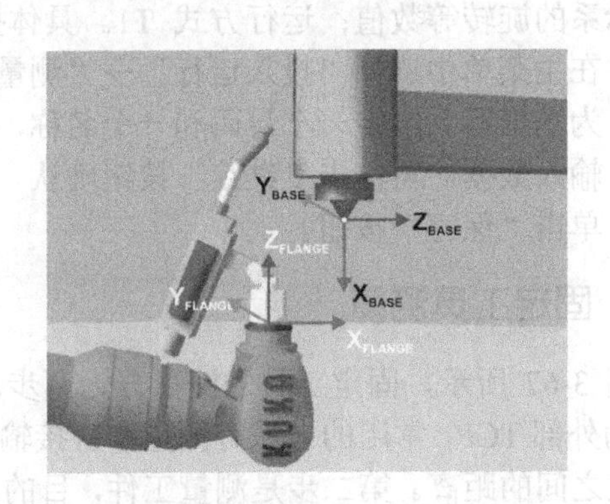

图 3-69 对坐标系进行平行校准

（3）输入已经测量过的工具编号，然后单击“继续”按钮确认。

（4）在 5D/6D 栏中选择一种规格，然后单击“继续”按钮确认。

（5）将已测量工具的 TCP 移至固定工具的 TCP，然后单击“测量”按钮，单击“继续”按钮确认。

（6）如果选择 5D，则将+X 基础坐标系平行对准-Z 法兰坐标系，就是将法兰调整至与固定工具的作业方向垂直的方向；如果选择 6D，应对法兰进行调整，使得它的轴平行于固定工具的轴：+X 基础坐标系平行于-Z 法兰坐标系，即将法兰调整至与工具的作业方向垂直的方向，+Y 基础坐标系平行于+Y 法兰坐标系，+Z 基础坐标系平行于+X 法兰坐标系。

（7）单击“测量”按钮，然后单击“继续”按钮确认。

（8）单击“保存”按钮。

注意：上述操作步骤适用于工具作业方向为默认作业方向（X 向）的情况。如果作业方向改为 Y 向或 Z 向，操作步骤必须相应地更改。

2．输入外部 TCP 数值

输入外部 TCP 数值的前提条件是已知固定工具的 TCP 至世界坐标系（X，Y，Z）原点的距离和固定工具轴相对于世界坐标系（A，B，C）的转度等数值（可从 CAD 中获得）；运行方式 T1。具体操作步骤如下所述。

（1）在主菜单中选择“投入运行”→“测量”→“固定工具”→“数字输入”。

（2）为固定工具给定一个号码和一个名称，然后单击“继续”按钮确认。

（3）输入数据，单击“继续”按钮确认。

（4）单击“保存”按钮。

（二）测量工件

1．直接法

如图 3-70 所示，直接法就是将机器人的原点和工件的另外两个点通知机器人控制系统。这三个点将该工件清楚地定义出来。

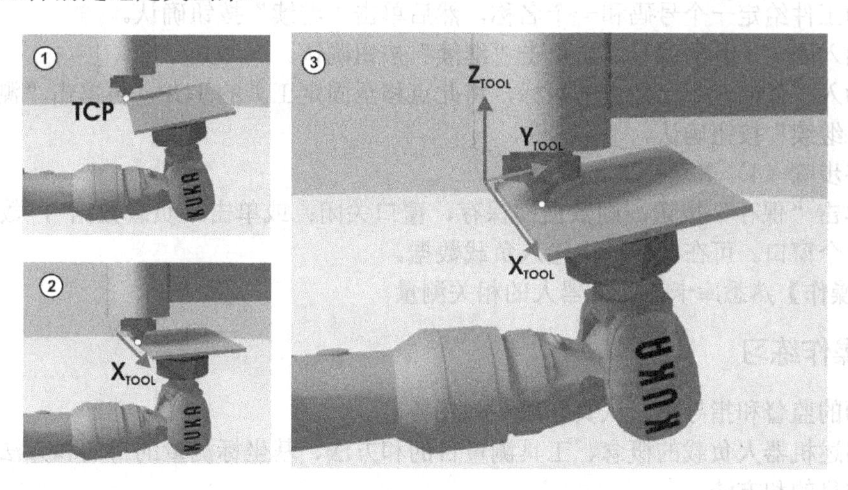

图 3-70　测量工件——直接法

应用直接法的前提是工件已安装在法兰上；已安装一个测量过的固定工具；运行方式 T1。具体操作步骤如下所述。

（1）在主菜单中选择“投入运行”→“测量”→“固定工具”→“工件”→“直接测量”。

（2）为工件给定一个号码和一个名称，然后单击“继续”按钮确认。

（3）输入固定工具的编号，单击“继续”按钮确认。

（4）将工件坐标系的原点移至固定工具的 TCP，然后单击“测量”按钮，单击“继续”按钮确认。

（5）将在工件坐标系的正向 X 轴上的一点移至固定工具的 TCP，然后单击“测量”按钮，再单击“继续”按钮确认。

（6）将一个位于工件坐标系的 XY 平面上，且 Y 值为正的点移至固定工具的 TCP，单击“测量”按钮，再单击“继续”按钮确认。

（7）单击“保存”按钮，数据被保存，窗口关闭；或单击“负载数据”，则数据被保存，同时打开一个窗口，可在此窗口中输入负载数据。

2．间接法

如图 3-71 所示，间接法就是机器人控制系统在 4 个点（其坐标必须已知）的基础上计算工件，将不用移至工件原点。

应用间接法的前提是已安装一个已测量的固定工具；要测量的工件已安装在法兰上；新工件的 4 点坐标已知（如通过 CAD），这 4 个点对于 TCP 来说是可以到达的；运行方式 T1。具体操作步骤如下所述。

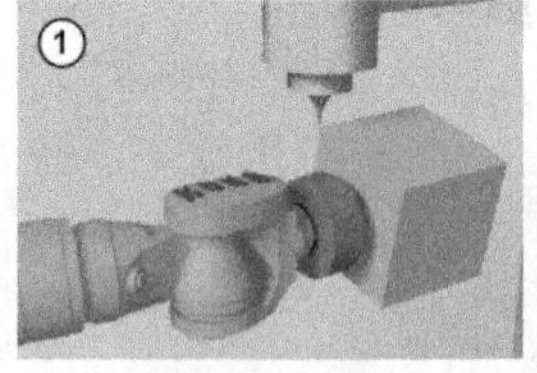

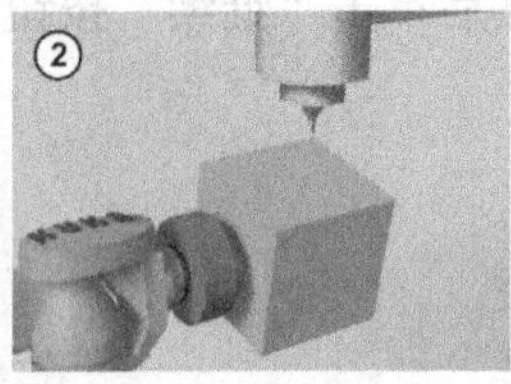

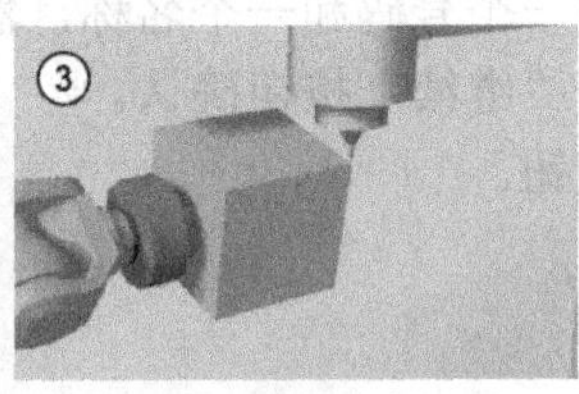

图 3-71　测量工件——间接法

（1）在主菜单中选择“投入运行”→“测量”→“固定工具”→“工件”→“间接测量”。

（2）为工件给定一个号码和一个名称，然后单击“继续”按钮确认。

（3）输入固定工具的编号，再单击“继续”按钮确认。

（4）输入工件的一个已知点的坐标，将此点移至固定工具的 TCP，再单击“测量”按钮，之后单击“继续”按钮确认。

（5）将步骤（4）重复三次。

（6）单击“保存”按钮，则数据被保存，窗口关闭；或单击“负载数据”，数据被保存，同时打开一个窗口。可在此窗口中输入负载数据。

【实际操作】熟悉库卡工业机器人的相关测量。

一、操作练习

在教师的监督和指导下，认真完成下列任务。

（1）阐述机器人负载的概念、工具测量目的和方法、基坐标测量的目的和方法，以及固定工具测量的目的和方法。

（2）独立完成机器人上负载的测量操作。

（3）独立完成工具测量操作。

（4）独立完成测量基坐标的操作。

（5）独立完成固定工具测量操作。

二、评分标准

（一）阐述

（1）阐述错误或漏说，每个扣 10 分。

（2）操作与要求不符，每次扣 10 分。

（二）文明生产

违反安全文明生产规程，扣 5～40 分。

（三）定额时间

定额时间 90min。每超过 5min（不足 5min，以 5min 计），扣 5 分。

注意：除定额时间外，各项目的最高扣分不应超过配分数。

温馨提示

（1）注意文明生产和安全。

（2）课后通过网络、厂家、销售商和使用单位等多种渠道，了解关于库卡工业机器人相关测量的知识和资料，分门别类加以整理，作为资料备用。

【评议】

温馨提示

完成任务后，进入总结评价阶段。分自评、教师评价两种，主要是总结评价本次任务中做得好的地方及需要改进的地方等。根据评分的情况和本次任务的结果，填写表 3-13 和表 3-14。

表 3-13　学生自评表格

任务完成进度	做得好的方面	不足及需要改进的方面

表 3-14　教师评价表格

在本次任务中的表现	学生进步的方面	学生不足及需要改进的方面

【总结报告】

一、线性滑轨

如图 3-72 所示，KUKA 线性滑轨是一个安装在地板或者天花板上的独立单轴线性滑轨。线性滑轨用于机器人的直线运行，由机器人控制系统像对附加轴那样控制。线性滑轨是一个机器人动作装置。线性滑轨移动时，机器人在世界坐标系中的位置发生变化，机器人在世界坐标系中的当前位置由矢量$ROBROOT_C 来描述。$ROBROOT_C 由$ERSYSROOT（静态部分）和#ERSYS（动态部分）组成，$ERSYSROOT（静态部分）是线性滑轨的基点数值。针对$WORLD，默认基点数值为线性滑轨的零位，且与$MAMES 相关；#ERSYS（动态部分）是机器人在线性滑轨上的当前位置，针对$ERSYSROOT。

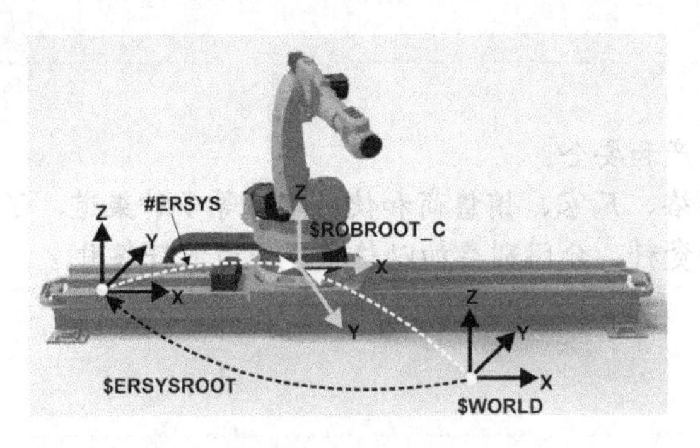

图 3-72　线性滑轨

（一）检查是否必须测量线性滑轨

机器人位于线性滑轨的法兰上。在理想情况下，机器人的坐标系与线性滑轨的法兰坐标系一致。事实上，这里常有微小的误差，可能导致无法正确驶入位置。通过测量，可计算并修正这些误差（注意：线性滑轨运动方向上的转度不能修改，但它们不会导致在驶入位置时发生错误）。如果没有误差，无需测量线性滑轨。

检查是否必须测量线性滑轨的前提是已配置好线性滑轨的机器数据，并已传输到机器人控制器；在法兰上装有一个测量过的工具；没有打开或选择程序；运行方式 T1。操作步骤如下所述。

（1）将 TCP 校准到任意点并观察。

（2）按笛卡尔坐标移动线性滑轨（注意：与轴无关）。如果 TCP 停止不动，无需测量线性滑轨；如果 TCP 运动，必须测量线性滑轨。

（二）测量线性滑轨

测量时，会用一个测量过的工具的 TCP 3 次驶入参照点（注意：参照点可以任意选择；机器人在线性滑轨上 3 次驶至参照点的出发位置必须各不相同，而且这 3 个出发位置必须相隔足够远），通过测量得出的修正值进入系统变量$ETx_TFLA3。

测量线性滑轨的前提条件是已配置好线性滑轨的机器数据，并已传输到机器人控制器；在法兰上装有一个测量过的工具；没有打开或选择程序；运行方式 T1。操作步骤如下所述。

（1）在主菜单中选择“投入运行”→“测量”→“外部运动机构”→“线性滑轨”，机器人控制系统自动检测到线性滑轨并显示下列数据：

① 外部运动系统编号：外部运动系统的编号（1～6）（$EX_KIN）。

② 轴：附加轴的编号（1～6）（$ETx_AX）。

③ 外部运动系统的名称（$ETx_NAME）。

注意：如果机器人控制系统无法检测到这些值，如因尚未配置线性滑轨，则无法继续测量。

（2）单击运行键“+”，移动线性滑轨。

（3）规定线性滑轨是沿“+”还是沿“−”方向运动，然后单击“继续”按钮确认。

（4）用 TCP 驶至参照点。

（5）单击“测量”按钮。

（6）重复步骤（4）和（5）两次，但在每次重复前均移动线性滑轨，以便从不同的出发位置驶入参照点。

（7）单击“保存”按钮，测量数据被存储。

（8）显示“是否要修正已示教位置”的询问。如果在测量之前没有对任何位置进行过示教，用“是”或者“否”来回答询问无关紧要；如果在测量之前对某些位置进行过示教，若用“是”回答询问，这些位置自动用基坐标 0 修正，其他位置不被修正！若用“否”回答询问，则所有的位置都不被修正。

注意：测量线性滑轨后，必须执行检查线性滑轨的软件限位开关，必要时调用调整和在 T1 中测试程序这两项安全措施，否则将导致财产损失。

（三）输入线性滑轨数值

输入线性滑轨数值的前提条件是已配置好线性滑轨的机器数据，并已传输到机器人控制器；没有打开或选择程序；已知机器人足部法兰至 Ersysroot 坐标系（X，Y，Z）原点的距离和机器人足部法兰相对于 Ersysroot 坐标系（A，B，C）的方向（如从 CAD 中获得）；运行方式 T1。操作步骤如下所述。

（1）在主菜单中选择“投入运行”→“测量”→“外部运动系统”→“线性滑轨（数字）”，则机器人控制系统自动检测到线性滑轨，并显示下列数据：

① 外部运动系统编号：外部运动系统的编号（1～6）。

② 轴：附加轴的编号（1～6）。

③ 外部运动系统的名称：运动系统。

注意：如果机器人控制系统无法检测到这些值，如因尚未配置线性滑轨，则无法继续测量。

（2）单击运行键“+”，移动线性滑轨。

（3）规定线性滑轨是沿“+”还是沿“–”方向运动，然后单击“继续”按钮确认。

（4）输入数据，再单击“继续”按钮确认。

（5）单击“保存”按钮，测量数据被存储。

（6）现在显示“是否要修正已示教位置”的询问。如果在测量之前还没有对任何位置进行过示教，用“是”或者“否”来回答询问无关紧要；如果在测量之前对某些位置进行过示教，若用“是”回答询问，这些位置自动用基坐标 0 修正，其他位置不被修正！若用“否”回答询问，则所有的位置都不被修正。

注意：测量线性滑轨后，必须执行检查线性滑轨的软件限位开关。必要时，调用调整和在 T1 中测试程序这两项安全措施，否则导致财产损失。

二、测量外部动作

通过测量外部运动系统，使外部运动系统的轴与机器人轴的运动同步，并且在数学上耦合。外部运动系统可能是旋转倾卸台或定位设备。如表 3-15 所示，外部动作的测量分为两步。

注意：测量外部动作的方法不允许用于线性滑轨。对于线性滑轨，必须只使用其专有的测量方式。

表 3-15　外部动作的测量

步　骤	说　明
1	测量外部动作的基点。如果测量数据已知，将其直接输入
2	如果外部运动系统上有一个工件，则测量工件的基坐标系。如果测量数据已知，将其直接输入
	如果外部运动系统上安装了一个工具，则测量外部工具。如果测量数据已知，将其直接输入

（一）测量基点

为了使机器人的运行与动作在数学上协调一致，机器人必须能识别动作的精确位置。它由基点测量得出，方法如图 3-73 所示，将一个已测量过的工具的 TCP 4 次驶入运动系统上的参照点（注意：必须通过移动运动系统的轴，使每次参考点的位置都不同），机器人控制系统根据参照点的不同位置计算出运动系统的基点。如果使用库卡的外部运动系统，则参照点在系统变量$ETx_TPINFL 中进行配置，包含参照点相对于运动系统法兰坐标系的位置（X=运动系统的编号）。此外，还在运动系统上标记了参照点。测量时，必须驶至此参照点。对于并非库卡出品的外部运动系统，必须在机器数据中配置参照点。机器人控制器将基点的坐标保存为基础坐标系。

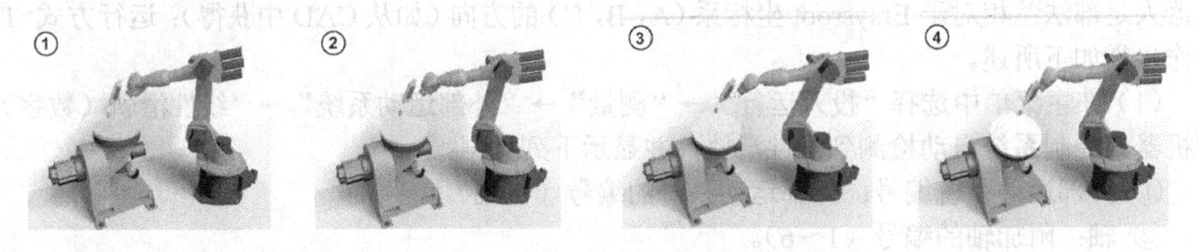

图 3-73 测量基点的方法

测量基点的前提条件是已配置好运动系统的机器数据，并已传输到机器人控制器；已知外部运动系统的编号；在连接法兰上装有一个已测量的工具；如果需要，更改$ETx_TPINFL，专家用户组；运行方式 T1。操作步骤如下所述。

（1）在主菜单中选择“投入运行”→“测量”→“外部运动系统”→“基点”。

（2）选择应保存基点的基础坐标系的编号，单击“继续”按钮确认。

（3）输入外部运动系统的编号。

（4）为外部运动系统给定一个名称，单击“继续”按钮确认。

（5）输入参考工具的编号，单击“继续”按钮确认。

（6）将显示$ETx_TPINFL 的值。如果该值不正确，在专家用户组中更改；如果该值正确，单击“继续”按钮确认。

（7）将 TCP 驶至参照点。

（8）单击“测量”，再单击“继续”按钮确认。

（9）重复步骤（7）和（8）三次，且每次重复之前都要移动运动系统，以便从不同的出发位置驶入参照点。

（10）单击“保存”按钮。

（二）输入基点数值

输入基点数值的前提是已知 Root 坐标系的原点至 World（世界）坐标系原点的距离（X，Y，Z）和 Root 坐标系相对于世界坐标系的方向（A，B，C）。（如从 CAD 中获得）；已知外部运动系统的编号；运行方式 T1。具体操作步骤如下所述。

（1）在主菜单中选择“投入运行”→“测量”→“外部运动系统”→“基点（数字）”。

（2）选择应保存基点的基础坐标系的编号，单击“继续”按钮确认。

（3）输入外部运动系统的编号。

（4）为外部运动系统给定一个名称，单击“继续”按钮确认（注意：该名称自动与基础坐标系相对应)。

(5) 输入 Root 坐标系的数据，单击“继续”按钮确认。

(6) 单击“保存”按钮。

(三) 测量工件基坐标系

测量工件基坐标系就是给运动系统上的工件配一个基础坐标系。该基础坐标系以运动系统的法兰坐标系为基准，这样，基坐标系就成为一个可移动基坐标系，并按照与运动系统相同的方式运动。测量时，只要用已测量工具的 TCP 驶至所需基坐标系的原点及另外两点，就可以定义基坐标系，如图 3-74 所示。当然，也可以不测量，只是此时将运动系统的法兰坐标系当作基坐标系使用。

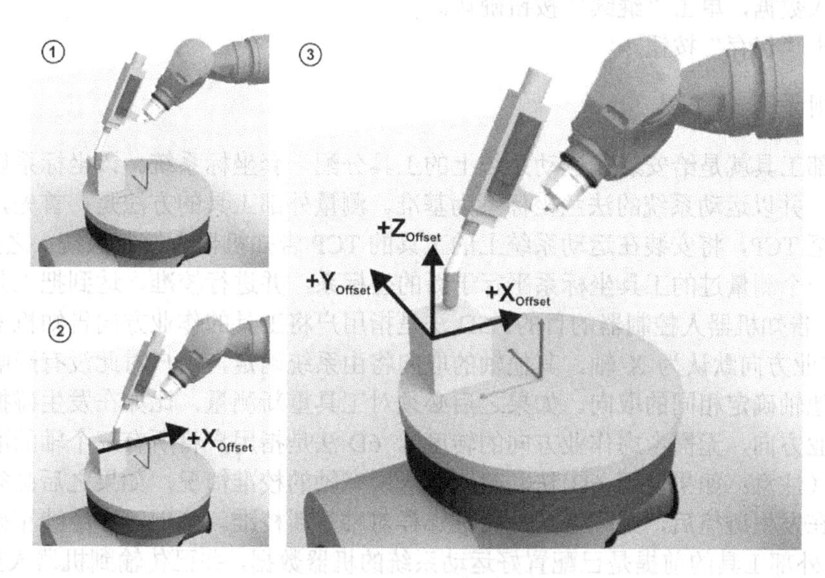

图 3-74　测量工件基坐标系

注意：每个运动系统只能测量一个基坐标系。

测量工件基坐标系的前提是已配置好运动系统的机器数据，并已传输到机器人控制器；在法兰上装有一个已测量的工具；已测量外部运动系统的基点；已知外部运动系统的编号；运行方式 T1。具体方法如下所述。

(1) 在主菜单中选择“投入运行”→“测量”→“外部运动系统”→“偏差”。

(2) 选择保存基点的基础坐标系的编号，将显示基础坐标系的名称，单击“继续”按钮确认。

(3) 输入外部运动系统的编号，显示外部运动系统的名称，单击“继续”按钮确认。

(4) 输入参考工具的编号，单击“继续”按钮确认。

(5) 将 TCP 驶至工件基坐标系的原点，然后单击“测量”按钮，单击“继续”按钮确认。

(6) 将 TCP 驶至工件基坐标系正向 X 轴上的一个点，然后单击“测量”按钮，单击“继续”按钮确认。

(7) 将 TCP 移至 XY 平面上一个带有正 Y 值的点，然后单击“测量”按钮，单击“继续”按钮确认。

(8) 单击“保存”按钮。

（四）输入工具基坐标系数值

输入工具基坐标系数值的前提是已知工件基坐标系的原点至动作法兰坐标系原点的距离（X，Y，Z）和工件基坐标系轴相对于动作法兰坐标系的旋转角度（A，B，C）（如从 CAD 中获得）；已测量外部运动系统的基点；已知外部运动系统的编号；运行方式 T1。操作步骤如下所述。

（1）在主菜单中选择“投入运行”→“测量”→“外部运动系统”→“偏差（数字）”。

（2）选择保存基点的基础坐标系的编号，将显示基础坐标系的名称，单击“继续”按钮确认。

（3）输入外部运动系统的编号，将显示外部运动系统的名称，单击“继续”按钮确认。

（4）输入数据，单击“继续”按钮确认。

（5）单击“保存”按钮。

（五）测量外部工具

测量外部工具就是给安装在运动系统上的工具分配一套坐标系统。该坐标系以外部工具的 TCP 为原点，并以运动系统的法兰坐标系为基准。测量外部工具的方法是：首先，将一个测量过的工具移至 TCP，将安装在运动系统上的工具的 TCP 告知机器人控制系统；之后，用 5D 法或 6D 法将一个测量过的工具坐标系平行于新的坐标系，并进行校准，达到把工具坐标系统的姿态（取向）告知机器人控制器的目的。5D 法是指用户将工具的作业方向告知机器人控制系统（注意：该作业方向默认为 X 轴，其他轴的取向将由系统确定，用户对此没有影响力，而且系统总是为其他轴确定相同的取向。如果之后必须对工具重新测量，比如在发生碰撞后，仅需要重新确定作业方向，无需考虑作业方向的转度）。6D 法是指用户将所有三个轴的取向告知机器人控制系统（注意：如果使用 6D 法，建议记录所有轴的校准情况，如果之后必须对工具重新测量，比如在发生碰撞后，必须像首次校准那样对轴重新校准，确保可以继续正确地移到现有的点）。测量外部工具的前提是已配置好运动系统的机器数据，并已传输到机器人控制器；在法兰上装有一个测量过的工具；已测量外部运动系统的基点；已知外部运动系统的编号；运行方式 T1。操作步骤如下所述。

（1）在主菜单中选择“投入运行”→“测量”→“固定工具”→“外部运动系统偏量”。

（2）选择保存基点的基础坐标系的编号，显示基础坐标系的名称，单击“继续”按钮确认。

（3）输入外部运动系统的编号，显示外部运动系统的名称，单击“继续”按钮确认。

（4）输入参考工具的编号，单击“继续”按钮确认。

（5）在“5D/6D”栏中选择一种规格，单击“继续”按钮确认。

（6）将已测量工具的 TCP 移至外部工具的 TCP，再单击“测量”按钮，单击“继续”按钮确认。

（7）如果选择 5D，则将+X 基础坐标系平行对准-Z 法兰坐标系（也就是将法兰调整至与外部工具的作业方向垂直的方向）；如果选择 6D，应对法兰进行调整，使其轴平行于外部工具的轴，即+X 基础坐标系平行于 –Z 法兰坐标系（也就是将法兰调整至与外部工具的作业方向垂直的方向），+Y 基础坐标系平行于+Y 法兰坐标系，+Z 基础坐标系平行于+X 兰坐标系。

（8）单击“测量”按钮，单击“继续”按钮确认。

（9）单击“保存”按钮。

注意：上述操作步骤适用于工具作业方向为默认作业方向（X 向）的情况。如果作业方向改为 Y 向或 Z 向，操作步骤必须相应地更改。

（六）输入外部工具数值

输入外部工具数值的前提是已知外部工具的TCP至动作法兰坐标系原点的距离（X，Y，Z）和外部工具轴相对于动作法兰坐标系的旋转角度（A，B，C）（如从CAD中获得）；运行方式T1。操作步骤如下所述。

（1）在主菜单中选择“投入运行”→“测量”→“固定工具”→“数字输入”。

（2）为外部工具给定一个号码和一个名称，单击“继续”按钮确认。

（3）输入数据，单击“继续”按钮确认。

（4）单击“保存”按钮。

项目四　库卡工业机器人的编程

任务一　库卡工业机器人在线编程

学习目标

① 掌握程序管理的方法。

② 掌握运动编程基础知识。

③ 熟练掌握利用应用人员用户组编程（联机表格）的方法。

工作任务

学习程序管理、运动编程基础、利用应用人员用户组编程（联机表格）的方法，正确、熟练地使用应用人员用户组编程（联机表格）。

任务实施

【知识准备】

一、程序管理

（一）文件管理导航器

文件管理导航器如图 4-1 所示，是用来管理程序及所有系统相关文件的窗口。

对图 4-1 说明如下。

① 标题行：左侧区域——显示选定的过滤器，右侧区域——显示在目录结构中标记的目录或驱动器。

② 目录结构：目录和驱动器概览（注意：显示哪个目录和驱动器，取决于用户组和配置）。

③ 文件列表：显示在目录结构中标记的目录或驱动器的内容（注意：所显示的程序格式取决于选择的过滤器）。

④ 状态行：可显示标记的对象、正在运行的动作、用户对话、对用户的输入要求及安全提问等信息。

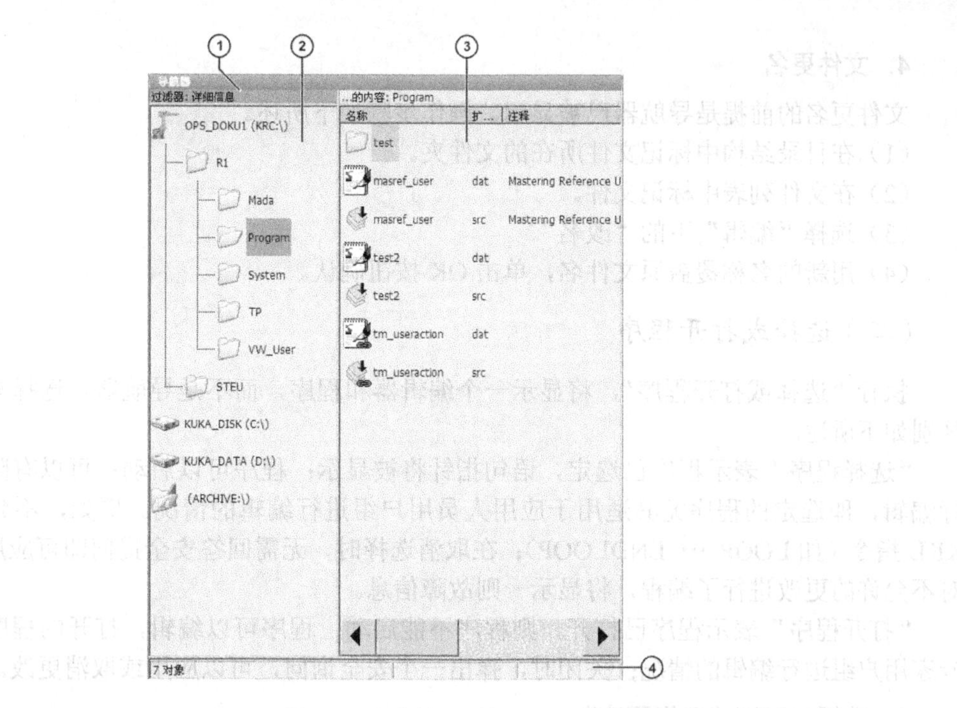

图 4-1　文件管理导航器

1．选择过滤器

“应用人员”用户组无法使用本功能，只有专家用户组才可以使用。过滤器决定了在文件清单中如何显示程序，可供选择过滤器有详细信息（程序以 SRC 和 DAT 文件形式显示。这是默认设置）和模块（程序以模块显示）两种。具体操作步骤如下所述。

（1）选择“序列编辑”菜单下的“过滤器”。

（2）在导航器的左侧区域标记所需的过滤器。

（3）单击 OK 按钮确认。

2．新建文件夹

新建文件夹的前提是导航器已被显示，操作步骤如下所述。

（1）在目录结构中选定要在其中创建新文件夹的文件夹，例如文件夹 R1（注意：不是在所有的文件夹中都能创建新文件夹，在应用人员和操作人员用户组中，只能在文件夹 R1 中创建新的文件夹）。

（2）单击“新建”按钮。

（3）选择文件夹的名称，单击 OK 按钮确认。

3．新建程序

新建程序的前提是导航器已被显示，操作步骤如下所述。

（1）在目录结构中选定要在其中建立程序的文件夹，例如文件夹程序（注意：不是在所有的文件夹中都能建立程序）。

（2）单击“新建”按钮。

（3）仅限于在专家用户组中，“选择模板”窗口将自动打开。选定所需模板并单击 OK 按钮确认。

（4）输入程序名称，单击 OK 按钮确认。

4. 文件更名

文件更名的前提是导航器已被显示，操作步骤如下所述。

（1）在目录结构中标记文件所在的文件夹。

（2）在文件列表中标记文件。

（3）选择“编辑”下的“改名”。

（4）用新的名称覆盖原文件名，单击 OK 按钮确认。

（二）选择或打开程序

执行“选择或打开程序”，将显示一个编辑器和程序，而不是导航器。选择与打开程序的区别如下所述。

“选择程序”表示程序已选定，语句指针将被显示；程序可以启动；可以有限地对程序进行编辑，即选定的程序尤其适用于应用人员用户组进行编辑的情况。例如，不允许使用多行 KRL 指令（如 LOOP … ENDLOOP）；在取消选择时，无需回答安全提问即可应用更改；如果对不允许的更改进行了编程，将显示一则故障信息。

“打开程序”表示程序已打开，则程序不能启动；程序可以编辑，打开的程序尤其适用于专家用户组进行编辑的情况；关闭时，弹出一个安全询问，可以应用或取消更改。

1. 选择和取消“选择程序”

如果在专家用户群中编辑一个选定程序，编辑完成后，必须将光标从被编辑行移至另外的任意一行中，以保证在程序被取消选择时保存编辑内容。选择和取消“选择程序”操作的前提是运行方式 T1、T2 或 AUT，操作步骤如下所述。

（1）在导航器中选定程序并单击“选择”按钮，编辑器中将显示该程序。至于选定的是一个模块，还是一个 SRC 文件，或一个 DAT 文件，无关紧要，编辑器中始终显示 SRC 文件。

（2）启动或编辑程序。

（3）重新取消“选择程序”的方法是：选择“编辑”下的“取消程序”选项；或在状态栏中单击状态显示机器人解释器，打开一个窗口，再选择“取消程序”。

注意：取消选择时，无需回答安全提问，即可应用更改；如果程序正在运行，在选择“取消程序”前，必须将程序停止；如果已选定一个程序，状态显示机器人解释器会显示该程序，如图 4-2 所示。

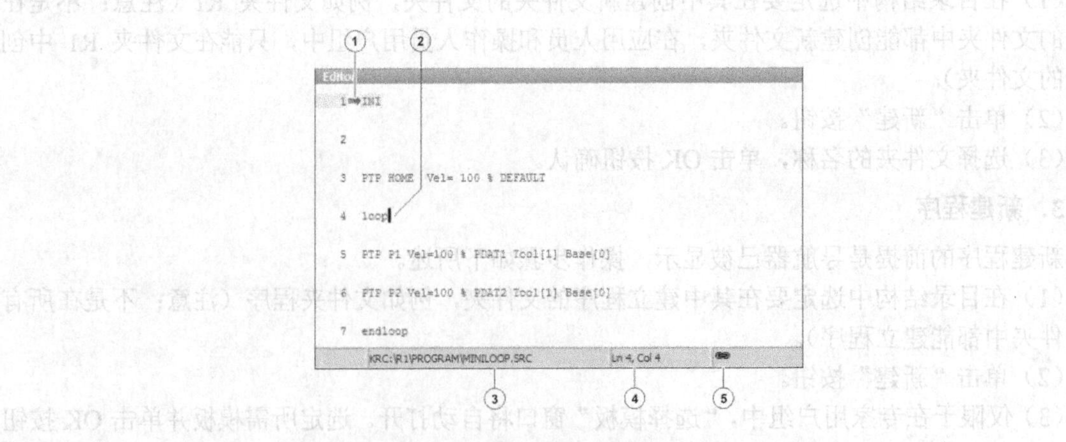

图 4-2 程序已选定

①—语句指针；②—光标；③—程序的路径和文件名；④—程序中光标的位置；⑤—图标显示程序已被选定

2. 打开程序

打开程序的前提是运行方式 T1、T2 或 AUT。注意，在外部自动运行（AUT EXT）方式下可以打开一个程序，但是不能对其进行编辑。操作步骤如下所述。

（1）在导航器中选定程序并单击“打开”按钮，编辑器中将显示该程序。如果选定了一个模块，SRC 文件将显示在编辑器中；如果选定了一个 SRC 或 DAT 文件，相应的文件显示在编辑器中，如图 4-3 所示。

（2）编辑程序。

（3）关闭程序。

（4）为应用更改，单击“是”，回答安全询问。

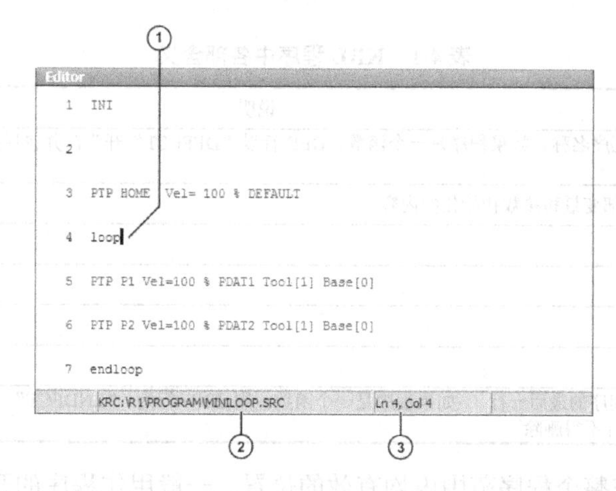

图 4-3　程序已打开

①—光标；②—程序的路径和文件名；③—程序中光标的位置

3. 在导航器和程序之间切换

如果已选定或打开了一个程序，可以重新显示导航器，而不必取消选择程序或关闭程序，然后重新返回程序。操作步骤如下所述。

（1）程序已选定：可从程序切换到导航器，方法是选择“序列编辑”菜单下的“导航器”；也可以从导航器切换到程序，方法是单击“程序”按钮。

（2）程序已打开：可从程序切换到导航器，方法是选择“序列编辑”菜单下的“导航器”；也可以从导航器切换到程序，方法是单击“编辑器”按钮。

注意：必须先停止正在运行或已暂停的程序，才能使用这里提及的菜单序列和按钮。

（三）KRL 程序的结构

图 4-4 所示是 KRL 程序的结构，其含义如表 4-1 所示。KRL 程序中的第一个运动指令必须定义一个明确的初始位置。当起始位置存储为机器人控制系统的默认设置时，这一点得到了保证；如果第一个运动指令不是默认起始位置，或该位置被修改，必须使用“POS 型（或 E6POS 型）的完整 PTP 指令”或者“AXIS 型（或 E6AXIS 型）的完整 PTP 指令”这两个指令中的一个。

注意：这里的“完整”，表示必须输入目标点的所有组成内容；如果变更了起始位置，将对所有使用它的程序产生影响，甚至导致人身伤害和财产损失；在只能作为次级程序使用的程序中，也可以使用其他指令作为第一个运动指令。

```
1 DEF my_program( )
2 INI
3
4 PTP HOME  Vel= 100 % DEFAULT
8 LIN point_5 CONT Vel= 2 m/s CPDAT1 Tool[3] Base[4]
  ...
14 PTP point_1 CONT Vel= 100 % PDAT1 Tool[3] Base[4]
  ...
20 PTP HOME  Vel= 100 % DEFAULT
21
22 END
```

图 4-4 KRL 程序的结构

表 4-1 KRL 程序中各部含义

行	说明
1	DEF 行显示程序名称。如果程序是一个函数，DEF 行以“DEFFCT”开头，并包括其他说明。DEF 行可以显示或隐藏
2	INI 行包括内部变量和参数初始化的内容
4	起始位置
8	LIN 运动
14	PTP 运动
20	起始位置
22	END 行是各程序的最后一行。如果程序是一个函数，则 END 行为 “ENDFCT” 注意：END 行不得删除

起始位置是一个在整个程序范围内均有效的位置，一般用作程序的开头和末尾位置，因为它定义明确，但不起关键作用。在默认设置下，起始位置位于机器人控制系统中，并带有表 4-2 所示的数值。当然，也可以示教其他起始位置，但是必须满足其是对程序运行有利的输出端位置和有利的停机位置（例如，机器人在停机后不会成为阻碍）这两个条件。

注意：如果变更了起始位置，将对所有使用它的程序产生影响，甚至导致人身伤害和财产损失。

表 4-2 默认设置下的起始位置

轴	A1	A2	A3	A4	A5	A6
项号	0°	-90°	+90°	0°	0°	0°

（四）打开/关闭程序段

1. 显示/隐藏 DEF 行

默认为不显示 DEF 行。如果显示 DEF 行，在程序中只能执行说明部分。对于那些打开并选择了的程序来说，DEF 行将分别显示或隐藏。如果详细说明界面打开，DEF 行将显示出来，但是无需专门执行显示操作。执行显示/隐藏 DEF 行操作的前提是专家用户组；已选定或者已打开程序。操作步骤如下所述。

（1）选择“序列编辑”→“视图”→“DEF 行”。

（2）在菜单中勾选，显示 DEF 行。

（3）在菜单中未勾选，隐藏 DEF 行。

2. 详细说明显示

详细说明显示默认关闭，以保证程序显示清晰、明了。如果打开了详细说明显示，隐藏的程序行将显示出来，例如 FOLD、ENDFOLD 语句行以及 DEF 语句行。对于那些已打开并选择了的程序，将分别显示或关闭其详细说明显示。执行该操作的前提是专家用户组，操作步骤如下所述。

（1）选择“序列编辑”菜单下的“视图”→“详细说明显示（ASCII）”。

（2）在菜单中勾选，此详细说明界面被打开。

（3）在菜单中未勾选，此详细说明界面被关闭。

3. 启动或关闭断行功能

如果程序行的长度超出程序窗口，会根据默认设置换行，该断行部分没有行号，并用一个黑色的 L 形箭头标记，如图 4-5 所示（注意：可关闭断行功能）。对于那些已打开并选择了的程序，将分别启用或关闭此断行功能。

```
8  EXT  IBGN (IBGN_COMMAND  :IN,BOOL  :IN,REAL  :IN,REAL
   ↳ :IN,BOOL  :IN,E6POS  :OUT )
```

图 4-5 换行

实现启动或关闭断行功能的前提是专家用户群；已选定或者已打开程序。操作步骤如下所述。

（1）选择“序列编辑”菜单下的“视图”→“换行”。

（2）在菜单中勾选，此断行功能被打开。

（3）在菜单中未勾选，此断行功能被关闭。

（五）启动程序

1. 选择程序运行方式

（1）触摸“状态显示程序运行方式”，打开“程序运行方式”窗口。

（2）选择所需的程序运行方式，关闭窗口，并应用选定的程序运行方式。

2. 程序运行方式

程序运行方式如表 4-3 所示。

表 4-3 程序运行方式

程序运行方式	说 明
Go #GO	程序不停顿地运行，直至结尾
动作 #MSTEP	程序在每一运动组后暂停。对于每一个运动组，都必须重新按下“启动”按钮
单个步骤 #ISTEP	程序在每一程序行后暂停。看不见的程序行和空行也包括在内。对于每一行，都必须重新按下“启动”按钮 单个步骤只供专家用户组使用
逆向 #BSTEP	如果按下“逆向启动”按钮，自动选择这种程序运行方式

注意：在采用动作和单个步骤时，程序直接开始而不进行预运行。

3. 预运行

预运行是机器人控制系统在程序运行时预先计算和计划的最大数量的运动组，实际数量取决于计算机的利用率，默认值为 3。预运行与程序段指示器的当前位置有关。此外，为了计算滑过运动，有必要进行预运行。有些指令引发预运行停止，其中包括影响外围设备的指令，如 OUT 指令。

4．设定程序倍率（POV）

程序倍率是程序进程中机器人的速度，以百分比形式表示，以已编程的速度为基准。在运行方式 T1 中，最大速度为 250mm/s，与设定的值无关。设定程序倍率（POV）的操作步骤如下所述。

（1）触摸“状态”，显示“POV/HOV”，打开“倍率”窗口。

（2）设定所希望的程序倍率，可通过正、负键或调节器设定。正、负键可以以 100%、75%、50%、30%、10%、3%、1%步距为单位来设定；调节器倍率可以以 1%步距为单位来更改。

（3）重新触摸“状态”显示“POV/HOV”（或触摸窗口外的区域），则窗口关闭，并应用所需的倍率。

注意：在“倍率”窗口中，可通过选项打开“手动移动选项”窗口。

另外，可使用 KCP 右侧的正、负按键来设定倍率，以 100%、75%、50%、30%、10%、3%、1%步距为单位来设定。

5．接通/关闭驱动装置

驱动装置的状态将显示在状态栏中，也可在此处接通或关断驱动装置。图标含义如表 4-4 所示。

表 4-4　驱动装置的状态图标

图　标	颜　色	说　明
I	绿色	驱动装置待机
I	红色	驱动部分尚未就绪

6．机器人解释器状态显示

机器人解释器状态图标及其含义如表 4-5 所示。

表 4-5　机器人解释器状态图标

图标	颜　色	说　明
R	灰色	未选定程序
R	黄色	语句指针位于所选程序的首行
R	绿色	已经选择程序，并运行完毕
R	红色	所选并启动的程序被暂停
R	黑色	所选程序的最后就是语句指针

7．启动正向运行程序（手动）

启动正向运行程序（手动）的前提是程序已选定；运行方式 T1 或 T2。操作步骤如下所述。

（1）选择程序运行方式。

（2）按住“确认”开关，直至显示状态栏“驱动器已准备就绪”，即 I（绿色）。

（3）执行 SAK 运动，按住“启动”按钮，直至信息窗显示“SAK 到达”，机器人停下（注意，SAK 运行必须作为 PTP 动作，从实际位置移动到目标位置。观察此运动，防止碰撞。在

SAK运行中，速度自动降低）。

（4）按住“启动”按钮，程序开始运行。根据程序运行方式，带暂停或不带暂停。如果要停止一个手动启动的程序，松开“启动”按钮。

8．启动正向运行程序（自动）

启动正向运行程序（自动）的前提是程序已选定；自动运行方式（注意：不是外部自动运行），操作步骤如下所述。

（1）选择程序运行方式“Go”。

（2）接通驱动装置。

（3）执行SAK运动，按住“启动”按钮，直至信息窗显示“达到SAK”，机器人停下（注意，SAK运行必须作为PTP动作，从实际位置移动到目标位置。观察此运动，防止碰撞。在SAK运行中，速度自动降低）。

（4）按下“启动”钮，程序开始运行。为了停止在自动运行中启动的程序，按下“停止”钮。

9．进行语句选择

使用语句选择，可使一个程序在任意点启动。操作的前提是程序已选定；运行方式T1或T2。操作步骤如下所述。

（1）选择程序运行方式。

（2）选定应在该处启动程序的运动语句。

（3）单击“语句选择”，则语句指针指在动作语句上。

（4）按住“确认”开关，直至显示状态栏“驱动器已准备就绪”，即 （绿色）。

（5）执行SAK运动，按住“启动”按钮，直至信息窗显示 “SAK 到达”，机器人停下（注意，SAK运行必须作为PTP动作，从实际位置移动到目标位置。观察此运动，防止碰撞。在SAK运行中，速度自动降低）。

（6）程序现在可以手动或自动启动，无需再次执行SAK运动。

10．启动反向运行程序

在反向运行时，机器人在每一点上都停留，无法滑过。操作的前提是程序已选定；运行方式T1或T2。操作步骤如下所述。

（1）按住“确认”开关，直至显示状态栏“驱动器已准备就绪”，即 （绿色）。

（2）执行SAK运动，按住“启动”钮，直至信息窗显示“SAK到达”，机器人停下（注意，SAK运行必须作为PTP动作，从实际位置移动到目标位置。观察此运动，防止碰撞。在SAK运行中，速度自动降低）。

（3）按下“逆向启动”钮。

（4）对每一个运动组都要重新按下“逆向启动”钮。

11．复位程序

如果要从头重新执行一个中断的程序，必须将其复位，使程序回到起始状态。操作的前提是程序已选定，步骤是选择“序列编辑”菜单下的复位程序；或者在状态栏中触摸状态，显示机器人解释器，打开一个窗口，再选择“复位程序”。

12．启动外部自动运行

在外部自动运行中没有SAK运行，这表明机器人在启动之后，以编程的速度（没有减速）到达了第一个编程位置，并且在那里没有停止。操作的前提是运行方式T1或T2，用于外部自动运行的输入/输出端和 CELL.SRC 程序已配置。操作步骤如下所述。

（1）在导航器中选择 CELL.SRC 程序（在文件夹 R1 中）。

（2）将程序倍率设定为 100%（注意，此倍率值为建议的设定值，也可根据需要设定其他数值）。

（3）执行 SAK 运动，按住“确认”开关及“启动”钮，直至信息窗显示“SAK 到达”（注意，SAK 运行必须作为 PTP 动作，从实际位置移动到目标位置。观察此运动，防止碰撞。SAK 运行中，速度自动降低）。

（4）选择“外部自动化”运行方式。

（5）程序从上一级控制系统（PLC）开始启动。为了停止在自动运行中启动的程序，按下“停止”钮。

（六）编辑程序

编辑程序的简要说明如表 4-6 所示。需要注意的是：对一个正在运行的程序，无法进行编辑；在外部自动运行（AUT EXT）方式下，不能编辑程序；如果在专家用户群中对一个选定程序进行了编辑，在编辑完成后，必须将光标从被编辑行移开至另外任意一行中，才能保证在程序被取消选择时可以保存编辑内容。

表 4-6 编辑程序的简要说明

操作	用户组	应用可能性	
插入注释或印章	应用人员	是	
	专家	是	
删除行	应用人员	是	
	专家	是	
创建文件夹	应用人员	否	
	专家	是	
复制	应用人员	否	
	专家	是	
添加	应用人员	否	
	专家	是	
添加空行（按回车键）	应用人员	否	
	专家	是	
剪切	应用人员	否	
	专家	是	
查找	应用人员	是	在程序打开时和在外部自动运行（AUT EXT）方式下，适用于所有用户组
	专家	是	
替换	应用人员	否	
	专家	是（程序已打开，但未选定）	
用联机表格编程	应用人员	是	
	专家	是	
KRL 编程	应用人员	只在一定程度上可以，不允许使用多行的 KRL 指令（例如 LOOP … ENDLOOP）	
	专家	是	

1．插入注释或印章

进行插入注释或印章操作的前提是已选定或者已打开程序；运行方式 T1、T2 或 AUT。操作步骤如下所述。

（1）标记其后应插入注释或印章的那一行。

（2）选择“序列指令”→“注释”→“正常或印章”。

（3）输入所希望的数据。如果事先已经插入注释或印章，联机表格中将保留相同的数据。插入注释时，用新文本来清空注释栏，以便输入新的文字，如图 4-6 所示；插入印章时，用新时间更新系统时间，并用新名称清空名称栏，如图 4-7 所示。

（4）单击 OK 按钮存储。

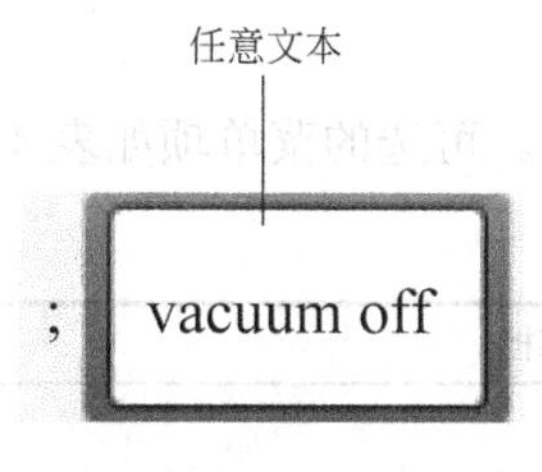

图 4-6 注释的联机表单

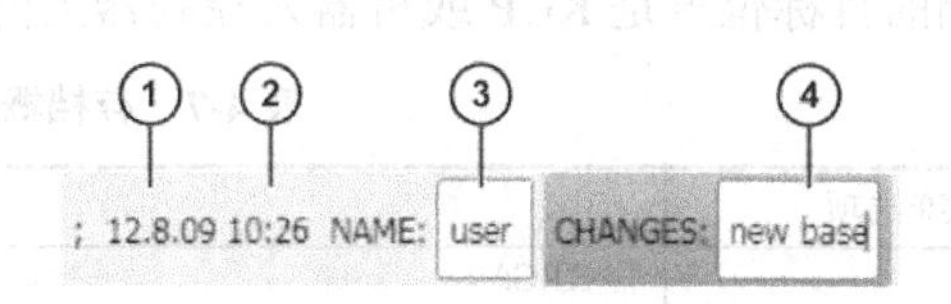

图 4-7 印章的联机表格

①—系统日期（不可编辑）；②—系统时间；

③—用户的名称或标识；④—任意文本

2．删除程序行

进行删除程序行操作的前提是已选定或者已打开程序；运行方式 T1、T2 或 AUT。操作步骤如下所述。

（1）选定应删除的程序行（注意：该程序行不必是彩色背景，只要光标位于程序行中就足够）。如果要删除多个相连的程序行，可用手指或指示笔将其下拉到所需的区域（注意：该区域必须是彩色背景）。

（2）选择“序列编辑”菜单下的“删除”。

（3）单击“是”按钮，确认安全询问。

注意：删除的程序行不能重新被恢复。如果一个包含运动指令的程序行被删除，点名称和点坐标仍会存储在 DAT 文件中，该点可以应用到其他运动指令中，不必再次示教。

3．复制

复制的前提是已选定或者已打开程序；专家用户组；运行方式 T1、T2 或 AUT。操作方法与在 Windows 中相似，此处不再赘述。

4．粘贴

粘贴的前提是已选定或者已打开程序；专家用户组；运行方式 T1、T2 或 AUT。操作方法与在 Windows 中相似，此处不再赘述。

5．剪切

剪切的前提是已选定或者已打开程序；专家用户组；运行方式 T1、T2 或 AUT。操作方法与在 Windows 中相似，此处不再赘述。

6．搜索

搜索的前提是已选定或者已打开程序。操作方法与在 Windows 中相似，此处不再赘述。

7. 替换

替换的前提是程序已打开；专家用户组。操作方法与在 Windows 中相似，此处不再赘述。

（七）程序打印

程序打印的操作步骤如下所述。

（1）在导航器中标记程序，也可以标记多个程序。

（2）选择“序列编辑”菜单下的“打印”。

（八）存档和还原数据

1. 存档概览

存档的目标位置是 KCP 或机器人控制器上的 U 盘或网络。可选的菜单项如表 4-7 所示。

表 4-7 存档概览的菜单项

菜单选项	目录 / 文件存档
所有	KRC:\ \Roboter\Config\User\ \Roboter\Config\System\Common\Mada\ \Roboter\Init\ \Roboter\Ir_Spec\ \Roboter\Template\ \Roboter\Rdc\ \User\ \Roboter\log\ \Roboter\log*.dmp（不会还原） \Roboter\log\poslog\poslog.xsl（不会还原）
应用	KRC:\R1\Programm KRC:\R1\cell* KRC:\Steu\$config* KRC:\R1\System\
配置	KRC:\R1\Mada\ KRC:\R1\System\ KRC:\R1\TP\ KRC:\Steu\Mada\ \Roboter\Config\User\ \Roboter\Config\System\Common\Mada\ \Roboter\Init\ \Roboter\Ir_Spec\ \Roboter\Template\ \Roboter\Rdc\ \User\
Log 数据	\Roboter\log\ \Roboter\log*.dmp（不会还原） \Roboter\log\poslog\poslog.xsl（不会还原）
KrcDiag	如果要由库卡机器人有限公司分析故障，通过该菜单选项将需要的数据打包，将数据发送给库卡公司。除此之外，可以通过“文件”菜单下的“存档”选项将这些数据用其他方法打包

注意：如果通过菜单选项全部存档，并且有一个已存档案，则原有档案被覆盖；如果没有选择全部，而选择了其他菜单选项或者 KrcDiag 进行存档，并且有一个已存档案，机器人控制系统将机器人名与档案名进行比较。如果两个名称不同，将弹出一个安全询问；如果多次用 KrcDiag 存档，最多能创建 10 个档案。档案再增加时，将覆盖最老的档案。此外，可以将运行日志存档。

2. 在U盘上存档

在U盘上存档，是指在U盘上生成一个压缩文件。在默认情况下，这个文件的名称与机器人名称相同。但在机器人数据下，也可以为此文件确定自己的名称。此存档会显示在导航器的ARCHIVE:\目录中，除U盘外，还会自动将其保存在D:\上，生成一个 INTERN.ZIP文件。对于特殊情况KrcDiag，这个菜单项会在U盘上生成文件夹KRCDiag，其中包含一个压缩文件，还会将此压缩文件自动存档到C:\KUKA\KRCDiag上。

注意：在U盘上存档，一般仅允许使用U盘KUKA.USBData。如果使用其他U盘，可能造成数据丢失或数据被更改。

在U盘上存档的前提是已连接了U盘KUKA.USBData（注意：可以将该U盘连接到KCP或者机器人控制系统上），操作步骤如下所述。

（1）在主菜单中选择“文件”→“存档”→“USB（KCP）或USB（控制柜）”，然后选择所需的子程序。

（2）单击“是”按钮，确认安全询问，生成档案。当存档过程结束时，将在信息窗口中显示出来。对于特殊情况 KrcDiag，如果通过此菜单项存档，当存档过程结束时，将在一个单独的窗口中显示，之后该窗口自行消失。

（3）当U盘上的LED指示灯熄灭之后，将其取下。

3. 保存在网络上

保存在网络上，是指在网络路径上生成一个压缩文件。在默认情况下，这个文件名称与机器人名称相同。在机器人数据下，可以为此文件确定自己的名称（但要注意：必须在机器人数据中对用于存档的网络路径进行配置）。此存档显示在导航器的 ARCHIVE:\目录中。除网络路径外，还自动将其保存在D:\上，并生成一个INTERN.ZIP文件。对于特殊情况KrcDiag，这个菜单项会在网络路径上生成文件夹KRCDiag，其中包含一个压缩文件。此外，将此压缩文件自动存档到C:\KUKA\KRCDiag 上。

保存在网络上的前提是已配置好用作存档路径的网络路径，操作步骤如下所述。

（1）在主菜单中选择“文件”→“存档”→“网络”，然后选择所需的子程序。

（2）单击“是”按钮，确认安全询问，生成档案。当存档过程结束时，在信息窗口中显示出来；对于特殊情况 KrcDiag：如果通过此菜单项存档，当存档过程结束时，在一个单独的窗口中显示，之后该窗口自行消失。

4. 日志存档

作为存档，将在目录C:\KRC\ROBOTER\LOG 中生成 Logbuch.txt 文件。操作步骤为：在主菜单中选择“文件”→“存档”→“运行日志”，生成档案。当存档过程结束时，在信息窗口中显示出来。

5. 还原数据

在KSS 8.2里，只准载入KSS 8.2的存档资料。如果载入其他档案，可能出现错误信息、机器人控制器无法运行，甚至人员受伤以及财产损失等后果。还原数据时，可选择以下菜单项：“所有”、“应用”、“配置”。如果存档的文件与系统文件的版本不一样，还原时会出现错误信息；如果存档的技术包的版本与安装的版本不一致，也会显示故障信息。还原数据的前提是：如果由U盘还原数据，应有连接了含有存档的U盘KUKA.USBData，还可以将该U盘连接到KCP或者机器人控制系统上。操作步骤如下所述。

（1）在主菜单中选择“文件”下的“还原”，然后选择所需的子程序。

（2）单击“是”按钮，确认安全询问，存档的文件即被还原到机器人控制系统上。当还原过程结束时，显示信息。

（3）如果是由U盘还原，当U盘上的LED指示灯熄灭之后，再取下U盘。

（4）重新启动机器人控制系统。

6. 打包数据以便由库卡公司进行故障分析

如果必须由库卡机器人有限公司分析故障，通过此操作步骤，将所需数据打包，以便将数据发送给库卡公司。执行该操作步骤，会在C:\KUKA\KRCDiag上生成一个压缩文件，其中包含库卡机器人有限公司进行故障分析所需的数据（也包括有关系统资源的信息、截图和其他许多数据）。

“诊断”的步骤是在主菜单中选择“诊断”下的“KrcDiag”，数据即被打包，进度将显示在一个窗口中。当此过程结束时，也会显示在窗口中。操作结束，该窗口将自行消失。

使用smartPAD的过程中不会使用任何菜单项，而是使用smartPAD上的按键，因此也可以在没有smartHMI可供使用的情况下（例如因视窗操作系统出现问题）执行此操作步骤，前提是smartPAD已插在机器人控制器上，机器人控制器已接通（注意：必须在2秒钟内按钮，此时smartHMI上是否显示主菜单，和键盘无关）。操作步骤如下所述。

（1）按住主菜单按钮。

（2）按键盘键2次。

（3）放开主菜单按钮，数据被打包，进度将显示在一个窗口中。当此过程结束时，也会显示在这个窗口中。操作结束，该窗口自行消失。

执行“存档”操作步骤，是单击“文件”→“存档”→“[...]”，将数据打包，也可以将数据存放到U盘或网络路径中。

二、运动编程基础

（一）运动方式概览

可编程的运动方式有：点到点运动（PTP）、线性运动（LIN）、圆周运动（CIRC）、样条运动等。LIN和CIRC运动也称为CP（Continuous Path，连续轨迹）运动，即一个运动的起点必须是前一个运动的目标点。

（二）点到点（PTP）运动方式

如图4-8所示，点到点（PTP）运动方式是指机器人沿最快的轨道将TCP引至目标点。一般情况下，最快的轨道并不是最短的轨道，也就是说，并非直线。因为机器人轴进行回转运动，所以采用曲线轨道比直线轨道更快。但是，点到点（PTP）运动方式无法事先知道精确的运动过程。

（三）线性（LIN）运动方式

如图4-9所示，线性（LIN）运动方式是指机器人沿一条直线以定义的速度将TCP引至目标点。

（四）圆周（CIRC）运动方式

如图4-10所示，圆周（CIRC）运动方式是指机器人沿圆形轨道以定义的速度将TCP移动至目标点。圆形轨道是通过起点、辅助点和目标点定义的。

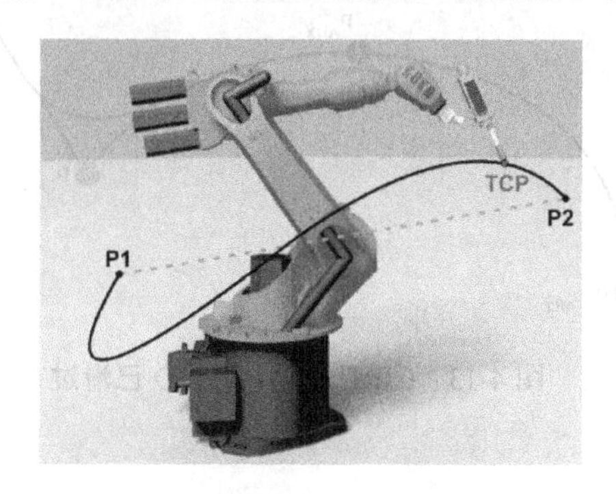

图 4-8 点到点（PTP）运动

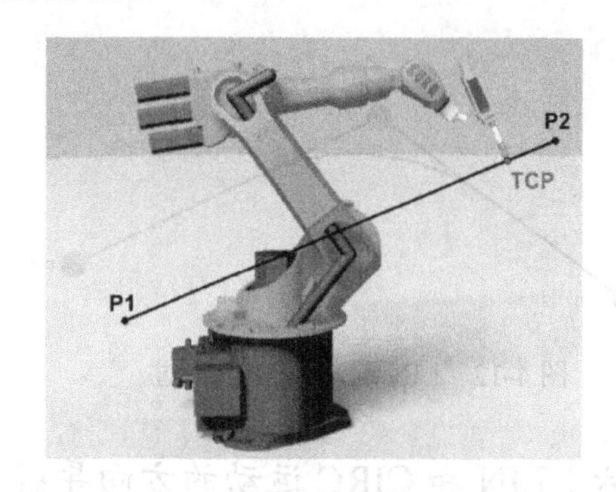

图 4-9 线性（LIN）运动

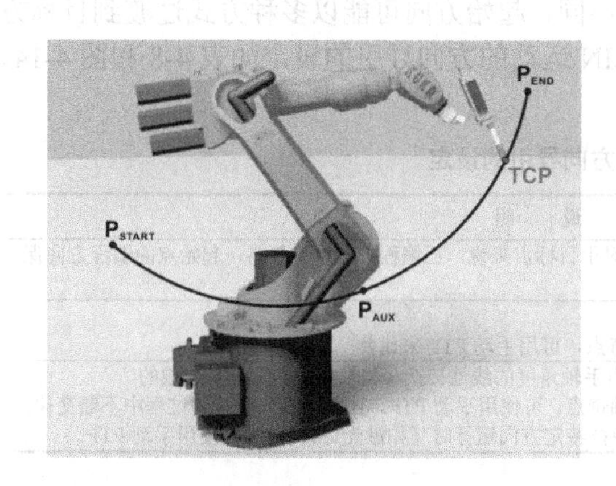

图 4-10 圆周（CIRC）运动

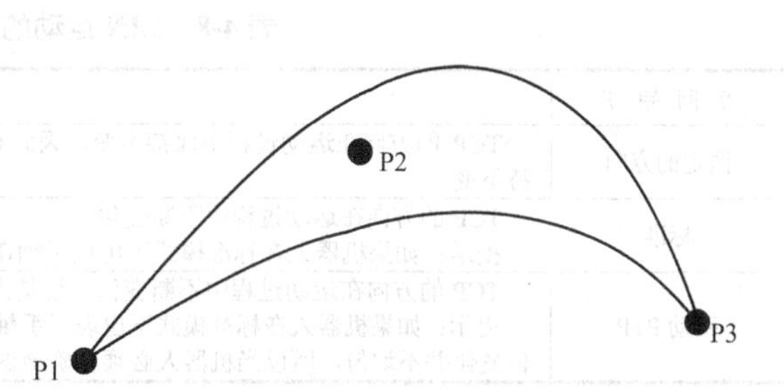

图 4-11 PTP 运动，P2 已滑过

（五）滑过

滑过是指没有准确驶至编程的点。 圆滑过渡是一个选项，可在运动编程时选择。

注意：当在运动指令之后跟着一个触发预见停止的指令时，无法进行圆滑过渡。

1．滑过在 PTP 运动中的应用

如图 4-11 所示，TCP 离开可以准确到达目标点的轨道（P1-P2-P3），采用另一条更快的轨道（P1-P3）。进行运动编程时，将确定至目标点的距离。TCP 最早允许在此距离处离开其原有轨道；当发生一个圆滑过渡的 PTP 运动时，轨道变化不可预见，而且滑过点（P2）在轨道的哪一侧经过，也无法预测。

2．滑过在 LIN 运动中的应用

如图 4-12 所示，TCP 将离开其上原有的精确移至目标点的轨道（P1-P2-P3），在一条更短的轨道上运行（如图 4-12 中弧形所示）。运动编程时，将确定至目标点的距离。TCP 最早允许在此距离处离开其原有轨道，滑过区域内的轨道路线不是圆弧形。

3．滑过在 CIRC 运动中的应用

如图 4-13 所示，TCP 将离开其上原有的精确移至目标点的轨道（P_{START}-P_{AUX}-P_{END}-P），在一条更短的轨道上运行。运动编程时，将确定至目标点的距离。TCP 最早允许在此距离处离开其原有轨道，辅助点总能准确到达，滑过区域内的轨道路线不是圆弧形。

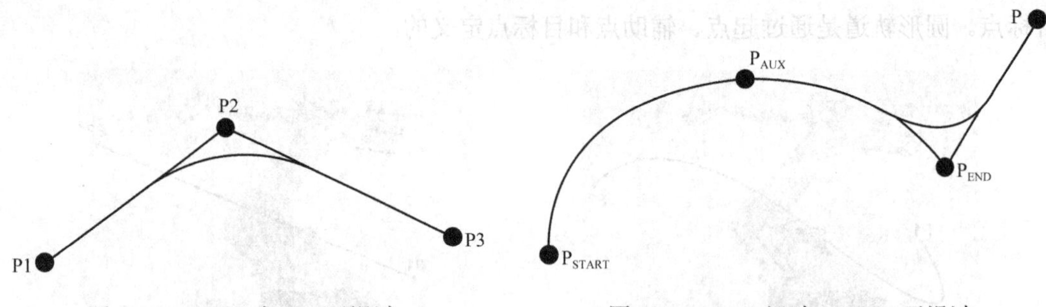

图 4-12　LIN 运动，P2 已滑过　　　　图 4-13　CIRC 运动，PEND 已滑过

（六）LIN 和 CIRC 运动的方向导引

TCP 在运动的起始点和目标点处的方向可能不同，起始方向可能以多种方式过渡到目标方向，因此在 TCP 运动编程时必须选择一种方式。LIN 运动的方向导引的设定如表 4-8 和图 4-14、图 4-15 所示。

表 4-8　LIN 运动的方向导引的设定

方 向 导 引	说　明
恒定的方向	TCP 的方向在运动过程中保持不变，因此对于目标点来说，已编程方向将被忽略，起始点的编程方向保持不变
标准	TCP 的方向在运动过程中不断变化 提示：如果机器人在标准模式下出现手轴奇点，可用手动 PTP 来代替
手动 PTP	TCP 的方向在运动过程中不断变化。这是由手轴角度的线性转换（与轴相关的运行）造成的 提示：如果机器人在标准模式下出现了手轴奇点，可使用手动 PTP。TCP 的方向在运动过程中不断变化，但变化并不均匀，所以当机器人必须精确地保持特定方向运行时（如激光焊接），不宜使用手动 PTP

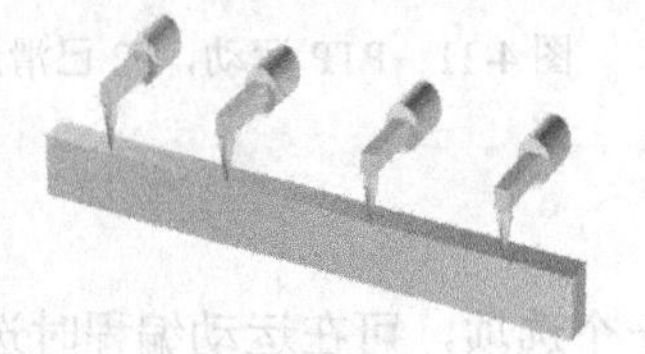

图 4-14　恒定的方向

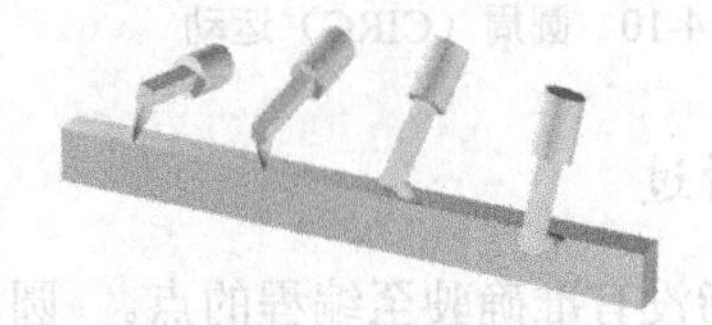

图 4-15　标准或手动 PTP

注意：如果机器人在标准模式下出现了手轴奇点，采用手动 PTP 又无法足够精确地保持所需方向，推荐重新进行起点和/或目标点的示教，同时校准方向，使得不出现奇点；并且采用标准模式沿轨道移动的措施。

对于 CIRC 运动来说，方向导引的选项与 LIN 运动相同。在 CIRC 运动中，机器人控制系统仅考虑目标点的编程方向，辅助点的编程方向被忽略。

（七）样条运动方式

样条是一种尤其适用于复杂曲线轨道的笛卡尔式运动方式。这种轨道原则上也可以通过偏向滑过的 LIN 运动和 CIRC 运动生成，但是样条更有优势。

如图 4-16 所示，顺滑的 LIN 运动和 CIRC 运动的缺点是：轨道通过不位于轨道上的顺滑点定义，顺滑区域很难预测，生成所需的轨道非常繁琐。在很多情况下，会造成减速量很难预计，例如在顺滑区域和很邻近的点；如果出于时间原因无法顺滑，轨道运行会改变。轨道的运行受调节量、速度或加速度的影响。

如图 4-17 所示，使用样条的优点是：轨道通过位于轨道上的点定义，可以简单生成所需轨道；可以保持编程的速度，只在少数情况下才出现减速的情况；轨道的运行保持不变，不受倍率、速度或加速度的影响；可以精确地沿圆周和狭窄的半径运行。

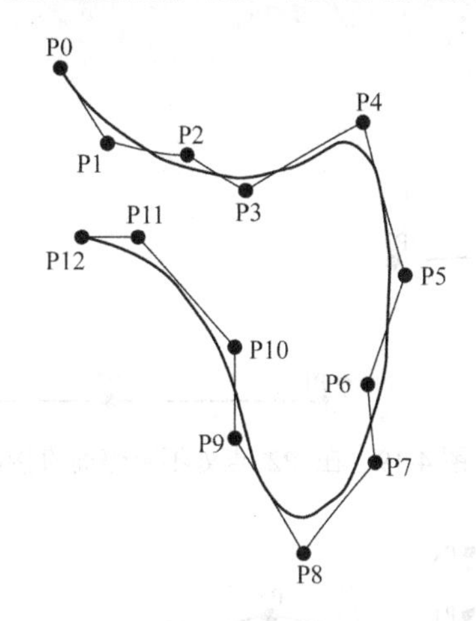

图 4-16　带 LIN 的曲线轨道

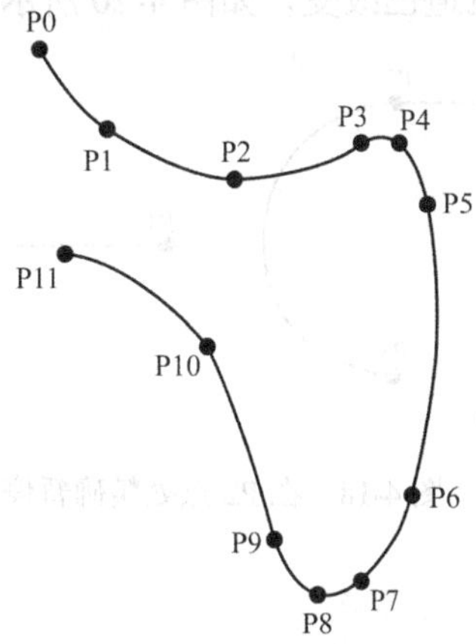

图 4-17　带样条组的曲线轨道

一个样条运行可以由多个单个运动，即样条段组成。可以对其单独示教。段被连成所谓的样条组，并构成整个运动。机器人控制系统把一个样条组作为一条运动语句进行设计和执行。此外，还可以进行单独的 SLIN 和 SCIRC 运动（无样条组）。对于所有样条运动，如果所有点都在一个平面上，则轨道也在此平面上；如果所有点都位于一条直线上，那么轨道也位于一条直线上。

1．样条运动的速度曲线

轨道的运行轨迹保持不变，不受倍率、速度或加速度的影响，只是动态效果可能会在不同的速度下有偏差。编程的加速度不只适用于沿轨道方向运行，而且适用于垂直于轨道方向运行。加速变量限值也是如此。例如有下列影响作用：对于圆周来说，需考虑离心加速度，可达到的速度同时受程序设定的加速度和圆周半径的影响；曲线的最大允许速度通过曲线半径、加速度和加速变量限值得出。

（1）减速：对于样条来说，速度在某些情况下低于编程的速度称为减速，尤其在突出的角、大转向、附加轴进行较大运动等情况下会减速。

注意：在点与点之间的间距很小时不减速。

（2）速度减至 0：如图 4-18 所示，速度减至 0 适用于笛卡尔坐标相同的相连的点、相连的 SLIN 段或 SCIRC 段（原因是速度方向的间断变化或当直线与圆相切时，SLIN 与 CIRC 的过渡段的速度也降为 0）的情况。

注意：如果 SLIN 段是相连的并构成一条直线，且方向均匀变化，则速度也不会降低（如图 4-19 所示）；如果两个圆的圆心和半径一样，或者方向均匀变化，SCIRC 和 SCIRC 过渡段的速度不降低（很难示教，所以需要对点进行计算和编程）；有时在对圆心和半径相同的圆进行编程时，为了保证圆形轨迹≥360°，一个更简单的方法是对圆弧编程。

2．样条运动的语句选择

（1）样条组：机器人控制系统把一个样条组作为一条运动语句进行设计和执行，也可以对一个样条段进行语句选择。SAK 运行将作为 LIN 运动被执行，并通过一则必须确认的信息来提示。如果样条组中的第二个段是 SPL 段，则在针对样条组中的第一个段选择语句、针对样条组选择语句或针对样条组前面的一行选择语句，如果该行不含有运动指令，且样条组前面没有运动指令时，运行轨道将发生变化。如果在SAK运行后按下“启动”键，将显示一则必须确认的信息，提示轨道已改变，如图4-20所示。

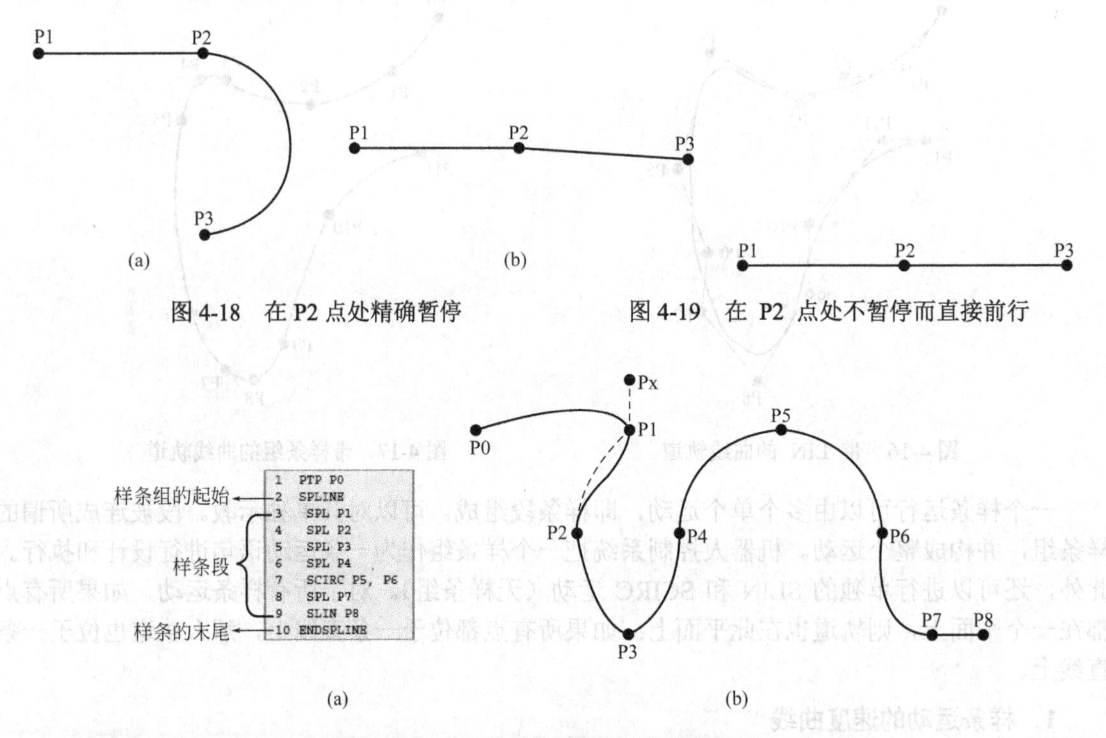

图4-18 在P2点精确暂停

图4-19 在P2点处不暂停而直接前行

图4-20 在P1点选择语句时轨道的改变

（2）SCIRC：如表4-9所示，在对一个编程了圆弧的SCIRC指令选择语句时，机器人将移动到目标点（包括圆弧），前提条件是机器人控制系统可以识别起始点；否则，移至编程的目标点，并显示一则信息，提示未考虑圆弧。

表4-9 SCIRC指令

SCIRC指令的位置/类型	语句选择的目标点
SCIRC 段是样条组中的第一个段	圆弧未被考虑
样条组中的其他 SCIRC 段	圆弧被考虑在内
SCIRC 单一动作	圆弧未被考虑

3. 更改样条组

（1）更改点的位置：如果移动了一个样条组中的一个点，轨道最多会在此点前的两个段中和在此点后的两个段中发生变化。小幅度的点平移通常不会引起轨道变化；而对于相连的很长的和很短的段而言，很小的改动也会有很大的影响，因为此时切线和曲率会发生很大的变化。

（2）段类型的更改：如果将一个SPL段变成一个SLIN段或反过来，前一个段和后一个段的轨道将改变。

【例4-1】原程序及轨道如图4-21所示。移动P3，则P2-P3段类型由SPL变为SLIN，且P1-P2段、P2-P3段和P3-P4段的轨道会改变；而P4-P5是由SCIRC确定的圆周轨道，所以不会改变，如图 4-22 所示。

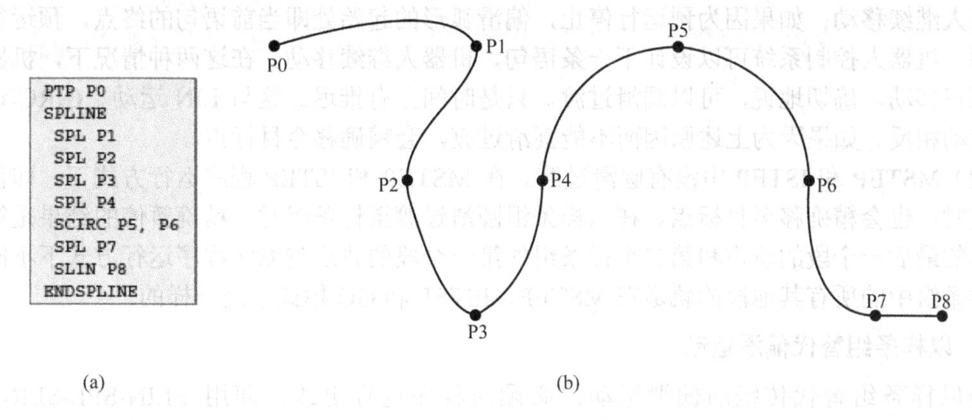

图 4-21　原程序及轨道

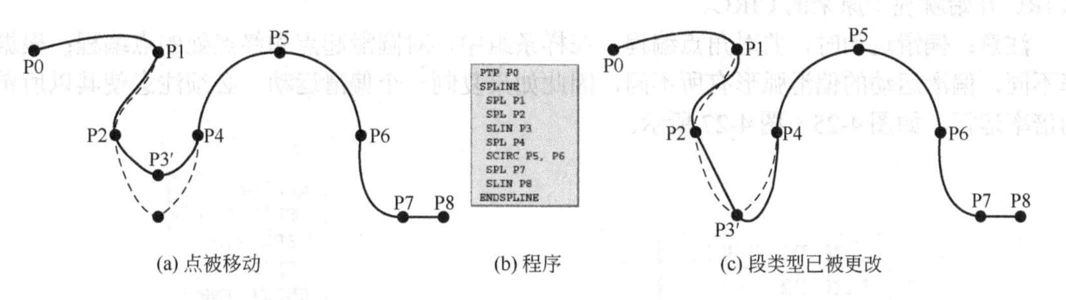

图 4-22　点被移动的程序及轨道

【例 4-2】 原程序及轨道如图 4-23 所示，P3 被移动，因此图示的所有段的轨道会发生变化，但因为 P2-P3 段和 P3-P4 段很短，P1-P2 段和 P4-P5 段很长，所以很小的移动也会引起轨道发生很大的变化，如图 4-24 所示。补救措施是：均匀分配点的间距；将直线（除了很短的直线）作为 SLIN 段编程。

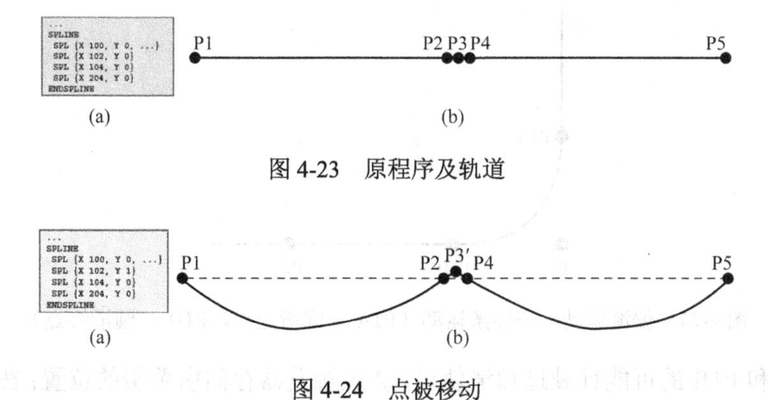

图 4-23　原程序及轨道

图 4-24　点被移动

4. 样条运动的圆滑过渡

样条运动（SLIN 单一动作和 SCIRC 单一动作以及样条组）之间可以圆滑过渡，但是样条运动和 LIN、CIRC 或 PTP 之间不可以圆滑过渡。

（1）因为时间或预运行停止而无法圆滑过渡。如果因为时间原因，或因预运行停止，而无法圆滑过渡，机器人在偏滑弧形的起始处等待。如果是时间的原因，只要可以设计下一条语句，则机器人继续移动；如果因为预运行停止，偏滑弧形的起始处即当前语句的终点，预运行停止被取消，机器人控制系统可以设计下一条语句，机器人继续移动。在这两种情况下，机器人沿偏滑弧形移动，确切地说，可以圆滑过渡，只是时间上有推迟。这与 LIN 运动、CIRC 运动或 PTP 运动相反。如果因为上述原因而不能圆滑过渡，会精确移至目标点。

（2）MSTEP 和 ISTEP 中没有圆滑过渡。在 MSTEP 和 ISTEP 程序运行方式下，即使在圆滑过渡时，也会精确移至目标点。在从样条组圆滑过渡至样条组时，精确暂停的结果是第一个样条组的最后一个段的轨道和第二个样条组的第一个段的轨道与 GO 程序运行方式下不同。这两个样条组中的所有其他段的轨道在 MSTEP、ISTEP 和 GO 模式下是一样的。

5. 以样条组替代偏滑运动

为以样条组替代传统的偏滑运动，必须对程序进行更改，即用 SLIN-SPL-SLIN 替代 LIN-LIN，或用 SLIN-SPL-SCIRC 替代 LIN-CIRC。建议使 SPL 有一段进入原来的圆周内，以便 SCIRC 开始就晚于原来的 CIRC。

注意：偏滑运动时，要对角点编程。在样条组中，对圆滑起点和终点处的点编程；根据倍率不同，偏滑运动的偏滑弧形有所不同，因此如果复制一个偏滑运动，必须注意使其以所希望的倍率运行，如图 4-25～图 4-27 所示。

```
LIN P1 C_DIS
LIN P2
```

图 4-25 应复制的偏滑运动

```
SPLINE
 SLIN P1A
 SPL P1B
 SLIN P2
ENDSPLINE
```

图 4-26 样条运动

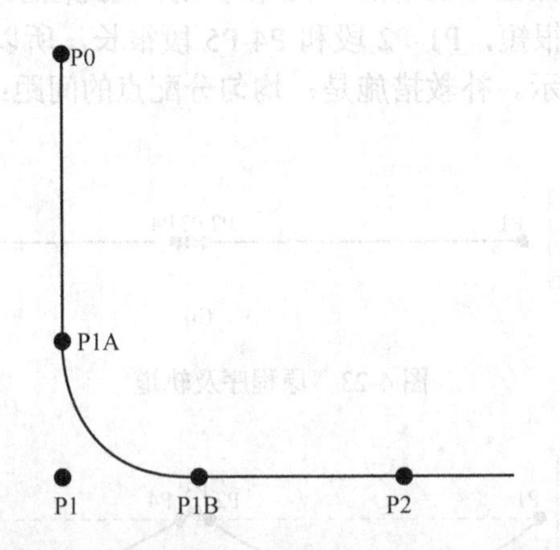

图 4-27 偏滑运动——样条运动（P1A＝ 圆滑起点，P1B＝ 圆滑终点）

得出 P1A 和 P1B 的可能行驶过顺滑轨道，通过触发器存储所希望的位置；在程序中用 KRL 计算该点；可从圆滑过渡标准中得出圆滑起点。例如，给出圆滑过渡标准 C_DIS，则从圆滑起点至角点的距离相应于$APO.CDIS 的数值，圆滑终点取决于程序编定的速度。即便 P1A 和 P1B 正好在圆滑起点和终点处，SPL 轨道也不会精确地与偏滑弧形吻合。另外，为能得到精确的偏滑弧形，必须在样条上插入附加点。一般来说，插入一个点就足够了。

【例 4-3】 应复制的偏滑运动，如图 4-28 所示。

样条运动如图 4-29 所示。已从圆滑过渡标准中得出偏滑弧形的起点，如图 4-30 所示。

```
$APO.CDIS=20
$VEL.CP=0.5
LIN {Z 10} C_DIS
LIN {Y 60}
```

图 4-28 应复制的偏滑运动

```
SPLINE WITH $VEL.CP=0.5
 SLIN {Z 30}
 SPL {Y 30, Z 10}
 SLIN {Y 60}
ENDSPLINE
```

图 4-29 样条运动

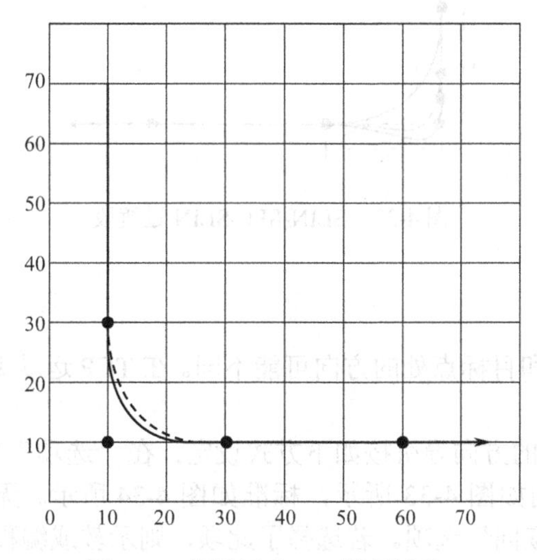

图 4-30 偏滑运动——样条运动 1

SPL 轨道与偏滑弧形还未完全吻合，如图 4-30 所示，因此在样条中再插入一个 SPL 段，如图 4-31 所示，则通过该附加点，使轨道与偏滑弧形吻合。

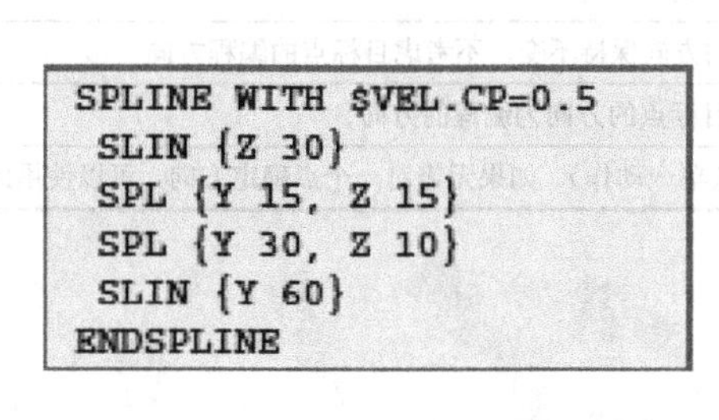

```
SPLINE WITH $VEL.CP=0.5
 SLIN {Z 30}
 SPL {Y 15, Z 15}
 SPL {Y 30, Z 10}
 SLIN {Y 60}
ENDSPLINE
```

(a)

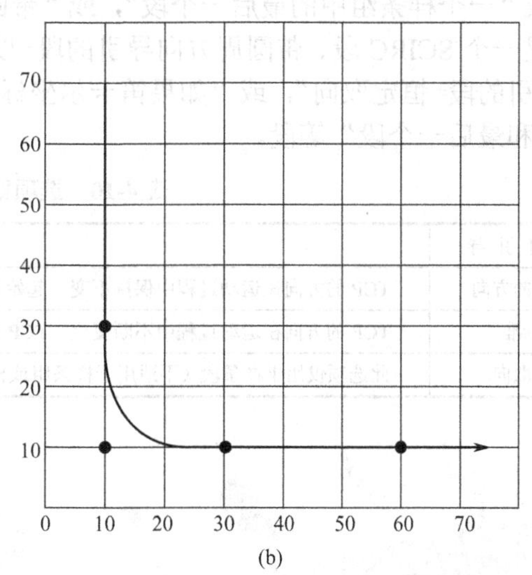

(b)

图 4-31 偏滑运动——样条运动 2

SLIN-SPL-SLIN 过渡段如图 4-32 所示，对于段序列 SLIN-SPL-SLIN，通常要求 SPL 段在两条直线的较小交角之内运行。根据 SPL 段的起点与目标点，该轨道也可能在此范围之外运行。当满足两个 SLIN 段在其延长线上相交，且 2/3≤a/b≤3/2，a=从 SPL 段的起点至 SLIN 段的交点的距离，或 a=从 SLIN 段的交点至 SPL 段的目标点的距离时，轨道在该范围内运行。

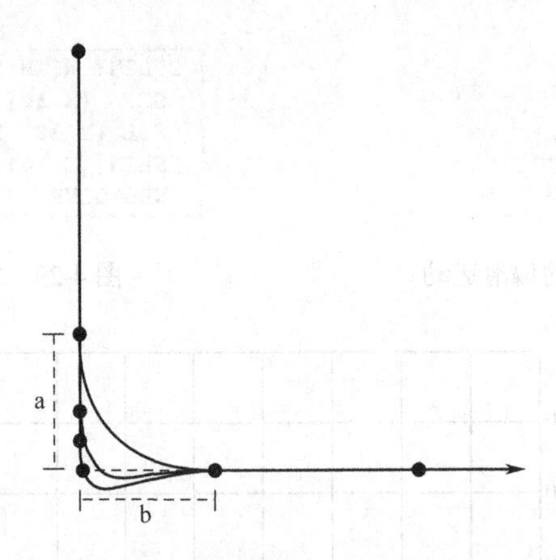

图 4-32　SLIN-SPL-SLIN 过渡段

（八）样条导向

TCP 在运动的起始点和目标点处的方向可能不同。在 TCP 运动编程时，必须选择应如何应对不同的方向。

SLIN 和 SCIRC 运动的方向导引按如下方式设定：在“选项”窗口“运动参数”中，如表 4-10 所示，恒定的方向如图 4-33 所示，标准如图 4-34 所示。无取向是指如果无需对一个点确定方向，则使用“无取向”选项。若选择了此项，则示教或编程过的点的取向不起作用，机器人控制系统根据周围点的方向确定此点的最佳方向。无取向的特征是在 MSTEP 和 ISTEP 程序运行方式下，机器人停止时的取向为机器人控制系统计算的取向；在选择无取向的点的语句时，机器人采用机器人控制系统计算出的取向。无取向不允许用于“一个样条组中的第一个段”，或“一个样条组中的最后一个段”，或“带圆周方向导引的 SCIRC 段=以轨道为参照”，或“其后是一个 SCIRC 段、带圆周方向导引的段=以轨道为参照”，或“其后是一个 SCIRC 段、带方向导引的段=恒定取向”，或“如果笛卡尔坐标相同的多个段是相连的，则无取向不允许用于第一个和最后一个段”等段。

表 4-10　选项窗口运动参数

方向引导	说　明
恒定的方向	TCP 的方向在运动过程中保持不变。起始点的方向保持不变，不考虑目标点的编程方向
标准	TCP 的方向在运动过程中不断变化，TCP 在目标点的方向为编程的方向
无取向	此选项仅用于样条段（不适用于样条组或样条单一动作）。如果无需对一个点确定方向，可以使用此选项

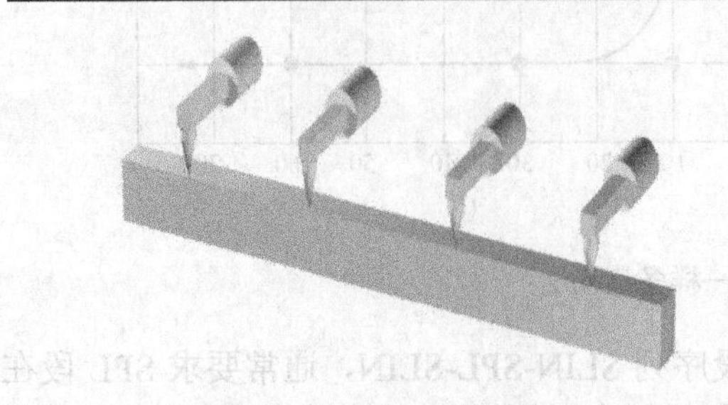

图 4-33　恒定的方向引导

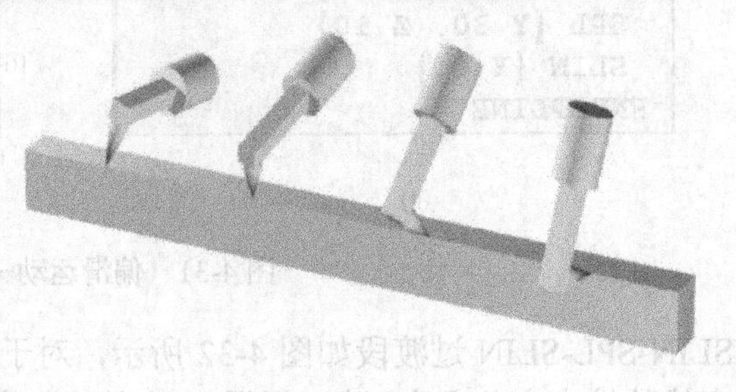

图 4-34　标准

对于 SCIRC 运动来说，方向导引的选项与 SLIN 运动相同；还可以为 SCIRC 运动确定导向应以空间为参照，还是以轨道为参照，如表 4-11 所示。“以轨道为参照”选项不允许用于“导向无取向适用的 SCIRC 段”，或“导向无取向适用的一个样条段之后的 SCIRC 运动”的运动。辅助点的方向为：在进行以导向为标准的 SCIRC 运动时，机器人控制系统会考虑到辅助点的编程取向，但仅限于特定情况：在包含了辅助点编程取向的移动路径中，起始点取向将过渡到目标点取向，即在移动过程中，辅助点的取向会被采用，但并不一定在辅助点处被采用。

表 4-11 SCIRC

方向导引	说明
以基准为参考	圆周运动过程中，以基准为参照的导向
以轨道为参考	圆周运动过程中，以轨道为参照的导向

“导向”和“圆周方向导引”相结合，如图 4-35～图 4-38 所示。

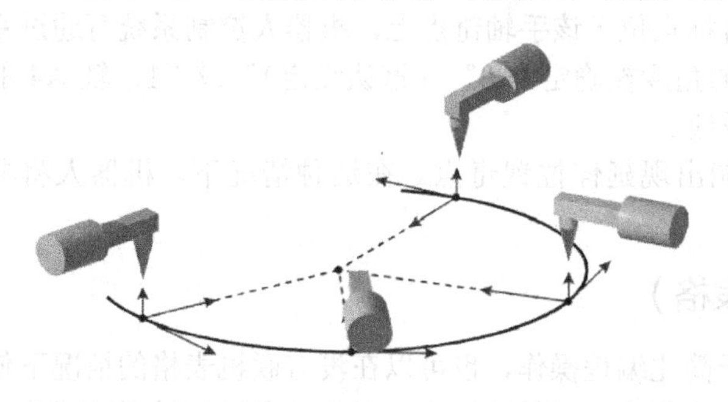

图 4-35 恒定的方向导引+以轨道为参照

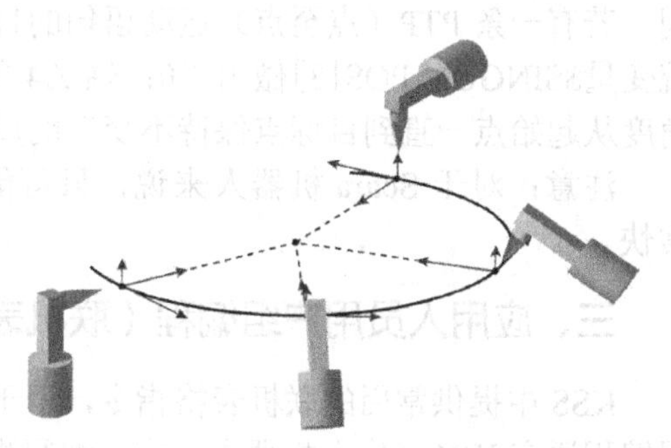

图 4-36 标准+以轨道为参照

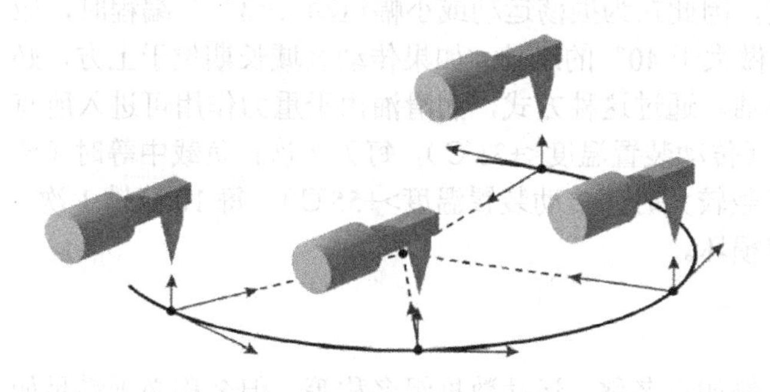

图 4-37 恒定的方向导引+以基准为参照

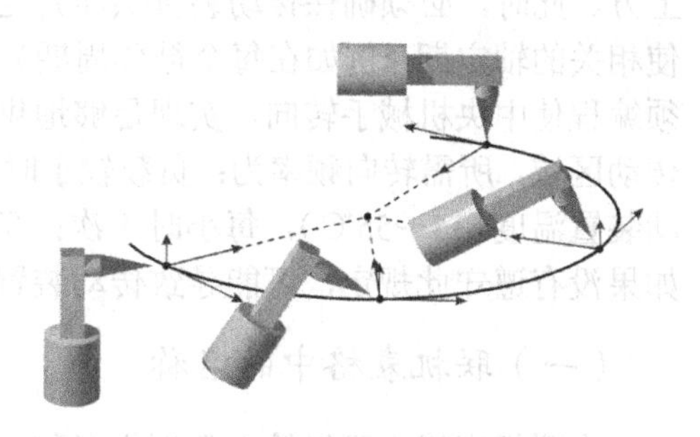

图 4-38 标准+以基准为参照

（九）奇点

即便在给定状态和步骤顺序的情况下，也无法通过逆向变换（将笛卡尔坐标转换成极坐标值）得出唯一数值时，可认为是一个奇点位置。在这种情况下，或者当最小的笛卡尔变化也能导致非常大的轴角度变化时，即为奇点位置。有着 6 级自由度的库卡机器人具有 3 种不同的奇点位置，即顶置奇点、延伸位置奇点和手轴奇点。

1. 顶置奇点

对于顶置奇点来说，腕点（即轴 A5 的中点）垂直于机器人的轴 A1。轴 A1 的位置不能通过逆向变换确定，且因此可以赋任意值。若有一条 PTP 运动语句的目标点位于该顶置奇点中，机器人控制系统可通过系统变量 $SINGUL_POS[1] 做出“0：轴 A1 的角度被确定为 0°（默认设定）”或“1：轴 A1 的角度从起始点一直到目标点保持不变”的反应。

2. 延伸位置奇点

对于延伸位置奇点来说，腕点（即轴 A5 的中点）垂直于机器人的轴 A2 和 A3，机器人处于其工作范围的边缘。通过逆向变换，将得出唯一的轴角度。但较小的笛卡尔速度变化将导致轴 A2 和 A3 的轴速较大。若有一条 PTP（点至点）运动语句的目标点位于该延伸位置奇点上，机器人控制系统可通过系统变量$SINGUL_POS[2]做出“0：轴 A2 的角度被确定为 00（默认设定）”或“1：轴 A2 的角度从起始点一直到目标点保持不变”的反应。

3. 手轴奇点

对于手轴奇点来说，轴 A4 和 A6 彼此平行，并且轴 A5 处于±0.01812° 的范围内。通过逆向变换无法确定两轴的位置，轴 A4 和 A6 的位置可以有任意多种可能，但其轴角度总和均相同。若有一条 PTP（点至点）运动语句的目标点位于该手轴奇点上，机器人控制系统可通过系统变量$SINGUL_POS[3]做出“0：轴 A4 的角度被确定为 0° （默认设定）”或“1：轴 A4 的角度从起始点一直到目标点保持不变”的反应。

注意：对于 Scara 机器人来说，只可能出现延伸位置奇点。在这种情况下，机器人将非常快。

三、应用人员用户组编程（联机表格）

KSS 中提供常用的联机表格指令，用于简化编程操作，也可以在没有联机表格的情况下使用编程语言 KRL（库卡机器人语言）编写程序指令。但是要注意，对于涉及以下轴运动或位置的程序，轴的传动装置上可能发生油膜中断的情况：运动<3°；振荡运动；传动区域长期位于上方。此时，必须确保传动装置供油充足，因此在为振荡运动或小幅运动（<3° ）编程时，应使相关的轴定期（例如在每个循环周期）做大于 40° 的运动。如果传动区域长期位于上方，必须编程使中央机械手转向，实现足够地供油。通过这种方式，润滑油由于重力作用可进入所有传动区域，所需转向频率为：负载较小时（传动装置温度<+35℃），每天 1 次；负载中等时（传动装置温度+35～55℃），每小时 1 次；负载较大时（传动装置温度>+55℃），每 10 分钟 1 次。如果没有遵守此规定，可能导致传动装置损坏。

（一）联机表格中的名称

在联机表格中可以输入数据组名称，例如点名称、运动数据组名称等，但名称必须满足如下限制：最长 23 个字符，不允许使用除$.以外的特殊字符，第一位不能是数字。此限制不适用于输出端名称。对于工艺数据包中的联机表格，可能有另外的限制。

（二）对 PTP、LIN、CIRC 运动编程

1. 对 PTP 运动编程

对 PTP 运动编程的前提是程序已选定；运行方式 T1。操作步骤如下所述。

（1）将 TCP 移向应被设为目标点的位置。

（2）将光标置于其后应添加运动指令的那一行。

（3）选择“序列指令”菜单下的“运动”→“PTP”。

（4）在联机表格中设置参数。

（5）单击 OK 按钮存储指令。

注意：运动编程时，应确保在所编程序运行时，供电系统不会出现绕线，或受到损坏。

2．联机表格 PTP

联机表格 PTP 如图 4-39 所示。

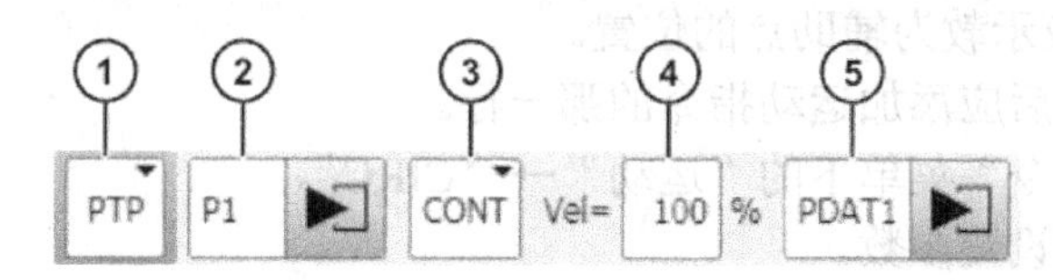

图 4-39 PTP 运动的联机表格

对图 4-39 说明如下。

① 运动方式 PTP。

② 目标点名称，一般系统自动赋一个名称，但是名称可以被覆写。需要编辑点数据时，请触摸箭头，打开相关选项窗口。

③ CONT 表示目标点被滑过；[空白]表示将精确地移至目标点。

④ 速度，一般为 1%～100%。

⑤ 运动数据组的名称，一般系统自动赋一个名称，但是名称可以被覆写。需要编辑点数据时，请触摸箭头，打开相关选项窗口。

3．对 LIN 运动编程

对 LIN 运动编程的前提是程序已选定；运行方式 T1。操作步骤如下所述。

（1）将 TCP 移向应被设为目标点的位置。

（2）将光标置于其后应添加运动指令的那一行。

（3）选择“序列指令”菜单下的“运动”→“LIN”。

（4）在联机表格中设置参数。

（5）单击 OK 按钮存储指令。

注意：运动编程时，应确保在所编程序运行时，供电系统不会出现绕线，或受到损坏。

4．联机表格 LIN

联机表格 LIN 如图 4-40 所示。

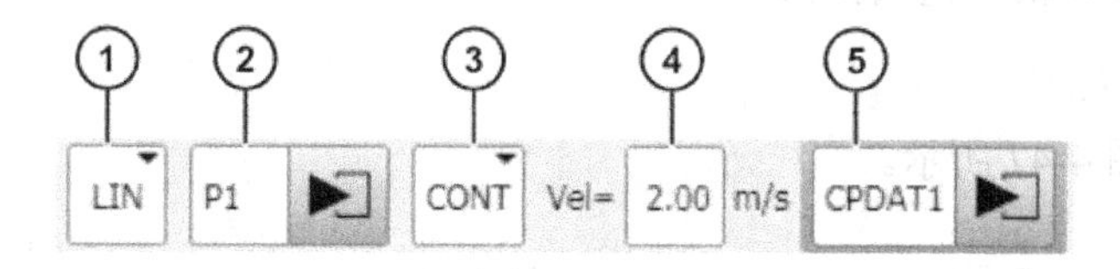

图 4-40 LIN 运动的联机表格

对图 4-40 说明如下。

① 运动方式 LIN。

② 目标点名称，一般系统自动赋一个名称，但名称可以被覆写。需要编辑点数据时，请触摸箭头，打开相关选项窗口。

③ CONT 表示目标点被滑过；[空白]表示将精确地移至目标点。

④ 速度，一般为 0.001～2m/s。

⑤ 运动数据组的名称，一般系统自动赋一个名称，但名称可以被覆写。需要编辑点数据时，请触摸箭头，打开相关选项窗口。

5. 对 CIRC 运动编程

对 CIRC 运动编程的前提是程序已选定；运行方式 T1。操作步骤如下所述。

（1）将 TCP 驶向应示教为辅助点的位置。

（2）将光标置于其后应添加运动指令的那一行。

（3）选择“序列指令”菜单下的“运动”→“CIRC”。

（4）在联机表格中设置参数。

（5）单击软键 Touchup HP。

（6）将 TCP 移向应被设为目标点的位置。

（7）单击 OK 按钮存储指令。

注意：运动编程时，应确保在所编程序运行时，供电系统不会出现绕线，或受到损坏。

6. 联机表格 CIRC

联机表格 CIRC 如图 4-41 所示。

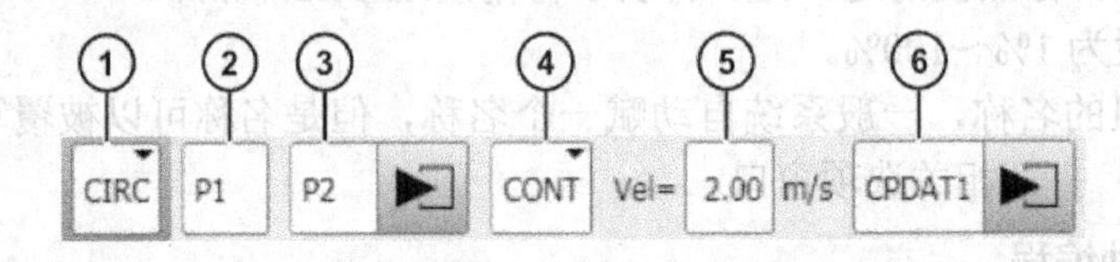

图 4-41 CIRC 运动联机表格

对图 4-41 说明如下。

① 运行方式 CIRC。

② 辅助点的名称，一般系统自动赋一个名称，但名称可以被覆写。

③ 目标点名称，一般系统自动赋一个名称，但名称可以被覆写。需要编辑点数据时，请触摸箭头，打开相关选项窗口。

④ CONT 表示目标点被滑过；[空白]表示将精确地移至目标点。

⑤ 速度，一般为 0.001～2m/s。

⑥ 运动数据组的名称，一般系统自动赋一个名称，但名称可以被覆写。需要编辑点数据时，请触摸箭头，打开相关选项窗口。

7. 帧选项窗口

帧选项窗口如图 4-42 所示。

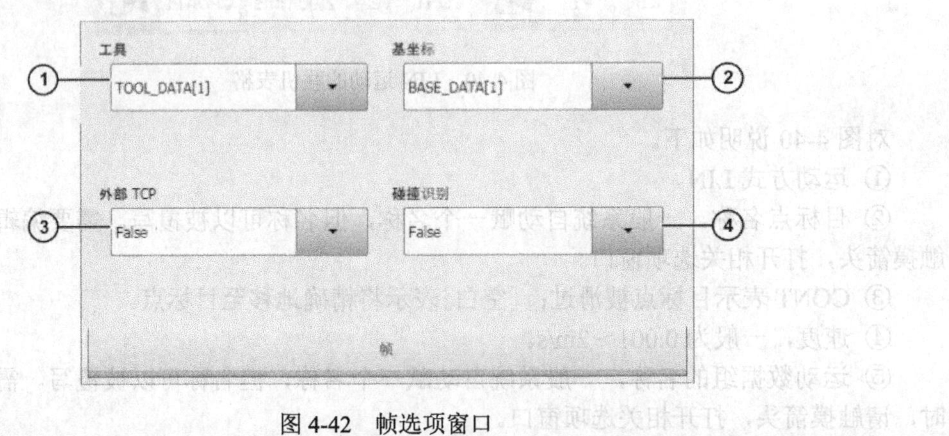

图 4-42 帧选项窗口

对图 4-42 说明如下。

① 选择工具，如果外部 TCP 栏中显示 True：选择工具，值域为[1]～[16]。

② 选择基准，如果外部 TCP 栏中显示 True：选择固定工具，值域为[1]～[32]。

③ 插补模式，False：该工具已安装在连接法兰处；True：该工具为一个固定工具。

④ True：机器人控制系统为此运动计算轴的扭矩，此值用于作业识别；False：机器人控制系统为此运动不计算轴的扭矩，对此运动无法进行作业识别。

8．运动参数选项窗口（PTP）

运动参数选项窗口（PTP）如图 4-43 所示。

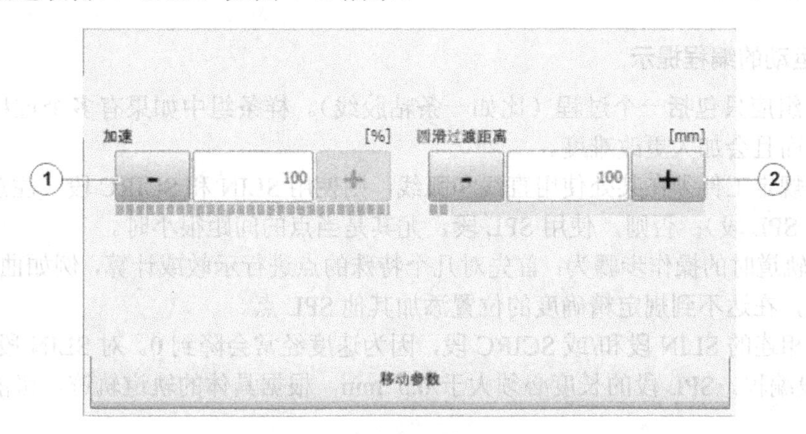

图 4-43　运行参数选项窗口（PTP）

对图 4-43 说明如下。

① 加速度，以机床数据中给定的最大值为参照基准。该值与机器人类型和所设定的运行方式有关，一般为 1%～100%。

② 只有在联机表格中选择了 CONT 之后，此栏才显示离目标点的距离，即最早开始滑过的距离。最大距离 100%：起点和目标点间距的一半，针对无圆滑过渡的 PTP 运动轮廓。一般为 1%～100%。

9．选项窗口运动参数（LIN, CIRC）

选项窗口运动参数（LIN, CIRC）如图 4-44 所示。

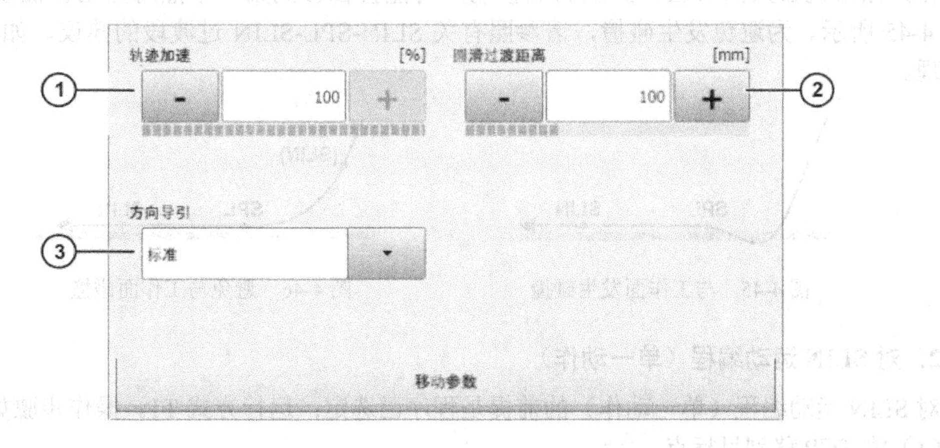

图 4-44　选项窗口运动参数（LIN, CIRC）

对图 4-44 说明如下。

① 加速度，以机床数据中给定的最大值为参照基准。此值与机器人类型和所设定的运行方式有关。

② 至目标点的距离，最早在此处开始圆滑过渡。此距离最大可为起始点至目标点距离的一半。如果在此处输入了一个更大数值，此值将被忽略，而采用最大值。只有在联机表格中选择了 CONT 之后，此栏才显示。

③ 选择方向导引为“标准”，或“手动 PTP”，或“恒定的方向导引”。

（三）样条运动

1．样条运动的编程提示

（1）样条组应只包括一个过程（比如一条粘胶线）。样条组中如果有多个过程，会使程序不清晰明了，而且会加大更改难度。

（2）如果规定工件须在某处使用直线和弧线，则使用 SLIN 和 SCIRC 段（注意：对于很短的直线，使用 SPL 段）；否则，使用 SPL 段，尤其是当点的间距很小时。

（3）确定轨道时的操作步骤为：首先对几个特殊的点进行示教或计算，例如曲线上的折点；然后测试轨道，在达不到规定精确度的位置添加其他 SPL 点。

（4）避免相连的 SLIN 段和/或 SCIRC 段，因为速度经常会降到 0。对 SLIN 段和 SCIRC 段之间的 SPL 段编程。SPL 段的长度必须大于 0.5 mm。根据具体的轨道轨迹，可能需要更长的 SPL 段。

（5）避免笛卡尔坐标相同的相连的点，因为速度会因此降到 0。

（6）分配给样条组的参数（工具、基点、速度等）的作用与其被分配给样条组前的作用是一样的。分配给样条组的优点是在选择语句时，可以读取正确的参数。

（7）如果无需确定一个点的取向，选择“没有方向”选项，机器人控制系统会根据周围点的方向确定此点的最佳方向。由此可以将两个点间较大的方向变化通过中间的点以最佳方式平衡。

（8）可以为加速变量的限值编程。加速变量是指加速度的变化量。操作步骤是：首先使用默认值。然后，如果在小的边角处出现振动，则减小数值；如果出现减速或达不到所需速度，则加大数值或加速度。

（9）如果机器人沿着工作面上的点移动，可能会在移到第一个点时与工作面发生碰撞，如图 4-45 所示。为避免发生碰撞，请参照有关 SLIN-SPL-SLIN 过渡段的建议，如图 4-46 所示处理。

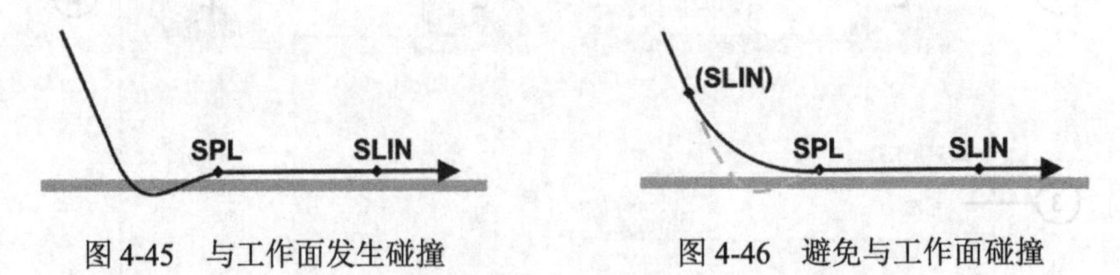

图 4-45　与工作面发生碰撞　　图 4-46　避免与工作面碰撞

2．对 SLIN 运动编程（单一动作）

对 SLIN 运动编程（单一动作）的前提是程序已选定；运行方式 T1。操作步骤如下所述。

（1）将 TCP 移到目标点。

（2）将光标置于其后应添加运动指令的语句行处，但是不要在一个样条组中。在此，另外一个联机表格将自动打开。

（3）选择“序列指令”菜单下的“运动”→“LIN”。

（4）在联机表格中设置参数。

（5）单击 OK 按钮。

注意：运动编程时，应确保在所编程序运行时，供电系统不会出现绕线，或受到损坏。SLIN 的联机表格如图 4-47 所示，运动参数选项窗口（SLIN）如图 4-48 所示。

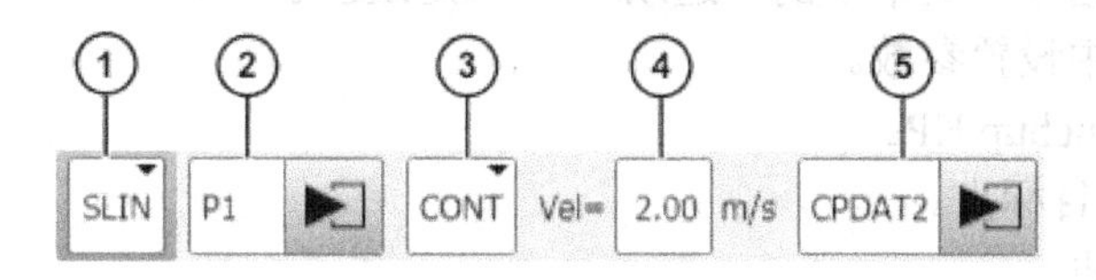

图 4-47　SLIN 联机表格（单一动作）

对图 4-47 说明如下。

① 运动方式 SLIN。

② 目标点的名称，一般系统自动赋一个名称，但名称可以被覆写。需要编辑点数据时，请触摸箭头，打开相关选项窗口。

③ CONT 表示目标点被滑过；[空白]表示将精确地移至目标点。

④ 速度一般为 0.001～2m/s。

⑤ 运动数据组的名称，一般系统自动赋一个名称，但名称可以被覆写。需要编辑点数据时，请触摸箭头，打开相关选项窗口。

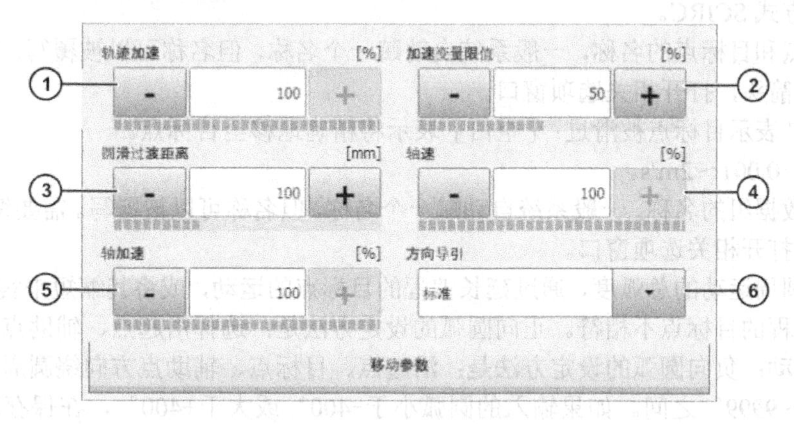

图 4-48　选项窗口运动参数（SLIN）

对图 4-48 说明如下。

① 轨迹加速，数值以机床数据中给出的最大值为基准，一般为 1%～100%。

② 限制加速变量。加速变量是指加速度的变化量，数值以机床数据中给出的最大值为基准，一般为 1%～100%。

③ 只有在联机表格中选择了 CONT 之后，此栏才显示。目标点之前的距离，最早在此处开始圆滑过渡。此距离最大可为起始点至目标点距离的一半，如果在此处输入了一个更大的数值，此值将被忽略，而采用最大值。

④ 轴速，数值以机床数据中给出的最大值为基准，一般为 1%～100%。

⑤ 轴加速，数值以机床数据中给出的最大值为基准，一般为 1%～100%。

⑥ 选择导向。

3. 对 SCIRC 运动编程（单一动作）

对 SCIRC 运动编程（单一动作）的前提是程序已选定；运行方式 T1。操作步骤如下所述。

（1）将 TCP 移到辅助点。

（2）将光标置于其后应添加运动指令的语句行处，但是不在一个样条组中。在此，另外一个联机表格将自动打开。

（3）选择“序列指令”菜单下的“运动”→“SCIRC”。

（4）在联机表格中设置参数。

（5）单击软键 Touchup HP。

（6）将 TCP 移到目标点。

（7）单击 OK 按钮。

注意：运动编程时，应确保在所编程序运行时，供电系统不会出现绕线，或受到损坏。SCIRC 联机表格如图 4-49 所示，运动参数选项窗口（SCIRC）如图 4-50 所示。

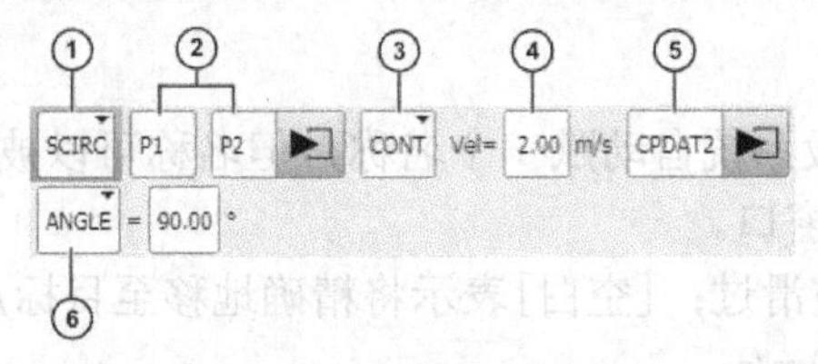

图 4-49　SCIRC 联机表格（单一动作）

对图 4-49 说明如下。

① 运动方式 SCIRC。

② 辅助点和目标点的名称，一般系统自动赋一个名称，但名称可以被覆写。需要编辑点数据时，请触摸箭头，打开相关选项窗口。

③ CONT 表示目标点被滑过；［空白］表示将精确地移至目标点。

④ 速度，0.001～2m/s。

⑤ 运动数据组的名称，一般系统自动赋一个名称，但名称可以被覆写。需要编辑点数据时，请触摸箭头，打开相关选项窗口。

⑥ 给出圆周运动的总弧度，通过延长编程的目标点的运动，或将其缩短来实现，因此实际的目标点与编程的目标点不相符。正向圆弧的设定方法是：选择沿起点、辅助点、目标点方向绕圆周轨道移动；负向圆弧的设定方法是：沿起点、目标点、辅助点方向绕圆周轨道移动。角度在-9999°～9999°之间。如果输入的圆弧小于-400°或大于+400°，在保存联机表格时，会自动询问是否要确认或取消输入。

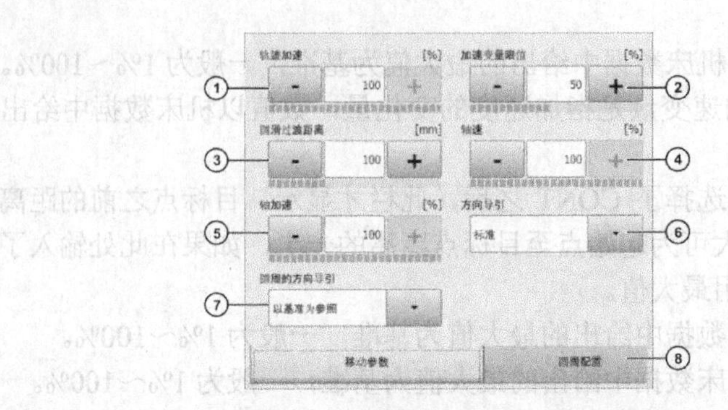

图 4-50　选项窗口运动参数（SCIRC）

对图 4-50 说明如下。

① 轨迹加速，数值以机床数据中给出的最大值为基准，一般为 1%～100%。

② 限制加速变量。加速变量是指加速度的变化量，数值以机床数据中给出的最大值为基准，一般为 1%～100%。

③ 目标点之前的距离，最早在此处开始圆滑过渡。此距离最大可为起始点至目标点距离的一半。如果在此处输入了一个更大数值，此值将被忽略，而采用最大值。只有在联机表格中选择了 CONT 之后，此栏才显示。

④ 轴速，数值以机床数据中给出的最大值为基准，一般为 1%～100%。

⑤ 轴加速，数值以机床数据中给出的最大值为基准，一般为 1%～100%。

⑥ 选择方向导引。

⑦ 选择方向导引的参照系。

⑧ 此选项卡中将显示圆周运动参数。这些变量不可以更改。

4. 对样条组编程

用一个样条组可以将多个 SPL、SLIN 和/或 SCIRC 段组合成一个整体运动。如果一个样条组不包含任何段，就不算是运动指令。一个样条组允许包括样条段（数量受存储器容量限制）、PATH 触发器、注释和空行、含样条功能的技术包中的联机指令等，不允许含有其他指令，如变量赋值或逻辑指令，并且不会触发预运行停止。

对样条组编程的前提是程序已选定；运行方式 T1。操作步骤如下所述。

（1）将光标放到其后应插入样条组的一行上。

（2）选择“序列指令”菜单下的“运动”→“样条组”。

（3）在联机表格中设置参数。

（4）单击 OK 按钮。

（5）单击“打开/关闭”按钮，即可在样条组中添加样条段和其他行。

注意：样条组联机表格如图 4-51 所示，框架选项窗口（样条组）如图 4-52 所示，运动参数选项窗口（样条组）如图 4-53 所示。

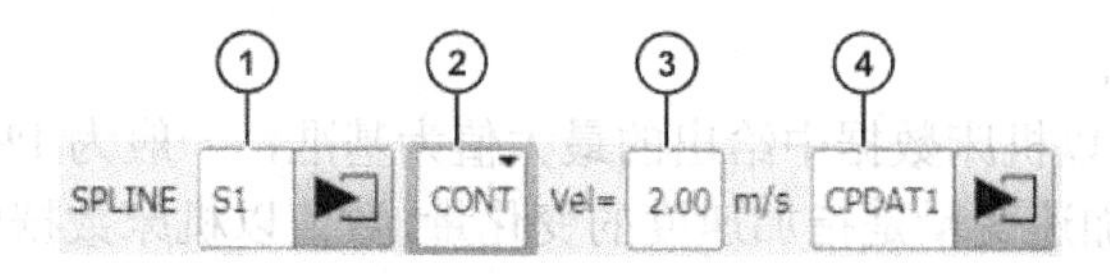

图 4-51　样条组联机表格

对图 4-51 说明如下。

① 样条组的名称，一般系统自动赋一个名称，但名称可以被覆写。需要编辑运动数据时，请触摸箭头，打开相关选项窗口。

② CONT 表示目标点被滑过；[空白] 表示将精确地移至目标点。

③ 此速度被默认适用于整个样条组。此外，可以将其单独对单个段定义，一般为 0.001～2m/s。

④ 运动数据组的名称，一般系统自动赋一个名称，但名称可以被覆写。需要编辑运动数据时，请触摸箭头，打开相关选项窗口。此运动数据被默认适用于整个样条组。此外，可以将其单独对单个段定义。

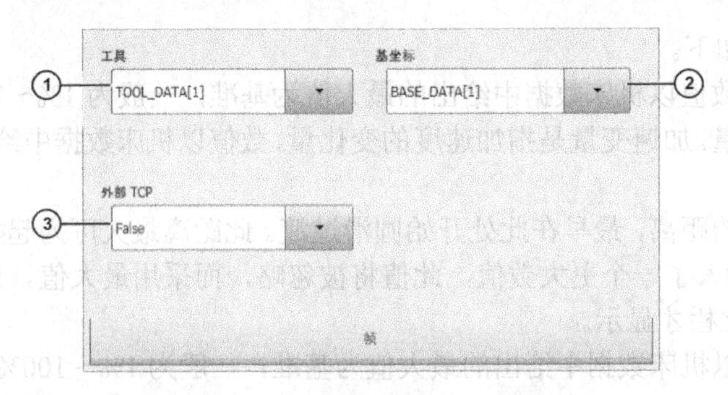

图 4-52　选项窗口框架（样条组）

对图 4-52 说明如下。

① 选择工具，如果外部 TCP 栏中显示 True：选择工具，[1] ～ [16]。

② 选择基准，如果外部 TCP 栏中显示 True：选择固定工具，[1] ～ [32]。

③ 插补模式，False 表示该工具已安装在连接法兰处；True 表示该工具为一个固定工具。

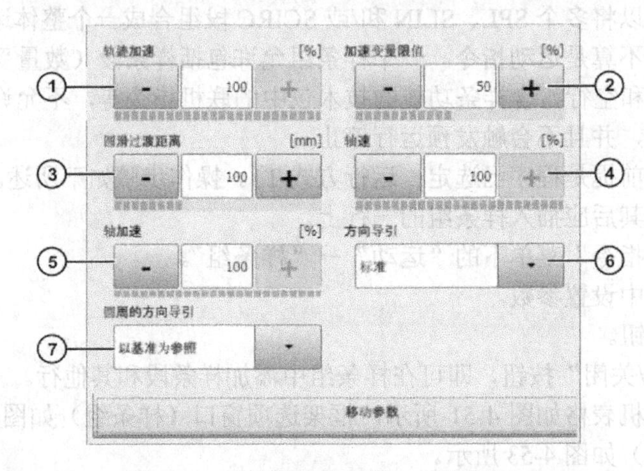

图 4-53　运动参数选项窗口（样条组）

对图 4-53 说明如下。

① 轨迹加速，数值以机床数据中给出的最大值为基准，一般为 1%～100%。

② 限制加速变量。加速变量是指加速度的变化量，数值以机床数据中给出的最大值为基准，一般为 1%～100%。

③ 只有在联机表格中选择了 CONT 之后，此栏才显示。目标点之前的距离，最早在此处开始圆滑过渡，最大间距可以为样条中的最后一个段。如果只有一个段，间距可以最大为半个段的长度；如果在此处输入了一个更大数值，此值将被忽略，而采用最大值。

④ 轴速，数值以机床数据中给出的最大值为基准，一般为 1%～100%。

⑤ 轴加速，数值以机床数据中给出的最大值为基准，一般为 1%～100%。

⑥ 选择方向导引。

⑦ 选择方向导引的参照系。此参数只对样条组中的 SCIRC 段（如果有的话）起作用。

对 SPL 段或 SLIN 段如下所述。编程的前提是程序已选定；运行方式 T1；样条组列表被打开。操作步骤如下所述。

（1）将 TCP 移到目标点。

（2）将光标放到其后应插入样条组的一行上。

（3）选择“序列指令”菜单下的“运动”→“SPL 或 SLIN”。

（4）在联机表格中设置参数。

（5）单击 OK 按钮。

注意：运动编程时，应确保在所编程序运行时，供电系统不会出现绕线，或受到损坏。

对 SCIRC 段编程的前提是程序已选定；运行方式 T1；样条组列表被打开。操作步骤如下所示。

（1）将 TCP 移到辅助点。

（2）将光标放到其后应插入样条组的一行上。

（3）选择“序列指令”菜单下的“运动”→“SCIRC”。

（4）在联机表格中设置参数。

（5）单击软键 Touchup HP。

（6）将 TCP 移到目标点。

（7）单击 OK 按钮。

注意：运动编程时，应确保在所编程序运行时，供电系统不会出现绕线，或受到损坏。样条段联机表格如图 4-54 所示，联机表格的栏可以用参数切换逐步显示或隐藏。框架选项窗口（样条段）如图 4-55 所示，选项窗口运动参数（样条段）如图 4-56 所示。

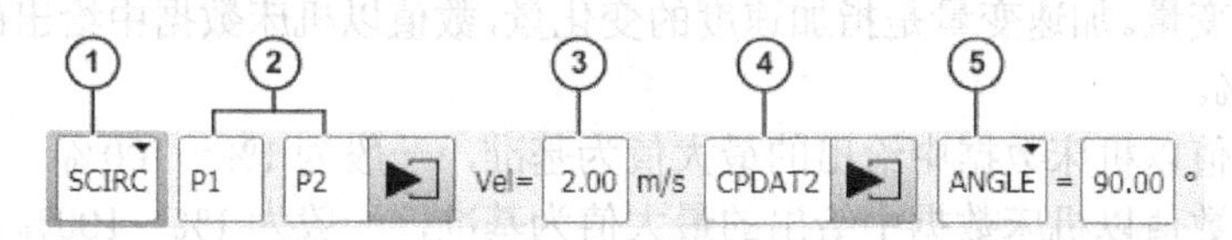

图 4-54 样条段联机表格

对图 4-54 说明如下。

① 运动方式，有 SPL、SLIN 和 SCIRC 三种可选。

② 目标点的名称，仅针对 SCIRC：辅助点和目标点的名称。一般系统自动赋一个名称，但名称可以被覆写。需要编辑点数据时，请触摸箭头，打开相关选项窗口。

③ 速度。此数据只针对其所属的段，对之后的段不起作用，一般为 0.001～2m/s。

④ 运动数据组的名称，一般系统自动赋一个名称，但名称可以被覆写。需要编辑点数据时，请触摸箭头，打开相关选项窗口。此运动数据只针对其所属的段，对之后的段不起作用。

⑤ 只有在选择了 SCIRC 运动方式时，才可使用。给出圆周运动的总弧度，通过延长编程的目标点的运动，或将其缩短来实现。因此，实际的目标点与编程的目标点不相符。正向圆弧的设定方法是沿起点、辅助点、目标点方向绕圆周轨道移动；负向圆弧的设定方法是沿起点、目标点、辅助点方向绕圆周轨道移动。角度一般为–9999°～+9999°。如果输入的圆弧小于–400°或大于+400°，在保存联机表格时，会自动询问是否要确认或取消输入。

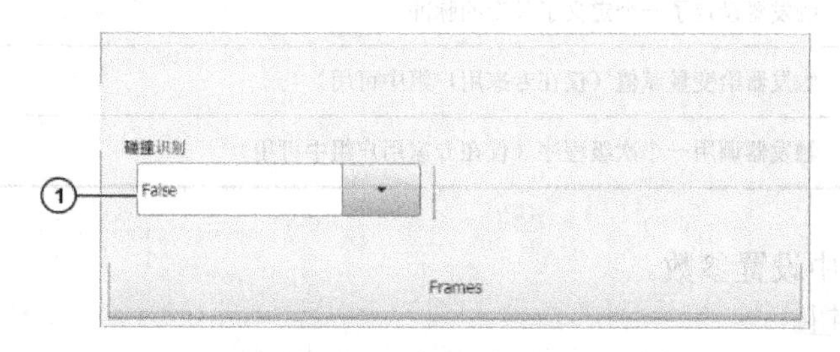

图 4-55 框架选项窗口（样条段）

对图 4-55 说明如下。

① 为 True 时：机器人控制系统为此运动计算轴的扭矩，此值用于碰撞识别；为 False 时：机器人控制系统为此运动不计算轴的扭矩，因此对此运动无法进行碰撞识别。

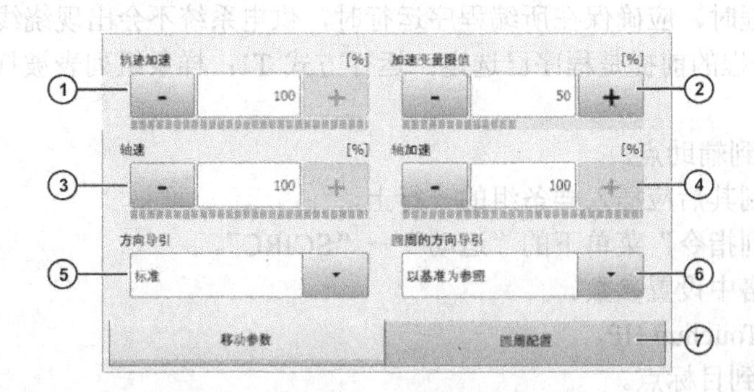

图 4-56　选项窗口运动参数（样条段）

对图 4-56 说明如下。

① 轨迹加速，数值以机床数据中给出的最大值为基准，一般为 1%～100%。

② 限制加速变量。加速变量是指加速度的变化量，数值以机床数据中给出的最大值为基准，一般为 1%～100%。

③ 轴速，数值以机床数据中给出的最大值为基准，一般为 1%～100%。

④ 轴加速，数值以机床数据中给出的最大值为基准，一般为 1%～100%。

⑤ 选择方向导引。

⑥ 仅针对 SCIRC 区段：选择方向导引的参照系。

⑦ 仅针对 SCIRC 区段：此选项卡中将显示圆周运动参数。这些变量不可以更改。

对样条组中的触发器编程的前提是程序已选定；运行方式 T1；样条组列表被打开。操作步骤如下所述。

（1）将光标放到其后应插入触发器的一行上。

（2）选择“序列指令”菜单下的“逻辑”→“样条触发器”。

（3）根据默认设置，显示联机表格设定输出端。通过按键切换类型，显示另一张联机表格（注意：显示哪个联机表单，取决于通过切换类型所选择的类型，详见表 4-12）。

表 4-12　联机表单与切换类型的关系

联机表单类型	说　明
设定输出端	触发器设定了一个输出端
设定脉冲输出端	触发器设定了一个定义了长度的脉冲
触发器分配	触发器给变量赋值（仅在专家用户组中可用）
触发器功能调用	触发器调用一个次级程序（仅在专家用户组中可用）

（4）在联机表格中设置参数。

（5）单击 OK 按钮。

样条触发器联机表格的类型为“设定输出端”，如图 4-57 所示。

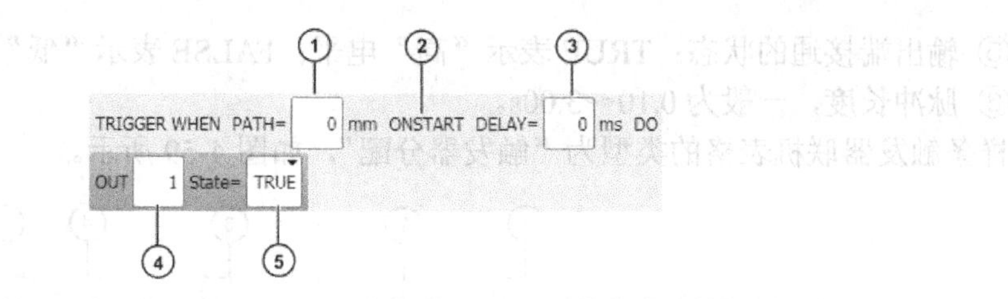

图 4-57　样条触发器联机表格（类型为“设定输出端”）

对图 4-57 说明如下。

① 如果需要将指令移到其他位置，必须在此输入所需的至起始点和目标点的距离；如果无需对其移动，输入数值“0”（注意：“正值”表示向运动结束方向推移该指令，“负值”表示向运动开始方向推移该指令。仅限于专家用户组使用：切换路径功能可用于在此栏中输入一个变量、恒量或函数，并且对这些功能均有限制）。

② 用切换 OnStart 可以设置或取消参数 ONSTART（注意：没有 ONSTART，表示 PATH 值是指目标点；有 ONSTART，表示 PATH 值是指起始点）。

③ 如果需要在时间上推迟执行指令（相对于项号 1 的值），必须在此输入所需的时间。如果无需在时间上推移，输入数值“0”（注意：“正值”表示向运动结束方向推移该指令，最大值是 1000ms；“负值”表示向运动开始方向推移该指令。仅限于专家用户组使用：切换迟滞功能可用于在此栏中输入一个变量、恒量或函数，对这些功能均有限制）。

④ 输出端编号，一般为 1～4096。

⑤ 输出端接通的状态，正确或错误。

样条触发器联机表格的类型为“设定脉冲输出端”，如图 4-58 所示。

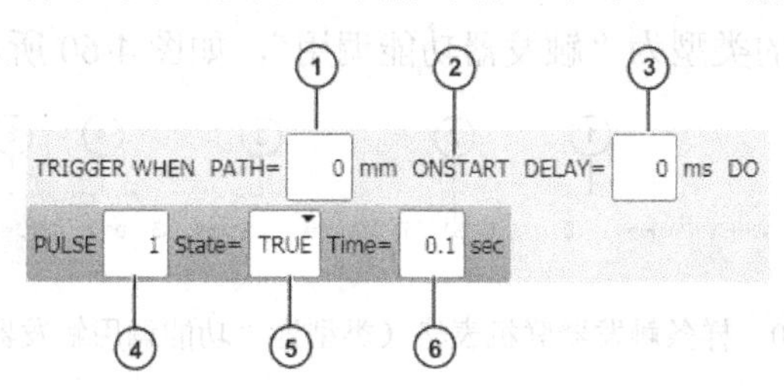

图 4-58　样条触发器联机表格（类型为“设定脉冲输出端”）

对图 4-58 说明如下。

① 如果需要将指令移到其他位置，必须在此输入所需的至起始点和目标点的距离。如果无需对其移动，输入数值“0”（注意：“正值”表示向运动结束方向推移该指令；“负值”表示向运动开始方向推移该指令。仅限于专家用户组使用：切换路径功能可用于在此栏中输入一个变量、恒量或函数，对这些功能均有限制）。

② 用切换 OnStart，可以设置或取消参数 ONSTART（注意：没有 ONSTART，表示 PATH 值是指目标点；有 ONSTART，表示 PATH 值是指起始点）。

③ 如果需要在时间上推迟执行指令（相对于项号 1 的值），必须在此输入所需的时间。如果无需在时间上推移，输入数值“0”（注意：“正值”表示向运动结束方向推移该指令，最大值是 1000ms；“负值”表示向运动开始方向推移该指令。仅限于专家用户组使用：切换迟滞功能可用于在此栏中输入一个变量、恒量或函数，对这些功能均有限制）。

④ 输出端编号，一般为 1～4096。

⑤ 输出端接通的状态：TRUE 表示“高”电平；FALSE 表示“低”电平。

⑥ 脉冲长度，一般为 0.10～3.00s。

样条触发器联机表格的类型为“触发器分配”，如图 4-59 所示。

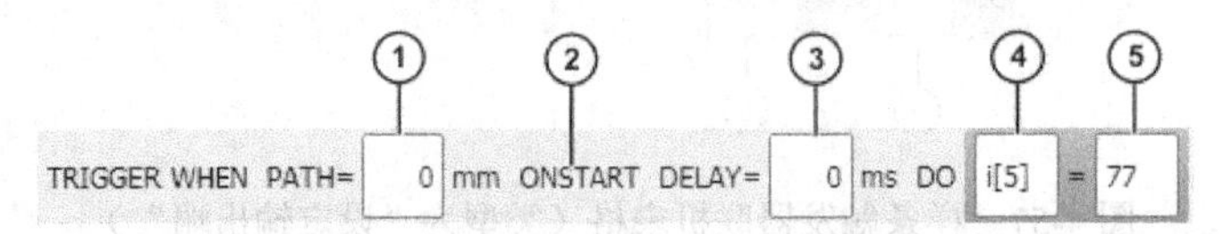

图 4-59 样条触发器联机表格（类型为“触发器分配”）

对图 4-59 说明如下。

① 如果需要将指令移到其他位置，必须在此输入所需的至起始点和目标点的距离。如果无需对其移动，输入数值“0”（注意：“正值”表示向运动结束方向推移该指令；“负值”表示向运动开始方向推移该指令。仅限于专家用户组使用：切换路径功能可用于在此栏中输入一个变量、恒量或函数，对这些功能均有限制）。

② 用切换 OnStart，可以设置或取消参数 ONSTART（注意：没有 ONSTART，表示 PATH 值是指目标点；有 ONSTART，表示 PATH 值是指起始点）。

③ 如果需要在时间上推迟执行指令（相对于项号 1 的值），必须在此输入所需的时间。如果无需在时间上推移，输入数值“0”（注意：“正值”表示向运动结束方向推移该指令，最大值 1000ms；“负值”表示向运动开始方向推移该指令。仅限于专家用户组使用：切换迟滞功能可用于在此栏中输入一个变量、恒量或函数。对这些功能均有限制）。

④ 应被赋予值的变量（注意：不能使用运行时间变量）。

⑤ 应分配给变量的值。

样条触发器联机表格的类型为“触发器功能调用”，如图 4-60 所示。

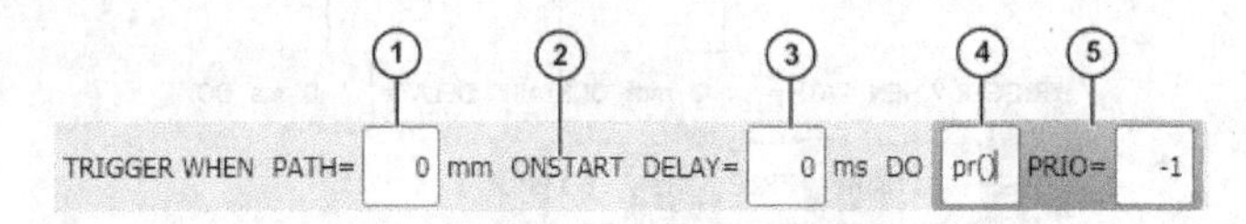

图 4-60 样条触发器联机表格（类型为“功能调用触发器”）

对图 4-60 说明如下。

① 如果需要将指令移到其他位置，必须在此输入所需的至起始点和目标点的距离。如果无需对其移动，输入数值“0”（注意：“正值”表示向运动结束方向推移该指令；“负值”表示向运动开始方向推移该指令。仅限于专家用户组使用：切换路径功能可用于在此栏中输入一个变量、恒量或函数，对这些功能均有限制）。

② 用切换 OnStart，可以设置或取消参数 ONSTART（注意：没有 ONSTART，表示 PATH 值是指目标点；有 ONSTART，表示 PATH 值是指起始点）。

③ 如果需要在时间上推迟执行指令（相对于项号 1 的值），必须在此输入所需的时间。如果无需在时间上推移，输入数值“0”（注意：“正值”表示向运动结束方向推移该指令，最大值 1000ms；“负值”表示向运动开始方向推移该指令。仅限于专家用户组使用：切换迟滞功能可用于在此栏中输入一个变量、恒量或函数，对这些功能均有限制）。

④ 应调用的子程序的名称。

⑤ 在 PRIO 栏中必须给出优先级，可选的优先级有 1.2.4～39 和 81～128，优先级 3 和 40～80 用于系统自动给出优先级的情况。如果优先级应由系统自动给出，应进行“PRIO=−1”编程。

如果多个触发器同时调出子程序，先执行最高优先级的触发器，再执行低优先级的触发器（注意：1=最高优先级）。

样条触发器中的功能限制是指 PATH 和 DELAY 的值均可通过功能分配，但这些功能受到以下限制：包含此功能的 KRL 程序必须具有隐藏的属性；功能必须全局有效；这些功能只允许包含“赋值”、“IF 指令”、“注释”、“空行”、“RETURN”、“读取系统变量”和“调用预定义的 KRL 功能”等指令或元素。

5. 复制样条联机表格

利用复制样条联机表格功能，可完成下列复制：复制样条组中的一个单一动作；复制一个样条组；将一个样条段复制到另一个样条组中；将一个样条段复制到另一个样条组之外等。操作的前提是专家用户组；已选定或者已打开程序；运行方式 T1、T2 或 AUT。

复制一个单一动作到样条组中，是指可复制 SLIN、SCIRC、LIN 和 CIRC 等的单一动作，并将其插入一个样条组。前提是单一运动和段的工具、基准和插补模式的帧数据（=选项窗口帧）均相同。

复制样条组是指复制一个样条组，并将其插入程序的其他位置，但此时始终仅插入空段，无法将样条组及其内容同时插入。其内容必须单独复制插入。

将一个样条段复制到另一个样条组中，是指复制一个或多个样条段，并将其插入另外的组。前提是样条组的工具、基准和插补模式的帧数据（=选项窗口帧）均相同。

将一个样条段复制到另一个样条组之外，是指可复制一个或多个样条段，并将其插入到一个样条组之外，但运动方式将发生变化，详见表 4-13（注意：对于单一动作 SLIN 和 SCIRC 来说，如果有帧和运动数据，这些数据将取自样条段，否则将取自样条组；对于单一动作 PTP，其位置和帧数据将从 SPL 传至 PTP，而运动数据将不接受）。

表 4-13 将一个样条段复制到另一个样条组之外后运动方式的变化

样 条 段	转为单一动作
SLIN	SLIN
SCIRC	SCIRC
SPL	PTP

6. 转换 8.1 版的样条联机表格

在 KSS 8.2 中，样条联机表格可设定的参数多于 KSS 8.1。通过这种方式，可以更详细地确定行驶性能，因此使用 8.1 版联机表格的程序可在 8.2 版中使用，但必须为新的参数分配值。这可以通过打开并再次关闭联机表格实现，所有新的参数均会自动分配到默认值，把 8.1 版的样条联机表格转换成 8.2 版的样条联机表格。操作的前提是程序已选定；运行方式 T1，步骤如下所述。

（1）将光标置于联机表格所在行中。

（2）单击“更改”按钮，打开联机表格，所有新的参数均自动设为默认值。

（3）需要时，可修改值。

（4）单击“OK”按钮。

（5）对程序中的所有样条联机表格重复执行步骤（1）～（4）。

（四）更改运动参数

更改运动参数的前提是程序已选定；运行方式 T1。操作步骤如下所述。

（1）将光标放到要更改的指令行中。

（2）单击“更改”按钮，打开指令相关的联机表格。

（3）更改参数。

（4）单击“OK”按钮，存储变更。

（五）更改一个经过示教的点的坐标

更改一个经过示教的点的坐标，就是移至所需的新位置，并用新位置的坐标覆写旧的点，从而改变一个已示教的点的坐标。操作的前提是程序已选定；运行方式 T1，步骤如下所述。

（1）将 TCP 移至所需位置。

（2）将光标放到要更改的运动指令行中。

（3）单击“更改”按钮，打开指令相关的联机表格。

（4）对于 PTP 以及 LIN 运动，按 Touch Up，将当前 TCP 位置用作新的目标点；对于 CIRC 运动，按 Touchup HP（辅助点坐标），确认 TCP 的当前位置为新的辅助点［或者按 Touchup ZP（目标点坐标），确认 TCP 的当前位置为新的目标点］。

（5）单击“是”按钮，确认安全询问。

（6）单击“OK”按钮，存储变更。

（六）对逻辑指令编程

1．输入/输出端

对于数字输入/输出端，机器人控制系统最多可以管理 4096 个数字输入端和 4096 个数字输出端，按用户要求配置。

对于模拟输入/输出端，机器人控制系统可以管理 32 个模拟信号输入端和 32 个模拟信号输出端，按用户要求配置。

模拟输入/输出端允许的数值范围是-1.0～+1.0，该值相当于电压范围-10～+10V。如果超过该值，输入/输出端会采用最大值并显示一条信息，直至数值回到允许范围内。

管理输入/输出端的系统变量如表 4-14 所示。

表 4-14　管理输入/输出端的系统变量

	输 入 端	输 出 端
数字	$IN［1］…$IN［4096］	$OUT［1］…$OUT［4096］
模拟	$ANIN［1］…$ANIN［32］	$ANOUT［1］…$ANOUT［32］

2．设置数字输出端 OUT

设置数字输出端 OUT 的前提是程序已选定；运行方式 T1。操作步骤如下所述。

（1）将光标放到其后应插入逻辑指令的一行上。

（2）选择“序列指令”菜单下的“逻辑”→“OUT”→“OUT”。

（3）在联机表格中设置参数。

（4）单击 OK 按钮存储指令。

3. 联机表格 OUT

联机表格 OUT 如图 4-61 所示。指令设定了一个数字输出端。

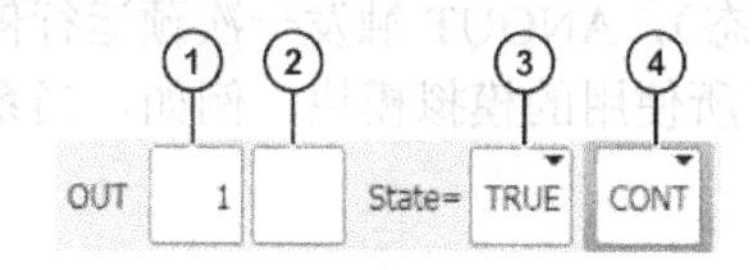

图 4-61　联机表格 OUT

对图 4-61 说明如下。

① 输出端编号，1～4096。

② 如果输出端已有名称，则显示出来。如果在专家用户组，可通过单击长文本输入名称，且名称可以自由选择。

③ 输出端接通的状态："正确"或"错误"。

④ CONT 表示在预运行中的编辑；[空白] 表示在预运行停止时的编辑。

4. 设置脉冲输出端 PULSE

设置脉冲输出端 PULSE 的前提是程序已选定；运行方式 T1。操作步骤如下所述。

（1）将光标放到其后应插入逻辑指令的一行上。

（2）选择"序列指令"菜单下的"逻辑"→"OUT"→"PULSE"。

（3）在联机表格中设置参数。

（4）单击 OK 按钮存储指令。

5. PULSE 的联机表格

PULSE 的联机表格如图 4-62 所示。指令设定了一个定义了长度的脉冲。

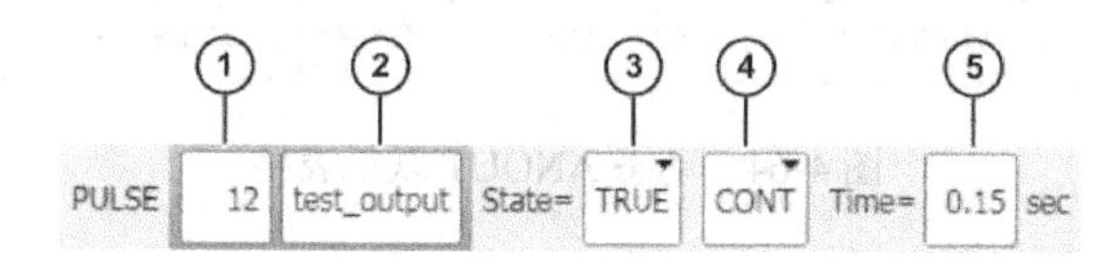

图 4-62　PULSE 的联机表格

对图 4-62 说明如下。

① 输出端编号，1～4096。

② 如果输出端已有名称，则显示出来。如果在专家用户组，可通过单击长文本输入名称，且名称可以自由选择。

③ 输出端接通的状态，TRUE："高"电平；FALSE："低"电平。

④ CONT 表示在预运行中的编辑；[空白] 表示在预运行停止时的编辑。

⑤ 脉冲长度，0.10～3.00s。

6. 设置模拟输出端 ANOUT

设置模拟输出端 ANOUT 的前提是程序已选定；运行方式 T1。具体步骤如下所述。

（1）将光标放到其后应插入指示的那一行中。

（2）选择"指令"→"模拟输出"→"静态"或"动态"。

（3）在联机表格中设置参数。

（4）单击 OK 按钮存储指令。

7. 静态 ANOUT 联机表格

静态 ANOUT 联机表格如图 4-63 所示，指令设定了一个静态模拟输出端，最多可同时使用 8 个模拟输出端（包括静态和动态），ANOUT 触发一次预运行停止。电压由一个系数设置在固定值上。实际电压的大小取决于所使用的模拟模块。例如，当系数为 0.5 时，一个 10V 模块产生的电压为 5V。

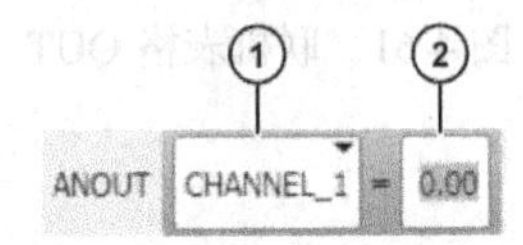

图 4-63　静态 ANOUT 联机表格

对图 4-63 说明如下。

① 模拟输出端编号，CHANNEL_1，…，CHANNEL_32。

② 电压系数，0～1（分级：0.01）。

8. 动态 ANOUT 联机表格

动态 ANOUT 联机表格如图 4-64 所示。该指令可关闭或打开一个动态的模拟输出端，最多可以同时接通 4 个动态模拟输出端，ANOUT 触发一次预运行停止。电压由一个系数决定，实际电压的大小取决于速度或函数发生器（例如，系数为 0.5 时，1m/s 的速度产生电压 5V）和偏差（例如，0.5V 电压有+0.15 的偏差，会产生电压 6.5V）各值。

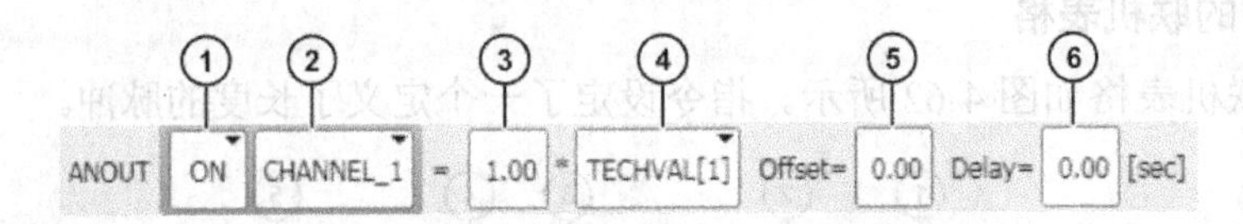

图 4-64　动态 ANOUT 联机表格

对图 4-64 说明如下。

① 模拟输出端的接通或关闭：接通（ON），关闭（OFF）。

② 模拟输出端编号，CHANNEL_1，…，CHANNEL_32。

③ 电压系数，0～10（分级：0.01）。

④ VEL_ACT：电压取决于速度；TECHVAL［1］～TECHVAL［6］：电压通过一个函数发生器控制。

⑤ 提高或降低电压的数值，-1～+1（分级：0.01）。

⑥ 延迟（+）或提前（-）发出输出信号的时间，-0.2～+0.5s

9. 给等待时间编程 WAIT

给等待时间编程 WAIT 的前提是程序已选定，运行方式 T1。具体步骤如下所述。

（1）将光标放到其后应插入逻辑指令的一行上。

（2）选择“序列指令”菜单→“逻辑”→“WAIT”。

（3）在联机表格中设置参数。

（4）单击 OK 按钮存储指令。

10．WAIT 的联机表格

WAIT 的联机表格如图 4-65 所示，可以用 WAIT 对等待时间编程。在编程时间内，机器人动作暂停，WAIT 总是触发一次预运行停止。图中①为等待时间，大于等于 0s。

图 4-65 WAIT 联机表格

11．对与信号有关的等待功能编程 WAITFOR

对与信号有关的等待功能编程 WAITFOR 的前提是程序已选定；运行方式 T1。具体步骤如下所述。

（1）将光标放到其后应插入逻辑指令的一行上。

（2）选择“序列指令”菜单→“逻辑”→“WAITFOR”。

（3）在联机表格中设置参数。

（4）单击 OK 按钮存储指令。

12．WAITFOR 的联机表格

WAITFOR 的联机表格如图 4-66 所示。指令设定了一个与信号有关的等候功能，需要时，可将多个信号（最多 12 个）按逻辑连接。如果添加了一个逻辑连接，联机表格中会出现用于附加信号和其他逻辑连接的栏。

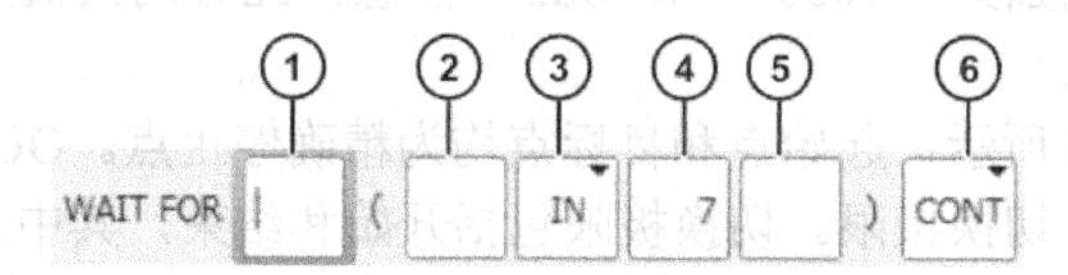

图 4-66 WAITFOR 的联机表格

对图 4-66 说明如下。

① 添加外部连接。算符位于加括号的表达式之间，用相应的按键添加所需算符。可选算符有 AND、OR、EXOR、添加 NOT、NOT、[leer]。

② 添加内部连接。算符位于一个加括号的表达式内，用相应的按键添加所需算符。可选算符有 AND、OR、EXOR、添加 NOT、NOT、[leer]。

③ 等待的信号，IN、OUT、CYCFLAG、TIMER、FLAG。

④ 信号的编号，1～4096。

⑤ 如果信号已有名称，则显示出来。如果专家用户组名称可以自由选择，通过单击长文本输入名称。

⑥ CONT 表示在预运行中的编辑；[空白] 表示在预运行停止时的编辑。

13．轨道上的切换 SYN OUT

轨道上的切换 SYN OUT 的操作前提是程序已选定；运行方式 T1。具体步骤如下所述。

（1）将光标放到其后应插入逻辑指令的一行上。

（2）选择“序列指令”菜单下的“逻辑”→“OUT”→“SYN OUT”。

（3）在联机表格中设置参数。

（4）单击 OK 按钮存储指令。

14. SYN OUT 联机表格，选项 START/END

SYN OUT 联机表格，选项 START/END，如图 4-67 所示，可相对于运动语句的起始点或目标点触发切换动作。切换动作的时间可推移，动作语句可以是 LIN、CIRC 或 PTP 运动。一般用于点焊时关闭或打开焊钳；进行轨道焊接时，接通或关闭焊接电路；粘贴或密封时，接通或关断体积流量等。

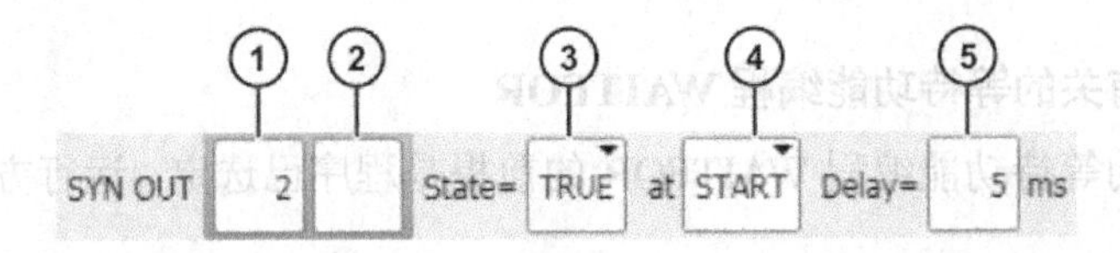

图 4-67 SYN OUT 联机表格，选项 START/END

对图 4-67 说明如下。

① 输出端编号，1～4096。

② 如果输出端已有名称，则显示出来。如果专家用户组名称可以自由选择，通过单击长文本输入名称。

③ 输出端接通的状态：“正确”或“错误”。

④ 切换位置点，开始：在动作语句的起始点切换；结束：在动作语句的目标点切换；PATH。

⑤ 切换动作的时间推移，-1000～+1000ms（注意：此时间数值为绝对值，视机器人速度不同，切换点随之变化）。

【例 4-4】 如图 4-68 所示，起始点和目标点均为精确停止点。OUT1 和 OUT2 确定了切换的大概位置，虚线确定了切换极限。切换极限包括开始和结束，其中开始是指切换点最大可延迟至精确停止点 P3（+ms）；结束是指切换点最大可前移至精确停止点 P2（-ms）。如果时间推移给定的数值过大，控制系统将自动在切换极限处切换。

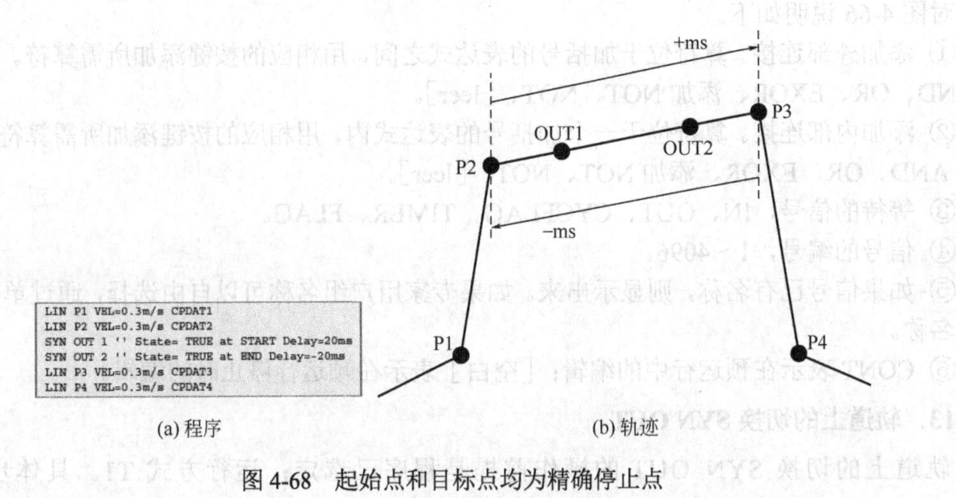

(a) 程序　　(b) 轨迹

图 4-68 起始点和目标点均为精确停止点

【例 4-5】 如图 4-69 所示，起始点是精确停止点，目标点被圆滑过渡。OUT1 和 OUT2 确定了切换的大概位置，虚线确定了切换极限，M=滑过区域中点。对于切换极限，开始是切换点最大可延迟至 P3 滑过区域的起始处（+ms）；结束是切换点最大可前移至 P3 滑过区域的起始处（−），切换点最大可延迟至 P3 滑过区域的结束处（+）。如果时间推移给定的数值过大，控制系统将自动在切换极限处切换。

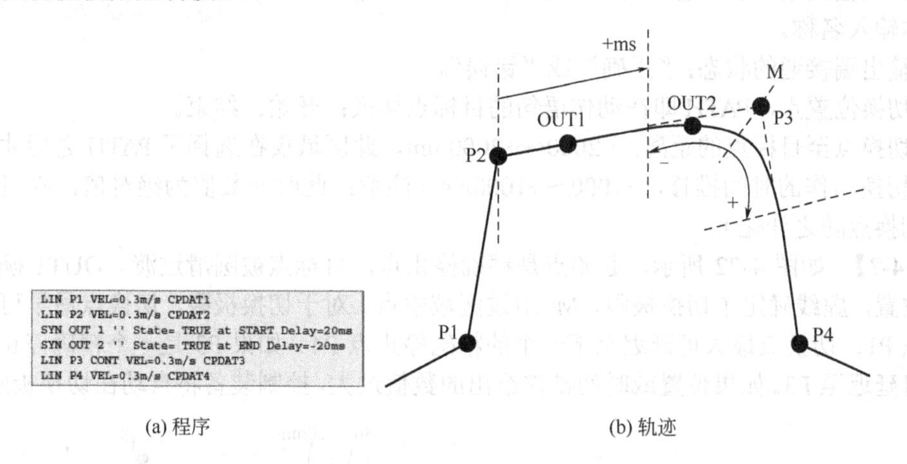

图 4-69 起始点是精确停止点，目标点被圆滑过渡

【例 4-6】 如图 4-70 所示，起始点和目标点均被圆滑过渡。OUT1 和 OUT2 确定了切换的大概位置，虚线确定了切换极限，M=滑过区域中点。对于切换极限，开始是切换点最早可位于 P2 滑过区域的结束处，切换点最大可延迟至 P3 滑过区域的起始处（+ms）；结束是切换点最大可前移至 P3 滑过区域的起始处（−），切换点最大可延迟至 P3 滑过区域的结束处（+）。如果时间推移给定的数值过大，控制系统将自动在切换极限处切换。

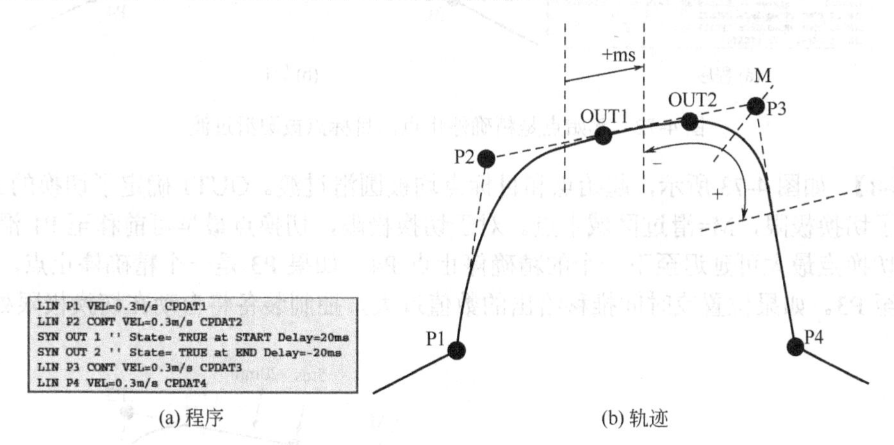

图 4-70 起始点和目标点均被圆滑过渡

15．联机表格 SYN OUT，选项 PATH

联机表格 SYN OUT，选项 PATH，如图 4-71 所示，可相对于运动语句的目标点触发切换动作。切换动作的位置和时间均可推移。动作语句可以是 LIN 或 CIRC 运动，但不能是 PTP 运动。

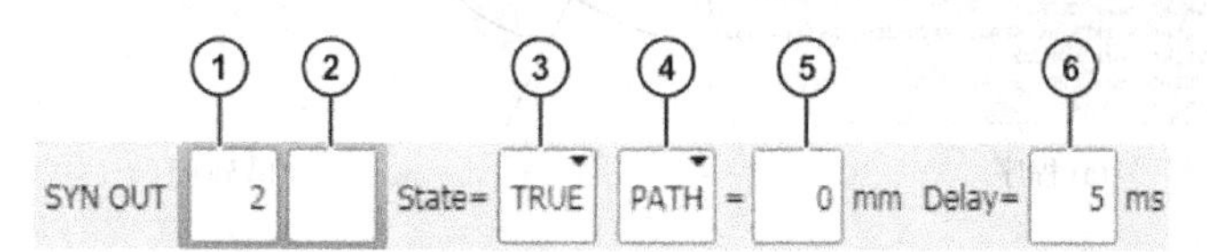

图 4-71 联机表格 SYN OUT，选项 PATH

对图 4-71 说明如下。

① 输出端编号，1～4096。

② 如果输出端已有名称，则显示出来。如果在专家用户组名称可以自由选择，并可通过单击长文本输入名称。

③ 输出端接通的状态：“正确”或“错误”。

④ 切换位置点，PATH 即在动作语句的目标点切换；开始；结束。

⑤ 切换点至目标点的距离，-2000～+2000mm，此区域仅在选择了 PATH 之后才会显示。

⑥ 切换动作的时间推移，-1000～+1000ms（注意：此时间数值为绝对值，视机器人速度不同，切换点随之变化）。

【例 4-7】 如图 4-72 所示，起始点是精确停止点，目标点被圆滑过渡。OUT1 确定了切换的大概位置，虚线确定了切换极限，M=滑过区域中点。对于切换极限，切换点最早可前移至精确停止点 P1；切换点最大可延迟至下一个的精确停止点 P4。如果 P3 是一个精确停止点，切换点最多可延迟至 P3。如果位置或时间推移给出的数值过大，控制装备将自动在切换极限处切换。

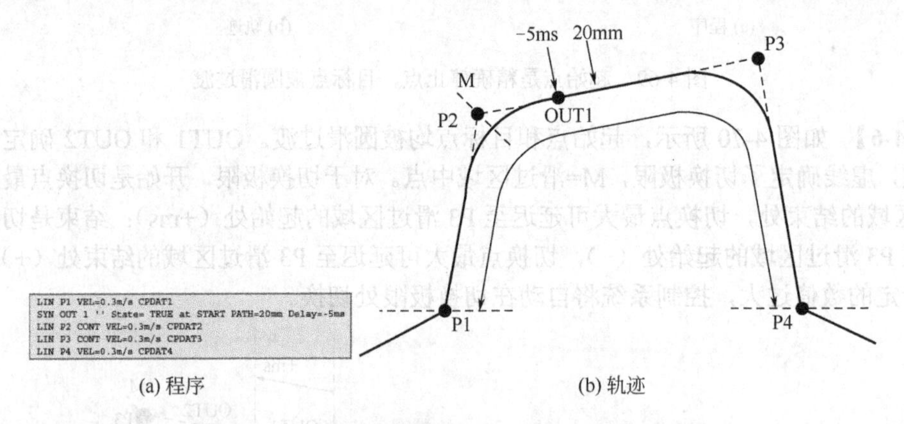

(a) 程序　　(b) 轨迹

图 4-72　起始点是精确停止点，目标点被圆滑过渡

【例 4-8】 如图 4-73 所示，起始点和目标点均被圆滑过渡。OUT1 确定了切换的大概位置，虚线确定了切换极限，M=滑过区域中点。对于切换极限，切换点最早可前移至 P1 滑过区域的起始处；切换点最大可延迟至下一个的精确停止点 P4。如果 P3 是一个精确停止点，切换点最多可延迟至 P3。如果位置或时间推移给出的数值过大，控制装备将自动在切换极限处切换。

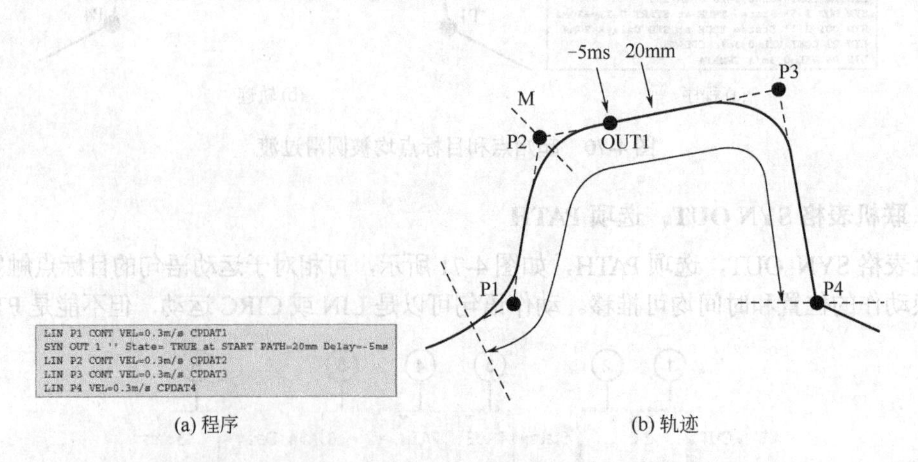

(a) 程序　　(b) 轨迹

图 4-73　起始点和目标点均被圆滑过渡

16．轨道上的脉冲设定 SYN PULSE

轨道上的脉冲设定 SYN PULSE 的操作前提是程序已选定；运行方式 T1。具体步骤如下所述。

（1）将光标放到其后应插入逻辑指令的一行上。

（2）选择“序列指令”菜单下的“逻辑”→“OUT”→“SYN PULSE”。

（3）在联机表格中设置参数。

（4）单击 OK 按钮存储指令。

17．SYN PULSE 的联机表格

SYN PULSE 的联机表格如图 4-74 所示。脉冲可针对动作语句的起始点或目标点触发，脉冲的位置和时间均可推移。

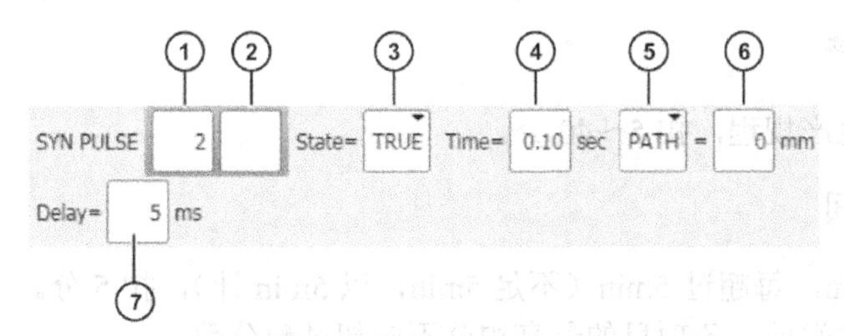

图 4-74　SYN PULSE 的联机表格

对图 4-74 说明如下。

① 输出端编号，1～4096。

② 如果输出端已有名称，则显示出来。如果在专家用户组，名称可自由选择，并可通过单击长文本输入名称。

③ 输出端接通的状态：“正确”或“错误”。

④ 脉冲持续时间，0.1～3s。

⑤ 开始：脉冲在动作语句的起始点处被触发；结束：脉冲在动作语句的目标点处被触发；PATH：脉冲在动作语句的目标点处被触发。

⑥ 切换点至目标点的距离：-2000～+2000mm。此区域仅在选择了 PATH 之后才会显示。

⑦ 切换动作的时间推移：-1000～+1000ms（注意：此时间数值为绝对值，视机器人速度不同，切换点随之变化）。

18．更改逻辑指令

更改逻辑指令操作的前提是程序已选定；运行方式 T1。具体步骤如下所述。

（1）将光标放在须改变的指令行里。

（2）单击“更改”按钮，打开指令相关的联机表格。

（3）更改参数。

（4）单击 OK 按钮存储变更。

【实际操作】熟练完成库卡机器人简单程序的在线编程（示教编程）。

一、操作练习

在教师的监督和指导下，认真完成任务。

（1）简述库卡机器人在线软件中的程序管理、运动编程、应用人员用户组编程（联机表格）

的使用方法。

（2）练习库卡机器人在线软件中的程序管理、运动编程、应用人员用户组编程（联机表格）的操作。

（3）根据现场及学生实际情况，独立完成机器人的搬运、码垛、弧焊、涂胶等轨迹程序的编制。

二、评分标准

（一）阐述

（1）阐述错误或漏说，每个扣 10 分。
（2）操作与要求不符，每次扣 10 分。

（二）文明生产

违反安全文明生产规程，扣 5～40 分。

（三）定额时间

定额时间 600min。每超过 5min（不足 5min，以 5min 计），扣 5 分。
注意：除定额时间外，各项目的最高扣分不应超过配分数。

温馨提示

（1）注意文明生产和安全。
（2）课后通过网络、厂家、销售商和使用单位等多种渠道，了解关于库卡工业机器人在线编程（示教编程）的知识和资料，分门别类加以整理，作为资料备用。

【评议】

温馨提示

完成任务后，进入总结评价阶段。分自评、教师评价两种，主要是总结评价本次任务中做得好的地方及需要改进的地方。根据评分的情况和本次任务的结果，填写表 4-15 和表 4-16。

表 4-15 学生自评表格

任务完成进度	做得好的方面	不足及需要改进的方面

表 4-16 教师评价表格

在本次任务中的表现	学生进步的方面	学生不足及需要改进的方面

【总结报告】

一、库卡工业机器人的编程

库卡工业机器人的编程大致分为两个部分。一部分是轨迹编程，主要是编辑运动轨迹。有在线和离线两种编程方法，通常采用在线编程，即示教的方式。通过手动移动机器人到各个位置并进行记录；执行程序时，机器人按照记录的点依次走下去。轨迹编程的难点在于轨迹优化。另一部分是 SPS 编程，主要编辑信号触发、安全及检测。机器人在运动过程中及到达位置时，都要进行大量的信号处理，包括控制信号、反馈信号、安全信号及自身状态的检测。这些编程确保了机器人的正常工作，难点在于人员安全、设备安全及工艺优化。

二、库卡机器人常见故障信息

库卡机器人常见故障信息——外部自动运行，如表 4-17 所示。

表 4-17　故障信息——外部自动运行

编　号	信 息 文 本	原　　因
P00：1	PGNO_TYPE 的值错误 允许值（1，2，3）	为程序号规定了错误的数据类型
P00：2	PGNO_LENGTH 的值错误 值域 1≤PGNO_LENGTH≤16	为程序号设计的位宽错误
P00：3	PGNO_LENGTH 的值错误 允许值（4，8，12，16）	如果选择了 BCD 格式来读取程序号，必须设定相应的位宽
P00：4	PGNO_FBIT 的值错误 超出$IN 范围	程序号的第一位被指定为“0”或者一个不存在的输入端
P00：7	PGNO_REQ 的值错误 超出$OUT 范围	要求程序号的输出端被指定为“0”或者一个不存在的输出端
P00：10	传输错误 奇偶校验错误	检查奇偶校验时，发现不一致。肯定出现了传输错误
P00：11	传输错误 程序号错误	上一级控制系统发出了一个程序号，在文件 CELL.SRC 中不存在用于此程序号的 CASE 分支程序
P00：12	传输错误 BCD 编码错误	以 BCD 格式读取程序号时，导致读取结果无效
P00：13	运行方式错误	输入/输出接口尚未激活，即系统变量$I_O_ACTCONF 的当前值为 FALSE。可能原因如下： ①运行方式选择开关未处于“外部自动运行”位置 ②信号$I_O_ACT 的当前值为 FALSE
P00：14	以运行方式 T1 移至起始位置	机器人没有到达起始位置
P00：15	程序号出现错误	在“n 选 1”中设定的输入端多于 1

任务二　库卡工业机器人离线编程

学习目标

① 学习建立程序的方法。
② 学习导入程序的方法。
③ 学习显示文件的变量说明方法。
④ 学习在文件中查找和替换方法。
⑤ 熟练掌握 KRL 编辑器，并会编制简单程序。

工作任务

学习有关建立程序、导入程序、显示文件的变量说明、在文件中查找和替换、KRL 编辑器的知识，正确、熟练地编制简单程序。

任务实施

【知识准备】

一、建立程序

建立程序的前提是如果使用一个 KR C4 控制器，则“KRL 模板”编目已添加到“编目”窗口中；如果使用一个 VKR C4 控制器，则“VW 模板”编目已添加到“编目”窗口中。操作步骤如下所述。

（1）在“项目结构”窗口的“文件”选项卡中展开机器人控制系统的树形结构。

（2）在“KRL 模板”或“VW 模板”编目中按住所需模板，并用拖放功能拖到树形结构的节点上，程序文件即被添加到树形结构中，之后即可用 KRL 编辑器编辑文件。

二、导入程序

利用导入程序功能导入 SRC、DAT、SUB 和 KRL 格式的文件，操作步骤如下所述。

（1）在“项目结构”窗口的“文件”选项卡中展开机器人控制系统的树形结构。

（2）用鼠标右键单击应建立程序的节点，并在相关菜单中选择“添加外部文件”。

（3）导航至存有待导入文件的目录。

（4）选定文件并单击“打开”按钮，文件即被贴入树形结构，之后可用 KRL 编辑器编辑文件。

三、显示文件的变量说明

在某个特定文件中说明的所有 KRL 变量都能清晰地显示在一个列表中。对于 SRC 文件，总是显示相关 DAT 文件的变量，反之亦然。操作步骤如下所述。

（1）若尚未显示“变量列表”窗口，通过“序列”菜单显示窗口下的变量列表并将其打开。

（2）打开 KRL 编辑器中的文件。如果已经打开，单击“文件”选项卡。

（3）在变量列表显示模块（SRC 文件和所属的 DAT 文件）中声明的所有变量。

（4）需要时，可在 KRL 编辑器中双击搜索结果中的行；或者用鼠标右键单击该行，并在相关菜单中选择“定位”；或者选定行，并单击“输入”按钮来选中一个变量。

如图 4-75 所示，在“变量列表”窗口中使用搜索功能，在当前文件中搜索局部变量，方法是：在“搜索”栏输入变量名或名称的一部分，单击“搜索”按钮，查找结果将立即显示出来。如果光标位于“搜索”栏内，按 Esc 键，将其清空。

Variable list

Name	Type	line / column	Filename	Scope
my_var	INT	2 / 13	Modul.src	lokal
SUCCESS	INT	5 / 9	Modul.dat	lokal

图 4-75　“变量列表”窗口

注意：单击某一列，列表可按该列排序。表示将变量根据局部子函数编组，按钮被按下，显示按照文件类型排序（还可以按列排序）；按钮未被按下，显示不按照文件类型排序。

四、在文件中查找和替换

WorkVisual 提供了查找功能，用于在整个项目的所有文件中搜索文本。同样地，可以只搜索单个文件，或在一个文件中搜索选定的区域。在“搜索”窗口中可选择需要搜索区域中的哪些内容，不只是查找，也可以查找和替换。可以在项目中的任意位置调用查找或查找和替换功能，在哪个工作区域或编辑器以及类似位置，无关紧要。具体的操作步骤如下所述。

（1）如果需要查找单个文件，打开该文件。

（2）如果需要查找文件中的某个区域，选定该区域。

（3）按 Ctrl+F 键打开“搜索”窗口，或按 Ctrl+H 键打开“查找和替换”窗口。

（4）进行所需的设置，并且单击“查找”按钮，或者单击“替换”或“全部替换”按钮。

五、KRL 编辑器

（一）在 KRL 编辑器中打开文件

1．前提条件

在 KRL 编辑器中打开文件操作的前提是涉及的文件格式为 KRL 编辑器可编辑的格式。

2．操作步骤

（1）在“项目结构”窗口的“文件”选项卡中双击一个文件；或者选中文件，然后单击“KRL 编辑器”按钮；或者选中文件，然后选择“序列编辑器”菜单下的“KRL”→“编辑器”。

（2）单击右上角的“X”，关闭文件。

注意：在 KRL 编辑器中可同时打开多个文件。需要时，将其左右或上下排列显示，以便比较内容。

3．文件格式

KRL 编辑器主要用于编辑包含 KRL 代码的文件，即 SRC、DAT、SUB。此外，用 KRL 编辑器可编辑 ADD、BAT、CONFIG、CMD、DEL、INI、KFD、KXR、LOG、REG、TXT、XML

格式的文件。

（二）KRL 编辑器操作界面

KRL 编辑器操作界面如图 4-76 所示。

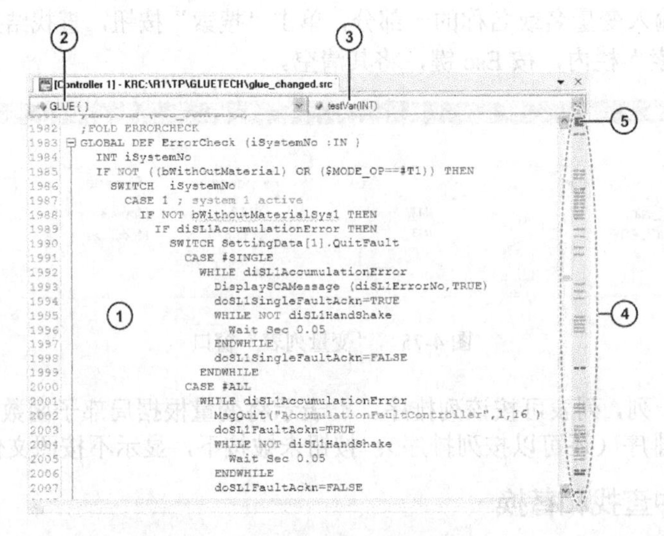

图 4-76 KRL 编辑器操作界面

对图 4-76 说明如下。

① 程序区域，在此输入或编辑代码。KRL 编辑器可提供大量协助程序员编程的功能。

② 该文件中的子程序列表。为了进入某个子程序，要在列表中选择该子程序，方法是将光标置于该子程序的 DEF 行。文件不含子程序时，列表为空。

③ 变量声明列表。该列表始终以在子程序列表中当前选择的子程序为基础，为了进入某个声明，要在列表中选择变量，方法是将光标置于有该变量声明的行中。没有变量声明时，列表为空。

④ 分析条，标记显示代码中的错误或不一致，使用方法是将鼠标悬停在标记上方时，显示具有该出错说明的工具提示；通过单击标记，将光标置于程序中的相关位置，某些错误/不一致被自动更正。

⑤ 正方形显示当前最严重错误的颜色。没有错误/不一致时，正方形为绿色。

（三）放大/缩小视图

放大/缩小视图的操作步骤如下所述。

（1）单击 KRL 编辑器的任意位置。

（2）按住 Ctrl 键并滚动鼠标滑轮。向上滚动滚滑轮，视图放大；向下滚动滑轮，视图缩小。

（四）配置 KRL 编辑器

1. 准备

只有当预览设置的作用时，才有必要如下操作：

（1）在 KRL 编辑器中打开一个文件。

（2）如果想预览选定部分的颜色，单击选定文件的任意位置（注意：打开“选项”窗口时，在文件中无法选定）。

2. 配置 KRL 编辑器

（1）选择“顺序”菜单“其他”下的选项，打开“选项”窗口。

（2）打开窗口左侧文件夹文本编辑器，在文件夹中选定子项，则在窗口右侧显示当前相关设定（注意：如果将鼠标光标移动到一栏处，该窗口下方将显示该栏的说明）。

（3）更改相关配置。如果同时在 KRL 编辑器中打开一个文件，即刻能看到更改（例如，在空格显示或隐藏时）。

（4）单击 OK 按钮确认，改动即被应用；或单击“取消”按钮取消更改。

注意：可将颜色设定随时重新复位到默认值。对此，“复位”按钮位于窗口选项的相关页中（位于页面下方，需要滚动页面）。

（五）编辑功能

1. 一般编辑功能

选中一个区域的方法是：单击选择开始的地方，然后按住鼠标左键，拖动鼠标至选中所需的区域后放开鼠标；如在选择时按住 Alt 键，可选择矩形区域。

选中一行的方法是：单击行号。

常用编辑功能可在弹出菜单中调出，包括剪切、粘贴、复制、删除、撤销、还原、查找等。此外，在弹出菜单中可以使用表 4-18 所示命令。

表 4-18　弹出菜单中可以使用的命令

菜单项	说明
编辑下的转换为大写字母	选中区域中的所有小写字母转换为大写字母
编辑下的转换为小写字母	选中区域中的所有大写字母转换为小写字母
编辑下的第一个字母大写	选中区域中的所有第一个字母转换为大写字母
编辑下的跳格转换为空格	在选中的区域中，以空格代替跳格 提示：一个跳格应等于多少个空格，通过参数缩进大小配置
编辑下的空格转换为跳格	在选中的区域中，以跳格代替空格
编辑下的缩进	在选中区域的每行中（额外）插入行首空格 提示：应插入多少空格，通过参数缩进大小配置
编辑下的删除行首空格	删除选中区域中所有行首的空格
折叠夹下的全部展开	打开当前显示文件的所有折叠夹
折叠夹下的全部收拢	关闭当前显示文件的所有折叠夹
格式化	缩进、自动换行等在整个文件里按照标准调整。有效的标准取决于文件格式
添加注释	在行中删除注释
删除注释在	在行中添加注释
重命名	同变量重命名
至声明	同跳至变量声明
添加代码片段	快速输入同代码片段——KRL 指令

2. 变量重命名

可通过一次性操作，在出现变量名称的所有位置更改该变量名称，也适用于在DAT文件定义且在数个SRC文件中使用该变量的情况。使用的前提是出现变量名称的文件中无句法错误。在有句法错误的文件中，自动更改不起作用。具体操作步骤如下所述。

（1）在任意一处选定所需变量。

（2）单击鼠标右键，在弹出的菜单中选择“重命名”。

（3）自动打开一个窗口，更改名称，单击OK按钮确认。

3. 自动完整化

在KRL编辑器中，可以使用自动完整化功能。输入代码时，即自动显示KRL关键词、已知变量名、已知函数名、已知用户自定义参数类型和片段等元素的列表。列表最顶部显示与已输入字符相匹配的元素，这些元素按使用频率区分优先次序，即选择结果始终与用户行为相匹配。需要时，在列表中选中一个元素，然后按回车键，将其应用到程序文本中，不必每次都重复输入复杂的变量名。

注意：完整化列表中的导航方法是滚动，或者输入所需元素的前几个字母，标记即转至那里。

4. 快速输入代码片段——KRL指令

在KRL编辑器中可快速输入常用KRL指令。例如，如果想编程设定一条FOR循环语句，不必输入完整的语句FOR…=…TO…STEP…，而是从完整列表中选择指令，但是语句的变量位置需手动补充。具体操作步骤如下所述。

（1）单击代码，自动显示完整列表，并且选中指令，按回车键，应用完整列表中选中的指令，或双击另外一个指令，如图4-77所示。

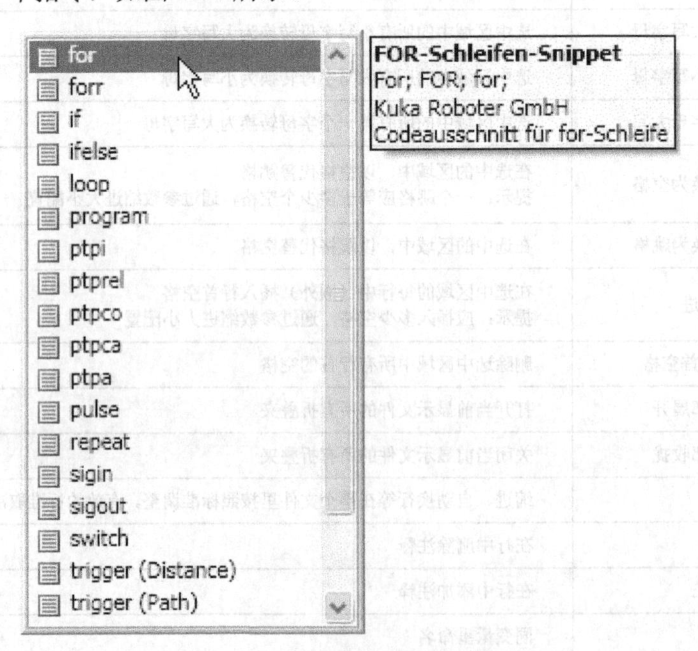

图4-77 按回车键应用或双击鼠标

（2）自动添加KRL语句，第一个变量位具有蓝色背景，输入所需值，如图4-78所示。

```
FOR counter = start TO stop STEP 1

ENDFOR
```

图 4-78　第一个变量位具有蓝色背景

（3）按 Tab 键跳到下一个变量位置，输入所需值。

（4）对所有变量位置重复步骤（3）。

（5）按回车键，结束编辑。

也可以单独调出代码片段列表，方法是：用鼠标右键单击，并在相关菜单中选择“插入代码片段”选项。此外，可通过下述方法输入一个代码片段：调出带有代码片段的列表，确定缩写；选定指令，自动显示工具提示，在第二行中含有可能的缩写。输入缩写，并按 Tab 键。

（六）折叠夹

KRL 编辑器的内容可以像标准型 KRL 程序一样用折叠夹来结构化。打开折叠夹的方法是：双击关闭的折叠夹的小方框；或单击加号“+”（如图 4-79 所示）。关闭折叠夹的方法是：单击减号“-”（如图 4-80 所示）。打开或关闭所有折叠夹的方法是在弹出菜单中选择“折叠夹”→“全部展开”或“全部合上”。

```
32
33 ⊟ ;fold outputs
34   $OUT[1]=true
35   $OUT[2]=true
36   $OUT[3]=true
37  ─;endfold (outputs)
38
39
```

图 4-79　打开的折叠夹

```
32
33 ⊞ OUTPUTS
38
39
40
41
42
43
```

图 4-80　关闭的折叠夹

（七）跳至变量声明

跳至变量声明的操作步骤如下所述

（1）将光标置于变量名称中，或者直接置于最前面的几个字母之前或最后面的几个字母之后。

（2）单击鼠标右键，在弹出的菜单中选择“至声明”。

（八）显示变量的所有应用

显示变量的所有应用的操作步骤如下所述。

（1）只有在“尚未显示”窗口找到应用时，选择“序列窗口”菜单下的“找到应用”。

（2）将光标置于变量名称中，或者直接置于最前面的几个字母之前或最后面的几个字母之后。

（3）单击鼠标右键，在弹出的菜单中选择“找到应用”。在“找到应用”窗口中显示名为“[变量名] 应用”的选项卡，则所有应用均详细列在该处（文件及路径、行号等）

（4）需要时，双击列表中的一行，则在程序中选中相应的位置。

注意：这时可执行重命名。

（九）Quickfix 修正

代码中的波浪线和分析条中的标记提示代码中的错误或不一致。这些错误/不一致的一部分会被自动更正（Quickfix）。快速修复（Quickfix）小灯自动显示，如图 4-81 所示。用户可通过单击小灯旁边的箭头显示并选择不同的解决方案

图 4-81 快速修复 （Quickfix）小灯

1. 修正未声明的变量或自动声明

未声明的变量显示状态在代码中用红色的波浪线标出，在分析条中用红色线条标出。红色也可以表示其他错误。如果是未声明的变量，当鼠标悬停在波浪线/线条上时，显示“未找到变量［名称］声明”的工具提示。具体操作步骤如下所述。

（1）将光标置于标出波浪线的名称中，或者直接置于最前面的几个字母之前，或者最后面的几个字母之后，或者在分析条中单击线条，在变量名旁显示 Quickfix 小灯。

（2）检查是否因疏忽而写错变量名称（与声明时所用的不同）。如果是，需改正，红色波浪线/线条消失，无需其他操作！如果不是，继续执行下一步。

（3）将鼠标指针移到 Quickfix 小灯上，在小灯旁显示一个箭头。单击该箭头，显示“声明本地变量”或“在数据列表中声明变量”选项。

（4）单击所需选项。

（5）仅在数据列表中声明变量时，数据列表自动打开。打开折叠夹 BASISTECH EXT。

（6）变量声明代码片段被自动添加，估计的数据类型用蓝色强调，声明后面是“注释：该变量表示…”。根据需要，保留或更改数据类型。按 Tab 键调至注释。根据需要，编辑注释。

注意：如果在完整化列表的工具提示中选中变量，该注释就显示那里。

2. 删除未使用的变量

未使用的变量显示状态在代码中用蓝色的波浪线标出，在分析条中用蓝色线条标出。鼠标悬停在波浪线或线条上时，显示具有说明的工具提示。删除未使用的变量的操作步骤如下所述。

（1）将光标置于标出波浪线的名称中，或者直接置于最前面的几个字母之前，或者最后面的几个字母之后，或者在分析条中单击线条。在变量名旁显示 Quickfix 小灯。

（2）将鼠标光标移到 Quickfix 小灯上，在小灯旁显示一个箭头。单击该箭头，将显示“去

除声明”；注释声明。

（3）单击所需选项。

3. 统一变量名的大小写格式

如果变量名在定义或其他应用时的大小写格式不同，显示在代码中，用浅蓝色的波浪线标出，在分析条中用浅蓝色线条标出。此时，鼠标悬停在波浪线或线条上时，显示具有说明的工具提示。统一变量名的大小写格式的操作步骤如下所述。

（1）将光标置于标出波浪线的名称中，或者直接置于最前面的几个字母之前，或者最后面的几个字母之后，或者在分析条中单击线条，在变量名旁显示 Quickfix 小灯。

（2）将鼠标光标移到 Quickfix 小灯上，在小灯旁显示一个箭头。单击该箭头，将显示“将该应用更改为［与声明时相同的名称］”。将声明的名称更改为“［与该程序位置上相同的名称］”。

（3）单击所需选项。

（十）创建用户自定义的片段

用户可以创建自己的片段，为此必须将所需属性保存在片段格式的文件中，然后将该文件导入 WorkVisual，以便在 KRL 编辑器中使用片段（注意：片段文件的模板见 WorkVisual CD 光盘上的文件夹 DOC；已导入 WorkVisual 的代码片段同样可供 OptionPackageEditor 使用，反之亦然，但前提是 WorkVisual 和 OptionPackageEditor 均在同一台计算机上运行，且注册用户相同）。如果已生成代码片段文件，必须执行下列操作步骤导入。

（1）选择“序列”菜单→“其他”→“从文件导入代码片段”，自动打开一个窗口。

（2）导航至存有代码片段文件的目录并选定该文件，然后单击“打开”按钮。此时，KRL 编辑器中的代码片段可供使用。

【例 4-9】 应生成一个代码片段，用于导入图 4-82 所示代码结构。代码片段在代码片段列表中显示为“User”（用户），并且工具提示应含有如图 4-83 所示的信息。代码片段文件必须符合图 4-84 所示格式，此 SNIPPET 文件结构的说明如表 4-19 所示。

图 4-82　编码必须通过代码片段添加

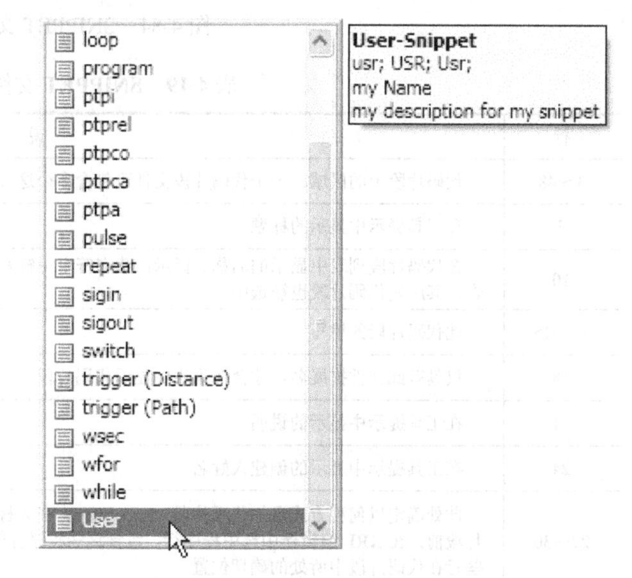

图 4-83　所需代码片段

```
2  <CodeSnippets>
3     <CodeSnippet Format="1.0.0">
4        <Header>
5
6           <!--Is displayed as header in the static ToolTip(on the right side) of the completion window-->
7           <Title>User-Snippet</Title>
8
9           <!--Is displayed in the completion window-->
10          <Text>User</Text>
11
12          <!--These shortcuts can be used-->
13          <Shortcut>usr</Shortcut>
14          <Shortcut>USR</Shortcut>
15          <Shortcut>Usr</Shortcut>
16
17          <!--For these file extensions the snippet will be shown -->
18          <Extensions>.src .sub</Extensions>
19
20          <!--Is displayed as description in the static ToolTip(on the right side) of the completion window-->
21          <Description>my description for my snippet</Description>
22
23          <!--Is displayed as author in the static ToolTip(on the right side) of the completion window-->
24          <Author>my Name</Author>
25
26          <!--Specifies the type of the snippet-->
27          <SnippetTypes>
28             <SnippetType>Expansion</SnippetType>
29             <SnippetType>SurroundsWith</SnippetType>
30          </SnippetTypes>
31       </Header>
32
33       <FileExtensions/>
34       <Snippet>
35          <Declarations>
36             <Literal>
37                <ID>element</ID>
38                <ToolTip>my tooltip for this element</ToolTip>
39                <Default>true</Default>
40             </Literal>
41          </Declarations>
42          <Code Language="KRL">
43             <![CDATA[MYTHING $element$
44   $end$$selection$
45  ENDTHING]]>
46          </Code>
47       </Snippet>
48    </CodeSnippet>
49 </CodeSnippets>
```

图 4-84 SNIPPET 文件结构

表 4-19 SNIPPET 文件结构说明

行	说 明
3～48	代码片段 1 的区域。一个代码片段文件可包含多个这种区域，即多个代码片段
7	在工具提示中显示的标题
10	在代码片段列表中显示的名称。提示：此字符串可触发完整功能，即在程序中输入此字符串时，会出现整个列表，其所属代码片段也被选中
13～15	此代码片段的缩写
18	仅具有此文件扩展名，才会在列表中显示代码片段
21	在工具提示中显示的说明
24	在工具提示中显示的创建人姓名
27～30	此处确定以何种方式添加代码片段。Expansion：在光标所在的位置添加代码片段。SurroundsWith：在添加代码片段前，在 KRL 编辑器中选中程序行，包含这些程序行的代码片段随即被自动添加。由占位符$selection$决定这些行在代码片段中所处的确切位置
37	第 38 行和第 39 行涉及的并出现在第 43～45 行的占位符

续表

行	说明
38	针对此占位符显示的工具提示
39	占位符默认值
43～45	添加代码片段的程序文本。该文本由固定文本和/或占位符组成。其中，$selection$可参见关于 SurroundsWith 的说明；end是该占位符决定在用回车键结束添加代码片段之后，光标所处的位置

【例 4-10】 仅针对<Snippet>（代码片段）区域的示例，如图 4-85 和图 4-86 所示。

```
FOR counter = start TO stop STEP 1

ENDFOR
```

图 4-85　编码通过代码片段添加

```
18        <Snippet>
19           <Declarations>
20              <Literal>
21                 <ID>counter</ID>
22                 <ToolTip>Counter variable, has to be declared</ToolTip>
23                 <Default>counter</Default>
24              </Literal>
25              <Literal>
26                 <ID>start</ID>
27                 <ToolTip>start value for counter</ToolTip>
28                 <Default>start</Default>
29              </Literal>
30              <Literal>
31                 <ID>stop</ID>
32                 <ToolTip>value for loop to stop</ToolTip>
33                 <Default>stop</Default>
34              </Literal>
35              <Literal>
36                 <ID>step</ID>
37                 <ToolTip>step width for counter</ToolTip>
38                 <Default>1</Default>
39              </Literal>
40           </Declarations>
41           <Code Language="KRL">
42              <![CDATA[FOR $counter$ = $start$ TO $stop$ STEP $step$
43  $selection$$end$
44  ENDFOR]]>
45           </Code>
46        </Snippet>
```

图 4-86　SNIPPET 文件结构

【实际操作】 熟练完成库卡机器人简单程序的离线编程。

一、操作练习

在教师的监督和指导下，认真完成下列任务。

（1）简述在机器人离线编程软件中有关建立程序、导入程序、显示文件的变量说明、在文件中查找和替换及 KRL 编辑器的功能。

（2）熟练使用 WorkVisual 的建立程序、导入程序、显示文件的变量说明、在文件中查找和

替换、KRL编辑器等功能。

（3）根据现场及学生实际情况，完成机器人搬运、码垛、弧焊、涂胶等实用程序的编制。

二、评分标准

（一）阐述

（1）阐述错误或漏说，每个扣10分。
（2）操作与要求不符，每次扣10分。

（二）文明生产

违反安全文明生产规程，扣5～40分。

（三）定额时间

定额时间600min。每超过5min（不足5min，以5min计），扣5分。
注意：除定额时间外，各项目的最高扣分不应超过配分数。

温馨提示

（1）注意文明生产和安全。

（2）课后通过网络、厂家、销售商和使用单位等多种渠道，了解关于库卡工业机器人离线编程的知识和资料，分门别类加以整理，作为资料备用。

【评议】

温馨提示

完成任务后，进入总结评价阶段。分自评、教师评价两种，主要是总结评价本次任务中做得好的地方及需要改进的地方。根据评分的情况和本次任务的结果，填写表4-20和表4-21。

表4-20　学生自评表格

任务完成进度	做得好的方面	不足及需要改进的方面

表4-21　教师评价表格

在本次任务中的表现	学生进步的方面	学生不足及需要改进的方面

【总结报告】

一、项目传输和激活

（一）生成代码

在将一个项目传输到机器人控制系统时，总是先生成代码，以便事先检验生成过程是否无错。代码在“项目结构”窗口的“文件”选项卡中显示，自动生成的代码显示为浅灰色，如图 4-87 所示。操作步骤是：选择“序列”菜单“其他”→“生成代码”，生成代码。

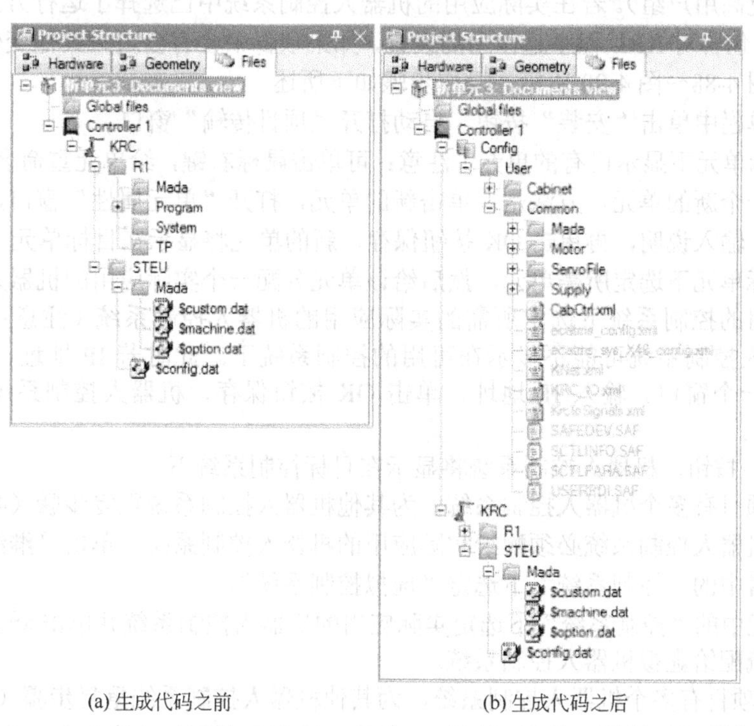

(a) 生成代码之前　　(b) 生成代码之后

图 4-87　生成代码

（二）钉住项目

机器人控制系统上的项目可以被钉住（锁定），以免在无意中删除。项目可直接在机器人控制系统上钉住，或从 WorkVisual 钉住。被钉住的项目可以在松开后被复制、更改、删除或激活。从 WorkVisual 钉住项目的操作步骤如下所述。

（1）选择“序列文件”菜单下的“查找项目”，打开项目资源管理器，然后选择“查找”选项卡。

（2）在可用的单元区域展开所需单元的节点。该单元的所有机器人控制系统均显示出来。

（3）展开所需机器人控制系统的节点，显示所有项目，被钉住的项目以“大头针”图标标示。

（4）选定所需项目，单击“钉住项目”按钮，项目就此钉住（固定）。在项目列表中用一个“大头针”图标表示。

（三）将机器人控制系统配给实际应用的机器人控制系统

将机器人控制系统配给实际应用的机器人控制系统，是指执行该操作步骤，将项目中的每个机器人控制系统分配给一个实际应用的机器人控制系统，项目可从 WorkVisual 传输到实际应用的机器人控制系统中。操作的前提是在 WorkVisual 中添加了一个机器人控制系统；实际所用机器人控制系统已实现网络连接；实际应用的机器人控制系统和 KUKA smartHMI 已启动；如果随后要传输，并且要激活项目，在实际应用的机器人控制系统中已选择了专家或更高的用户组（注意：如果更改的激活在与安全相关的通信参数的范围内起作用，必须选择安全维护人员或更高用户组）。若在实际应用的机器人控制系统中已选择了运行方式 AUT 或 AUT EXT，且项目仅包含对 KRL 程序起作用的设置，如果项目中含有会造成其他变化的设置，不能将其激活。如图 4-88～图 4-90 所示，操作步骤如下所述。

（1）在菜单栏中单击“安装”按钮，自动打开“项目传输”窗口。

（2）在目标单元下显示已有的单元（注意：可单击鼠标右键，给单元重命名）；若所需单元不存在，建立一个新的单元，方法是：单击新的单元，打开“单元属性”窗口，然后输入一个名称。需要时，输入说明，再单击 OK 按钮保存，新的单元将显示在目标单元下。

（3）在目标单元下选定所需单元，然后给该单元分配一个实际应用的机器人控制系统。

（4）在可用的控制系统下选定所需的实际应用的机器人控制系统（注意：视网络拓扑结构而定，机器人控制系统可能不显示在可用的控制系统下。此时若 IP 地址已知，单击按钮，自动打开一个窗口。输入 IP 地址，单击 OK 按钮保存，机器人控制系统将显示在可用的控制系统下）。

（5）单击按钮，机器人控制系统将显示在目标控制系统下。

（6）如果项目有多个机器人控制系统，为其他机器人控制系统重复步骤（4）和（5）。

（7）虚拟机器人控制系统必须配给实际应用的机器人控制系统。单击“继续”按钮。

（8）在项目中的“控制系统”下选定“虚拟控制系统”。

（9）在单元中的“控制系统”下选定实际应用的机器人控制系统并单击，将实际应用的机器人控制系统配给虚拟机器人控制系统。

（10）如果项目有多个机器人控制系统，为其他机器人控制系统重复步骤（8）和（9）。

（11）单击“继续”按钮，将显示概览（在此可根据需要再次改变分配，为此单击“更改”按钮）。

（12）该项目被传输给机器人控制系统（注意：项目也可在以后传输。为此，单击“退出”按钮，则分配被保存，“项目传输”窗口关闭）。

项目传输
目标单元:
Name
Cell IBN10-KRC4
Cell KUKA_7B23CE8390
Cell KUKA_7B23CE8390
Cell KUKA_7B23CE8390
Cell KUKA_7B23CE8390
Cell KUKA_7B23CE8390
Cell KUKA_7B23CE8390
Cell KUKA-1D69DBRDG5
Cell KUKA-MKJBA88XG7
Cell NEXXTMADA9
Cell PCRC2
Cell PCRC40534
Cell PCRC40553
Cell PCRC40561
Cell PCRC40632
Cell PCRC40635-3
目标控制器:
Name
地址
可用的控制器:
Name
分配
615942
Cell KUKA_7B2...
789
Cell PCRC41346
969002
Zwei
985002
Cell KUKA-MKJ...
DBrOffice
_DBrCell
Doku_OPS01
<none>
Information:
控制器
名称: Doku_OPS01
识别号: S-1-5-21-468942068-2137545632-897379937
地址: 160.160.104.34
类型: KR C
版本: V8.2.1.39
系列号: 0
制造商: KUKA Roboter GmbH
单元
名称:
识别号:
更新
新的单元
取消
继续

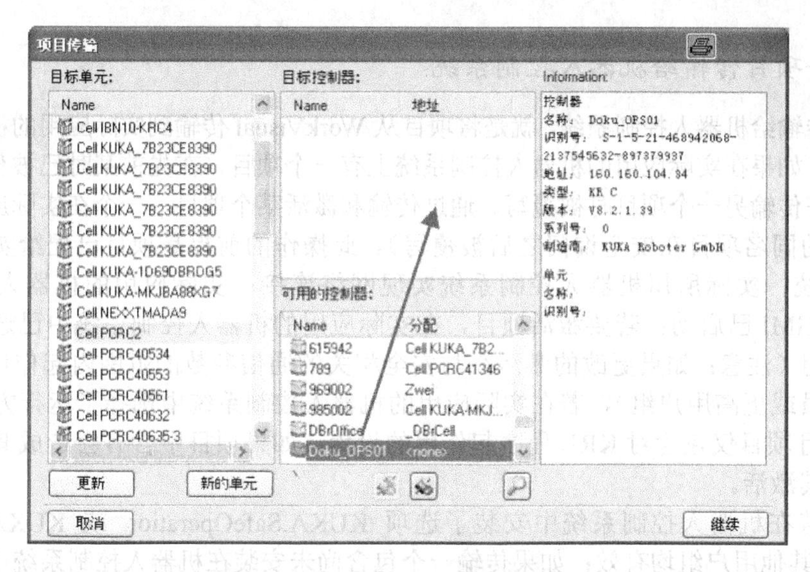

图 4-88　将机器人控制系统分配给单元

项目传输
项目中的控制器: Project 2
Name
分配的目标
Controller
单元中的控制器: Cell PCRC2
Name
地址
类型
Name
地址
类型
Doku_OPS01
160.160.104.34
KR C
定义单元
取消
继续

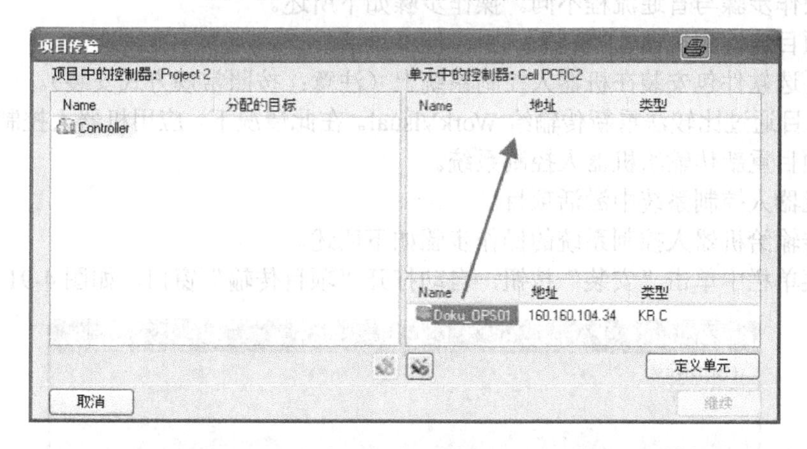

图 4-89　将实际应用的机器人控制系统分配给虚拟系统

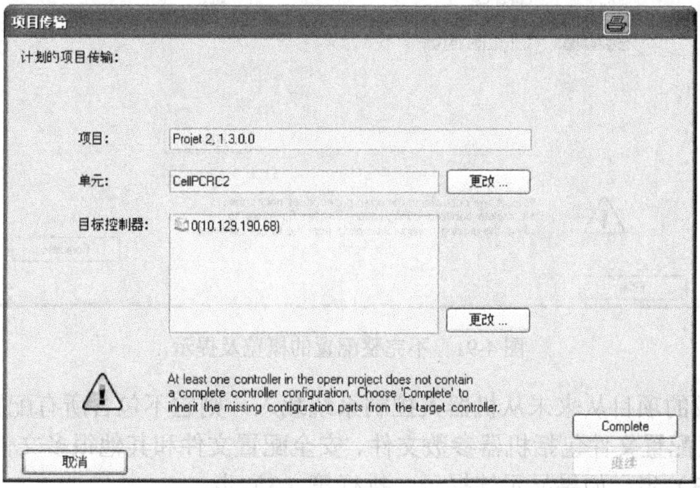

项目传输
计划的项目传输:
项目:
Projet 2, 1.3.0.0
单元:
CellPCRC2
更改 ...
目标控制器:
0(10.129.190.68)
更改 ...
At least one controller in the open project does not contain
a complete controller configuration. Choose 'Complete' to
inherit the missing configuration parts from the target controller.
Complete
取消
继续

图 4-90　概览

（四）将项目传输给机器人控制系统

将项目传输给机器人控制系统，就是将项目从 WorkVisual 传输到实际应用的机器人控制系统中（注意：如果在实际应用的机器人控制系统上有一个项目，在先前某时已被传输但从未被激活，则会在传输另一个项目时被覆写。通过传输和激活某个项目，一个在实际应用的机器人控制系统上的同名项目在安全询问之后被覆写）。此操作的前提是项目已配给实际应用的机器人控制系统；实际所用机器人控制系统实现网络连接；实际应用的机器人控制系统和 KUKA smartHMI 已启动；若要激活项目，在实际应用的机器人控制系统中已选择了专家或更高的用户组（注意：如果更改的激活在与安全相关的通信参数的范围内起作用，必须选择安全维护人员或更高用户组），若在实际应用的机器人控制系统中选择了运行方式 AUT 或 AUT EXT，且项目仅包含对 KRL 程序起作用的设置，如果项目中含有会造成其他变化的设置，不能将其激活。

注意：若在机器人控制系统中安装了选项 KUKA.SafeOperation 或 KUKA.Safe Range Monitoring，其他用户组均有效；如果传输一个包含尚未安装在机器人控制系统中的备选软件包的项目，操作步骤与普通流程不同。操作步骤如下所述。

（1）将项目传输到机器人控制系统中，但不激活！

（2）将备选软件包安装在机器人控制系统上（注意：按照常规方式安装）。

（3）将项目通过比较法重新传输给 WorkVisual。在此情况下，应用机器人控制系统的状态。

（4）将项目重新传输给机器人控制系统。

（5）在机器人控制系统中激活项目。

将项目传输给机器人控制系统的操作步骤如下所述。

（1）在菜单栏中单击“安装”按钮，自动打开“项目传输”窗口，如图 4-91 所示。

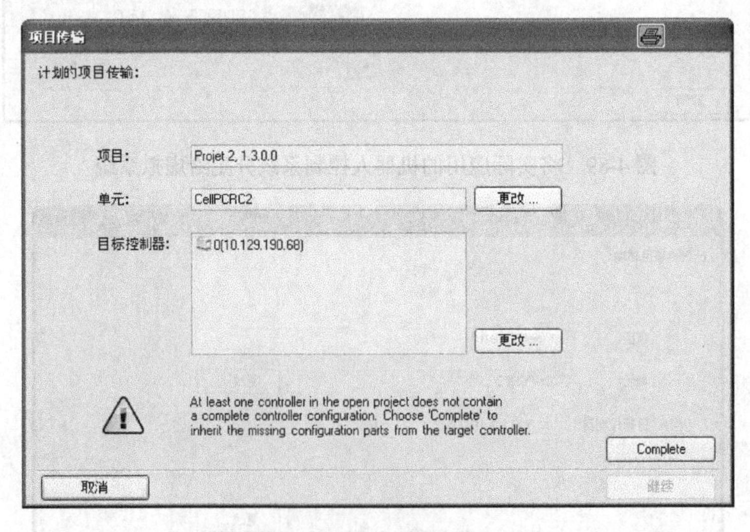

图 4-91　不完整配置的概览及提示

（2）如果涉及的项目从来未从机器人控制系统载入，则它不包含所有配置文件。这通过一个提示显示出来（配置文件包括机器参数文件、安全配置文件和其他很多文件）。如果未显示该提示，执行第（13）步；如果显示该提示，执行第（3）步。

（3）单击“完整化”按钮，显示安全询问“项目必须保存，并重置激活的控制系统!您想继续吗?”。

（4）单击“是”按钮应答，打开“合并项目”窗口，如图4-92所示。

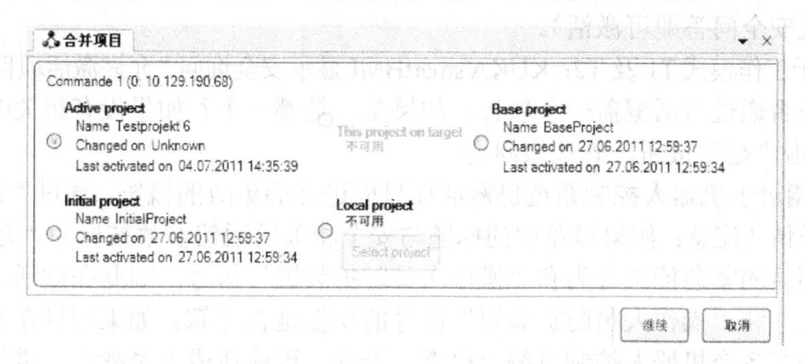

图4-92　选择项目以“完整化”

（5）选择要应用其配置数据的项目，例如一个在实际应用的机器人控制系统上激活的项目（注意：如果一个RoboTeam项目传输到机器人控制系统，必须选择激活的项目）。

（6）单击“继续”按钮，显示进度条（注意：如果项目包含多个机器人控制系统，则显示每个系统的进度条）。

（7）当进度条充满并且显示“状态：合并准备就绪”时，单击“显示区别”按钮，项目之间的差异以一览表的形式显示出来。

（8）对每种差异均应选择需采用的状态，不必一次完成对所有差异的选择。如果合适，可保留默认选择［注意：如果一个RoboTeam项目首次被传输到机器人控制系统上，完全接受实际应用的机器人控制系统状态，为此在每个机器人控制系统选出的“值”列中打钩（√）］。

（9）单击“合并”按钮，应用更改。

（10）根据需要，重复步骤（8）和（9），逐步编辑各个区域。若全部差异已调整，显示信息“无其他区别”。

（11）关闭“比较项目”窗口。

（12）在菜单栏中单击“安装”按钮，重新显示单元对应概览，有关不完整配置的提示不再显示，如图4-93所示。

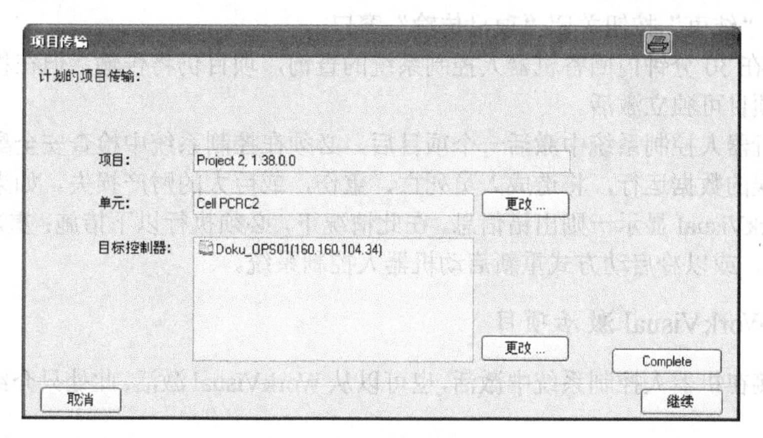

图4-93　概览

（13）单击“继续”按钮，启动生成程序。当进度条显示“100%”时，程序生成，项目被传输（注意：如果已传输一个包含尚未安装在机器人控制系统中的备选软件包的项目，则不得激活此项目，即不得继续执行下一步）。

（14）单击“激活”按钮（注意：在运行方式 AUT 和 AUT EXT 状态下，只涉及程序变动的项目无需经过安全问答即可激活）。

（15）仅限于工作模式 T1 及 T2：KUKA smartHMI 显示安全询问“允许激活项目［…］吗？”。另外，还显示是否通过激活覆盖一个项目；如果是，是哪一个？如果没有相关的项目要覆盖，在 30 分钟内单击“是”按钮，确认该问询。

（16）显示相对于机器人控制系统仍激活项目而进行的更改的概览，通过“详细信息”复选框显示更改的详情（注意：如果概览中的标题与安全相关的通信参数被标为“更改”，表示可以更改迄今为止项目的紧急停止行为和“操作人员防护装置”信号，因此在激活项目之后，必须检查“紧急停止”和“操作人员防护装置”信号的功能是否可靠。如果项目在多个机器人控制系统上激活，须在各个机器人控制系统上检查，否则，可能造成人员死亡、重伤，或巨大的财产损失）。

（17）概览显示安全询问“您想继续吗?”，用“是”回答，则该项目在机器人控制系统中激活，WorkVisual 将显示一条确认信息，如图 4-94 所示。

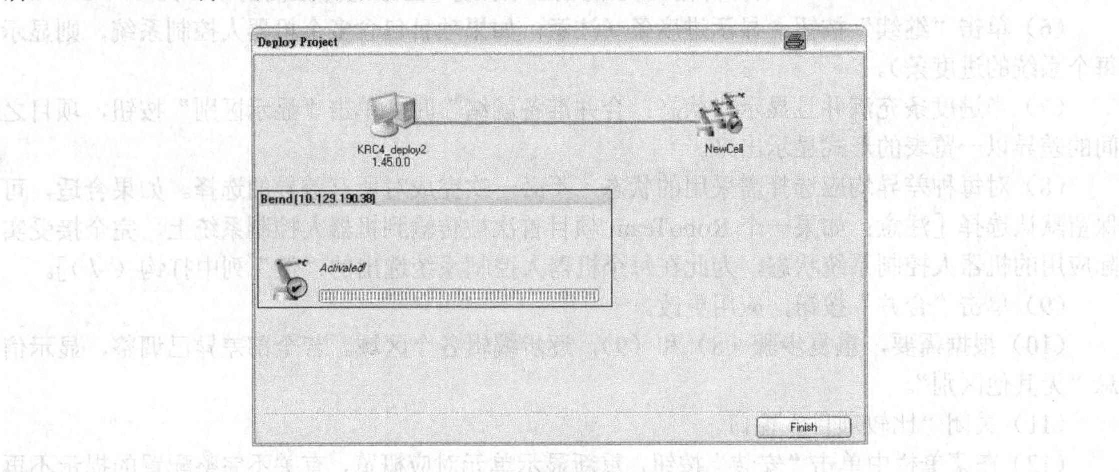

图 4-94　WorkVisual 中的确认

（18）单击“结束”按钮关闭“项目传输”窗口。

（19）若未在 30 分钟内回答机器人控制系统的查询，项目仍将传输，但在机器人控制系统中不激活。该项目可独立激活。

注意：在机器人控制系统中激活一个项目后，必须在控制系统中检查安全配置，否则，机器人可能以错误的数据运行，将造成人员死亡、重伤，或巨大的财产损失。如果一个项目激活失败，会在 WorkVisual 显示一则出错信息。在此情况下，必须执行以下措施：重新激活项目（同一个或另一个），或以冷启动方式重新启动机器人控制系统。

（五）从 WorkVisual 激活项目

项目可直接在机器人控制系统中激活，也可以从 WorkVisual 激活。此处只介绍从 WorkVisual 激活项目。

从 WorkVisual 激活项目的前提是实际所用机器人控制系统实现网络连接；实际应用的机器人控制系统和 KUKA smartHMI 已启动；在实际应用的机器人控制系统中已选择了专家或更高的用户组（注意：如果更改的激活在与安全相关的通信参数的范围内起作用，则必须选择安全维护人员或更高用户组）。若在实际应用的机器人控制系统中已选择了运行方式 AUT 或 AUT EXT，只会引起 KRL 程序变化时，才能激活项目；如果项目中含有会造成其他变化的设置，则不能将其激活。

注意：若在机器人控制系统中安装了选项 KUKA.SafeOperation 或 KUKA. Safe Range Monitoring，则其他用户组均有效；如果已传输一个包含尚未安装在机器人控制系统中的备选软件包的项目，则不激活项目！针对这样的项目，采用与其他传输和激活方式不同的操作方法。

从 WorkVisual 激活项目的操作步骤如下所述。

（1）选择“序列文件”菜单下的“查找项目”，打开项目浏览器，然后在左侧选中“查找”选项卡。

（2）在可用工作单元区展开所需工作单元的节点，则该工作单元的所有机器人控制系统均被显示出来。

（3）展开所需机器人控制系统的节点，所有项目均将显示。激活的项目以一个绿色的小箭头标示。

（4）选定所需项目，并单击“激活项目”按钮，自动打开“项目传输”窗口。

（5）单击“继续”按钮（注意：在运行方式 AUT 和 AUT EXT 状态下，只涉及程序变动的项目无需经过安全问答即可激活）。

（6）仅限于工作模式 T1 及 T2：KUKA smartHMI 显示安全询问“允许激活项目［…］吗？”。还显示是否通过激活来覆盖一个项目。如果是，是哪一个？如果没有相关的项目要覆盖，在 30 分钟内单击“是”按钮，确认该问询。

（7）在 KUKA smartHMI 上显示与机器人控制系统中尚激活的项目相比较所作更改的概览，通过“详细信息”复选框显示更改的详情（注意：如果概览中的标题与安全相关的通信参数下被标为更改，表示可以更改迄今为止项目的“紧急停止行为”和“操作人员防护装置”信号。因此在激活项目之后，必须检查“紧急停止”和“操作人员防护装置”信号的功能是否可靠。如果项目在多个机器人控制系统上激活，须在各个机器人控制系统上检查，否则，可能造成人员死亡、重伤，或巨大的财产损失）。

（8）概览显示安全询问“您想继续吗?”，单击“是”按钮回答，该项目即在机器人控制系统中激活。对此，WorkVisual 将显示一条确认信息。

（9）在 WorkVisual 中单击“结束”按钮关闭“项目传输”窗口。

（10）在项目资源管理器中单击“更新”按钮，激活的项目以一个绿色的小箭头标示（若先前项目已激活，则绿色小箭头消失）。

（六）检查机器人控制系统的安全配置

在机器人控制系统中激活了一个 WorkVisual 项目后，或更改了机器参数后（不受制于 WorkVisual），必须检查机器人控制系统的安全配置。

（七）从机器人控制系统载入项目

在每个具有网络连接的机器人控制系统中都可选出一个项目并载入 WorkVisual，即使该电脑里尚没有该项目，也能实现。该项目保存在目录…\WorkVisual Projects\Downloaded Projects 之下。从机器人控制系统载入项目的前提是实际所用机器人控制系统实现网络连接，操作步骤如下所述。

（1）选择“序列文件”菜单下的“查找项目”，自动打开项目浏览器，然后在左侧选中“查找”选项卡。

（2）在可用工作单元栏展开所需工作单元的节点，则该工作单元的所有机器人控制系统均被显示出来。

（3）展开所需机器人控制系统的节点，则所有项目均将显示。

（4）选中所需项目，并单击“打开”按钮，项目将在WorkVisual里打开。

（八）比较项目

一个WorkVisual中的项目可以与另一个项目相比较，这可以是机器人控制系统上的一个项目，或一个本机保存的项目，其区别清晰、明了地列出。用户可针对每一个区别决定是否沿用当前项目中的状态，或是采用其他项目中的状态。比较项目操作的前提是一个待比较的项目已在WorkVisual中打开。如果机器人控制系统上有其他待比较项目，则实际应用的机器人控制系统已启动，且实际所用机器人控制系统实现网络连接。操作步骤如下所述。

（1）在WorkVisual中选择“序列工具”菜单下的“比较项目”，自动打开“比较项目”窗口。

（2）如图4-95所示，选择当前WorkVisual项目中要与之比较的项目，例如实际应用机器人控制系统上的同名项目。

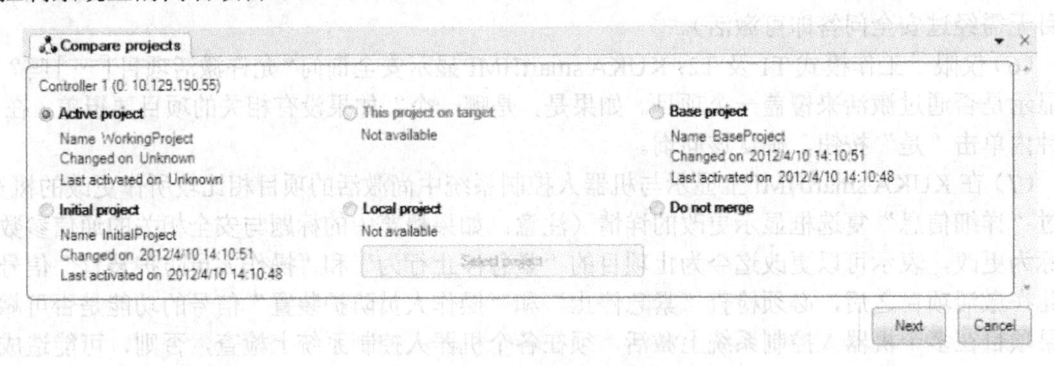

图4-95 选择“比较”项目

（3）单击“继续”按钮，如图4-96所示，显示一个进度条。如果项目包含多个机器人控制系统，显示每个系统的进度条（注意：该显示窗口显示项目所包含的所有机器人控制系统，每个机器人控制系统都显示一个进度条。每个进度条都对应一个实际应用的机器人控制系统。项目在前一次传输时已经传输到该系统上，通过复选框选择应为哪些机器人控制系统进行比较。若在WorkVisual中传输后还添加或删除了机器人控制系统，则这些机器人控制系统将同样在此显示。不过，它们被标记为无效，不能被选中）。

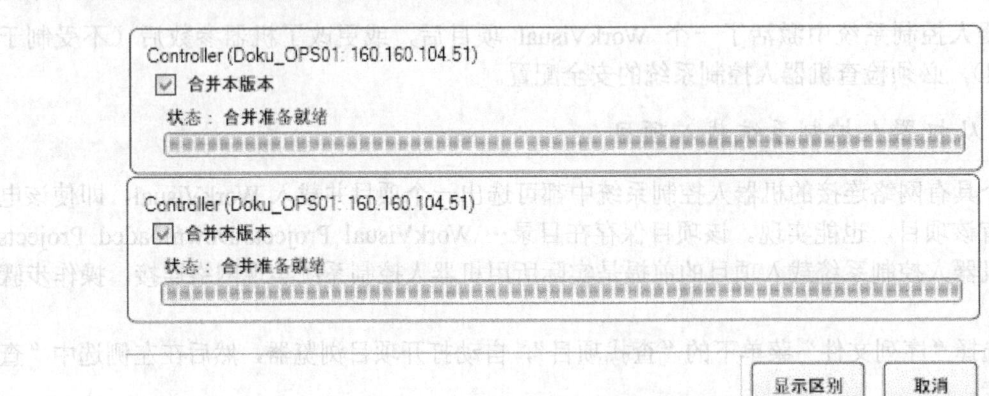

图4-96 进度条

（4）当进度条充满，并且显示状态为“合并准备就绪”时，单击“显示区别”按钮，项目之间的差异以一览表的形式显示出来（如图 4-97 所示）。对于每项区别，都可选择要应用哪种状态。默认设置是“对于在打开的项目中存在的元素，已选定该项目的状态”或“对于在打开的项目中不存在的元素，已选定比较项目的状态”。若未发现差异，在信息提示窗口中显示此消息，继续执行第（8）步，此后无需执行其他任何步骤。

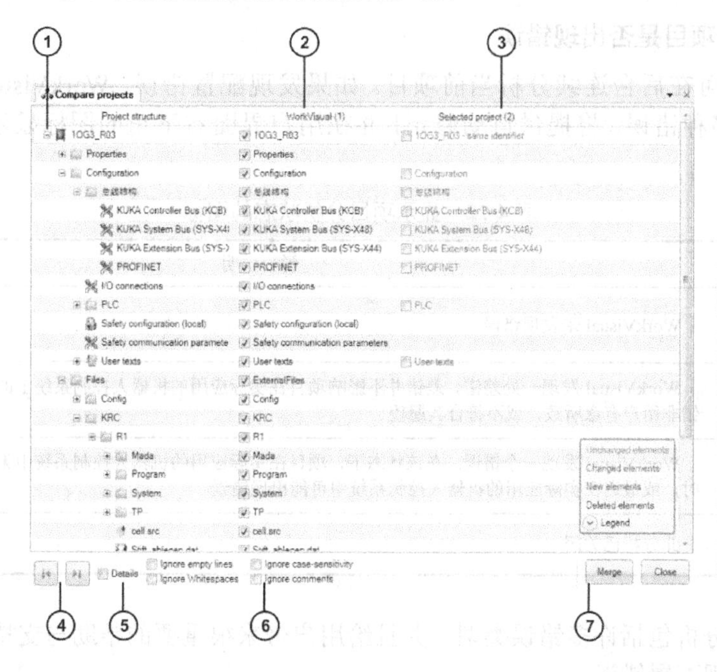

图 4-97 区别概览

对图 4-97 说明如下。

① 机器人控制系统节点，各项目区以子节点表示。展开节点，显示比较。若有多个机器人控制系统，这些系统将上、下列出。在一行中，始终在需应用的值前勾选。不可用处的钩（√）表示不能应用该元素；或者当其已存在时，将从项目中删除。若在一个节点处划钩（√），则所有下级单元处也都将自动勾选；若在一个节点处取消勾选，则所有下级单元也将自动弃选。然而，可单独编辑下级单元。填满的小方框表示下级单元中至少有一个被选，但非全选。

② WorkVisual 中所打开项目的状态。

③ 比较项目中的状态。

④ 返回箭头，显示中的焦点跳到前一个区别；向前箭头，显示中的焦点跳到下一个区别；关闭的节点将自动展开。

⑤ TRUE：显示概览中选定行的详细信息。

⑥ 过滤器。

⑦ 将所选更改应用到打开的项目中。

（5）针对每种区别，选择是否需要沿用当前项目的状态，或需要应用比较项目的状态。不必一次完成对所有差异的这种选择。如果合适，可保留默认选择。

（6）单击“合并”按钮，将更改传给 WorkVisual 应用。

（7）根据需要，重复步骤（5）和（6），逐步编辑各个区域。若全部差异已调整，显示“无其他区别”信息。

（8）关闭“比较项目”窗口。

（9）保存项目。

二、诊断

（一）项目分析

1. 自动分析项目是否出现错误

WorkVisual 可在后台连续分析当前项目。如果发现配置错误，WorkVisual 向用户发出指示。此外，对于多种错误，将提供自动修正，并在用户界面右下角的图标显示项目分析状态，如表 4-22 所示。

表 4-22 显示项目分析状态的图标

图标	颜色	说明
	绿色	WorkVisual 未发现错误
	黄色	WorkVisual 发现一处差错。差错并不影响项目在实际应用的机器人控制系统上的运转性能，估计该差错非用户有意所致，或不符合其愿望
	红色	WorkVisual 发现一个错误。在该状态下，项目在实际应用的机器人控制系统中无法运行，在编码生成时，或最迟在实际应用的机器人控制系统中可能出现错误
	灰色	此分析已关闭

注意：项目分析包括许多错误类型，并且给用户带来很重要的帮助与支持。但绿色图标并不能保证不会出现配置错误。

自动分析项目是否出现错误的前提是项目分析已接通，操作步骤如下所述。

（1）视配置情况，如果图标为红色或黄色，自动打开“WorkVisual 项目分析”窗口；或者单击图标，“WorkVisual 项目分析”打开窗口。

（2）该窗口显示一段简短的错误说明。通常在说明下方显示一个或多个修正方法。单击所需修正建议，如图 4-98 所示。

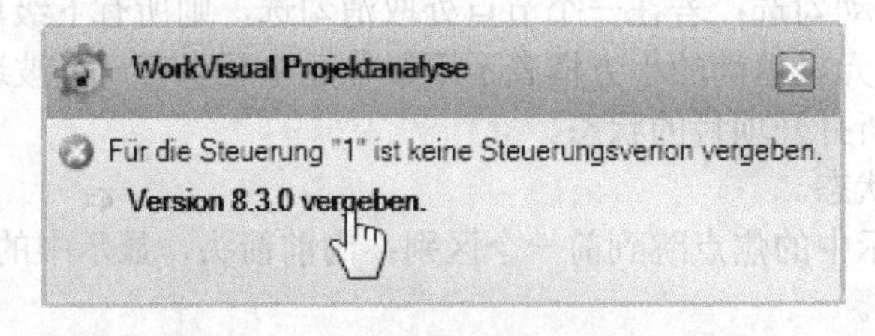

图 4-98 WorkVisual 项目分析（带修正建议）

2. 配置项目分析

配置项目分析的操作步骤如下所述。

（1）选择“顺序”菜单“其他”下的“选项”，打开“选项”窗口。

（2）选定窗口左侧“项目分析”文件夹，在窗口右侧显示当前相关设定。

（3）完成所需的设置，然后单击 OK 按钮确认。

注意：文件夹项目分析中的设置方法如表 4-23 所示。

表 4-23　文件夹项目分析中的设置方法

栏　位		说　明
分析功能已接通	勾选	持续分析项目。如果发现错误或不一致，在“WorkVisual 项目分析”窗口中显示
	不包括	不分析项目，并且不显示通知
已启用自动通知	勾选	如果已发现一处错误或不一致，每次将自动打开“WorkVisual 项目分析”窗口
	不包括	只有通过单击图标，“WorkVisual 项目分析”才会打开窗口

（二）测量记录

测量记录是工业机器人投入运行和查错时一种重要的诊断工具，也用于优化机器参数。利用测量记录功能，可在程序运行过程中记录各种参数，例如实测电流、额定电流、输入/输出端状态，等等。记录可通过示波器显示。

在 WorkVisual 中可配置测量记录，并将其传输给机器人控制系统；也可从 WorkVisual 启动记录，还可从机器人控制系统向 WorkVisual 导入测量记录配置。测量记录的结果同样可向 WorkVisual 导入，此处有示波器供显示和分析用。

1. 配置并启动测量记录

配置时，需确定应记录哪些数据。机器人控制系统将测量记录保存在文件夹 C:\KRC\ROBOTER\TRACE 之下。操作的前提是工作范围及在线管理。操作步骤如下所述。

（1）选择“序列编辑器”菜单下的“测量记录配置”，自动打开“测量记录配置”窗口。

（2）在“一般设置”选项卡中选择“配置”或“建立新的配置”，按需编辑配置。

（3）在“单元视图”窗口中选择应接收配置的机器人控制系统。

（4）在“一般设置”选项卡中单击按钮，将配置保存到控制系统上。

（5）单击“是”按钮，回答是否应激活配置的安全询问。

（6）单击“开始测量记录”按钮，启动记录，将根据定义的触发器启动记录；或者单击“触发器”，立即启动记录。栏位状态将从#T_END 跳到#T_WAIT 或#TRIGGERED。

（7）当栏位状态重又显示#T_END 时，记录结束。

2. 导入测量记录配置

可导入测量记录配置。这些配置随后将在“测量记录配置”窗口的“源”栏中在“局部”下供选用。操作步骤如下所述。

（1）进入导入/导出条目的方法：选择“序列编辑器”菜单下的“测量记录配置”，自动打开“测量记录配置”窗口，然后在“一般设置”选项卡中单击“导入/导出测量记录配置”按钮；或者选择“序列文件”菜单下的“导入/导出”，自动打开一个窗口，选择“导入/导出记录配置”，并单击“继续”按钮。

（2）选择“导入”选项。

（3）若在“源目录”栏中未显示所需目录，再单击“查找”按钮，导航到存放配置的目录，选定目录后，单击 OK 按钮确认，显示在该目录中包含的配置。

（4）选择是否应覆写现有数据。

（5）单击“完成”按钮。

（6）数据被导入。若成功导入，将在窗口中以一条信息显示这一结果，同时关闭窗口。

3. 导出测量记录配置

导出测量记录配置的操作步骤如下所述。

（1）导入/导出的方法有：选择“序列编辑器”菜单下的“测量记录配置”，则自动打开“测量记录配置”窗口，然后在“一般设置”选项卡中单击“导入/导出测量记录配置”按钮；或者选择“序列文件”菜单下的“导入/导出”，自动打开一个窗口，再选择“导入/导出记录配置”，并且单击“继续”按钮。

（2）选择“导出”选项，所有局部存在的配置均将显示。

（3）若在“目标目录”栏中未显示所需的目录，单击“查找”按钮，导航到所需目录。选定目录，单击OK按钮确认。

（4）选择是否应覆写现有数据。

（5）单击“完成”按钮。

（6）数据被导出。若成功导出，将在窗口中以一条信息显示这一结果，关闭通知窗口。

4. Trace配置窗口

图4-99所示为“一般设置”选项卡，图4-100所示是“触发器”选项卡。在此可选择一个触发器。触发器控制何时记录数据，确切地说，一旦单击了“开始测量记录”按钮，系统便开始跟踪记录数据，但触发器控制记录的哪一个时间段，显示在测量记录文件中。图4-101所示是“输入/输出端”选项卡即E/A选项卡，用于选择应记录哪些输入或输出端。图4-102所示是“配置”选项卡，“通道中的设置”选项卡也会显示其中，反之依然。图4-103所示是“通道”选项卡，它所含模块与“配置”选项卡一样，但通道更多，选择可能性更详细。通道特别适用于具有专家知识的用户。“通道”选项卡中的设置也会显示在“配置”选项卡中，反之依然。

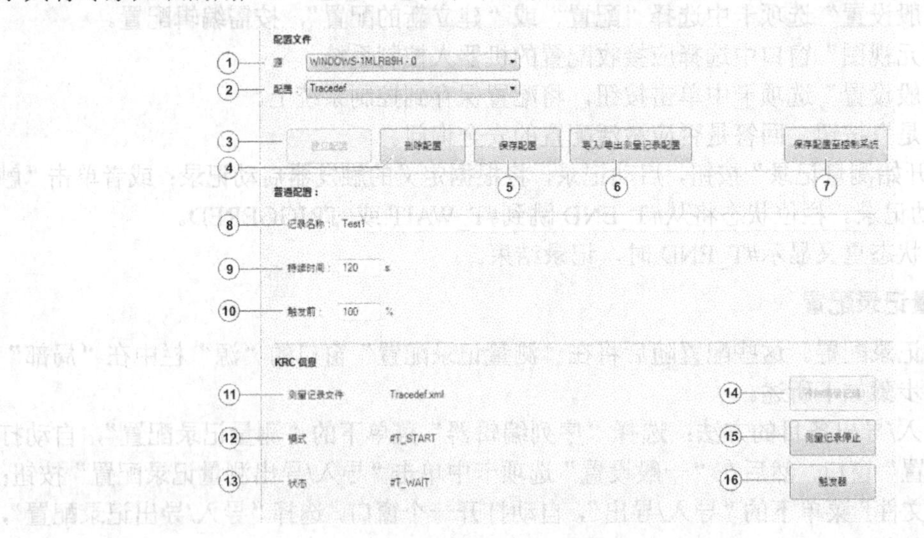

图4-99 “一般设置”选项卡

对图4-99说明如下。

① 本机：在栏位配置中列出所有预定义并保存在本机中的配置供选择；[机器人控制系统]：在栏位配置中列出所有保存在该机器人控制系统中的配置供选择（作为本机范围之外的补充）。只有在“单元视图”窗口中选择了“机器人控制系统”，机器人控制系统才显示在“源”栏中。

② 在此可选择一个配置。在选项卡中可以编辑该配置，然后将其保存在本机上，或机器人控制系统中。

③ 打开一个窗口，在其中可为新的配置输入一个名称。对于新的配置，可以选择现有的一个本机配置作为模板，然后单击 OK 按钮确认输入，新的配置将添加到本机下的列表中。此按钮仅在“源”栏源中选择了“记录项本机”之后才会显示。

④ 删除在“配置”栏中显示的配置。

⑤ 保存在“配置”栏中的配置，同时应用选项卡中的设置。

⑥ 打开一个用于导入/导出测量记录配置的窗口。

⑦ 在“单元视图”窗口选择的机器人控制系统中激活配置栏中显示的配置，即使单击“否”按钮回答安全询问，配置也将保存在机器人控制系统中。但该配置在那里不激活。

⑧ 记录的名称，可以更改名称。在名称后，机器人控制系统添加说明所记录的数据的词尾。

⑨ 记录的持续时间，只能输入整数，且最大值 9999s。

⑩ 记录中所示时间段相对触发器的位置，%值针对记录的持续时间。例如，0%表示所示时间段与触发器同步开始；30%表示所示时间段的 30%位于触发器之前，70%位于触发器之后；100%表示所示时间段与触发器同步终止。

⑪ 在机器人控制系统中正好激活的测量记录配置（注意：仅在“源”栏中选择了一个机器人控制系统时才会显示）。

⑫ #T_START 表示记录已启动；#T_STOP 表示记录未启动（注意：仅在“源”栏中选择了一个机器人控制系统时才会显示）。

⑬ 记录的状态，#T_WAIT 表示记录已启动，等待触发器；#TRIGGERED 表示记录还要持续由记录长度和触发器定义的时间；#T_END 表示不再记录（注意：仅在“源”栏中选择了一个机器人控制系统时才会显示）。

⑭ 用测量记录文件下显示的配置启动记录，此按钮仅当尚未启动记录时才会显示（注意：仅在“源”栏中选择了一个机器人控制系统时才会显示）。

⑮ 停止记录。此按钮仅当启动了一个记录时才会显示（注意：仅在“源”栏中选择了一个机器人控制系统时才会显示）。

⑯ 启动记录。此按钮仅当已启动了一个记录时才会显示。确切地说，一旦单击了“开始测量记录”按钮，系统便开始跟踪记录数据；但触发器控制记录的哪一个时间段，显示在测量记录文件中（注意：仅在“源”栏中选择了一个机器人控制系统时才会显示）。

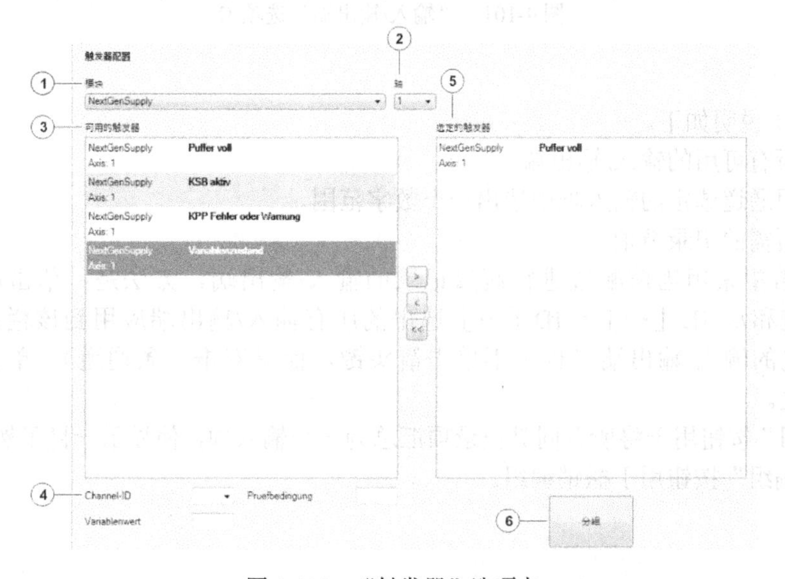

图 4-100　“触发器”选项卡

对图 4-100 说明如下。

① 在此可选择一个模块，包括众多预定义的触发器。

② 只有当所选模块涉及机器人轴时，该栏才显示，并可选择触发器应针对哪些轴。

③ 此处显示该模块的所有触发器，用向右的箭头将此处选定的触发器复制到“选定的触发器”栏；或者双击一个触发器。

④ 视可用的触发器下具体选定的输入项而定。此处可为该输入项提供过滤器。

⑤ 添加应用于当前配置的触发器，单击向左箭头，删除选中的触发器；或者双击一个触发器；或者单击向左的双箭头清空栏位。

⑥ “编组”按钮用于将所有同类记录项汇总为一个输入项，使显示一目了然，对记录全无影响；“取消编组”按钮用于撤销编组。

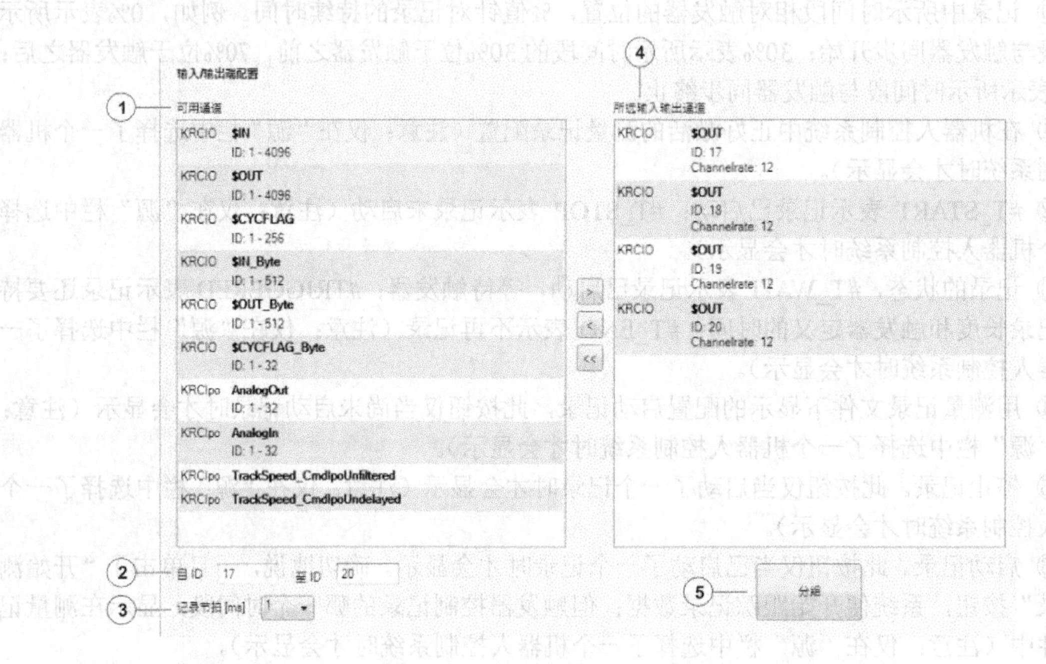

图 4-101 “输入/输出端”选项卡

对图 4-101 说明如下。

① 显示所有可用的输入/输出端。

② 从可用通道选定的输入项中选出一个数字范围。

③ 选择所需的记录节拍。

④ 插入希望采用当前配置进行测量记录的输入/输出端，方法是：单击向右箭头，将通过可用通道和从 ID［…］～ID［…］选出的所有输入/输出端应用到该栏；单击向左箭头，删除选定的输入/输出端（也可不单击箭头键，而是双击一条通道）；单击向左的双箭头，清空栏位。

⑤ “编组”按钮用于将所有同类记录项汇总为一个输入项，使显示一目了然，对记录全无影响；“取消编组”按钮用于撤销编组。

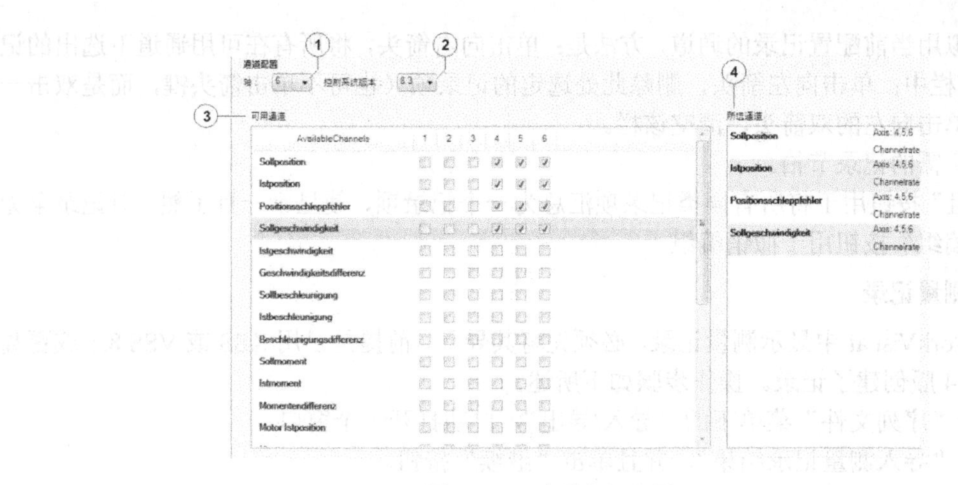

图 4-102　选项卡“配置”

对图 4-102 说明如下。

① 选择在可用通道中显示的轴数。

② 必须选定此选项卡中的条目涉及哪个系统软件版本（注意：首先在选定正确的版本，再执行选项卡的其他设置！如果更改版本，所选择的通道被删除）。

③ 选择应记录的通道。要为单个轴选择通道，勾选该轴；要划上或重新去掉某一行的所有钩，双击该行。非轴相关的通道只有一个复选框。

④ 显示所有选定的通道（注意：在此可显示“配置”选项卡中无法选择的通道。此类情况发生在“通道”选项卡中已选定这些通道时）。

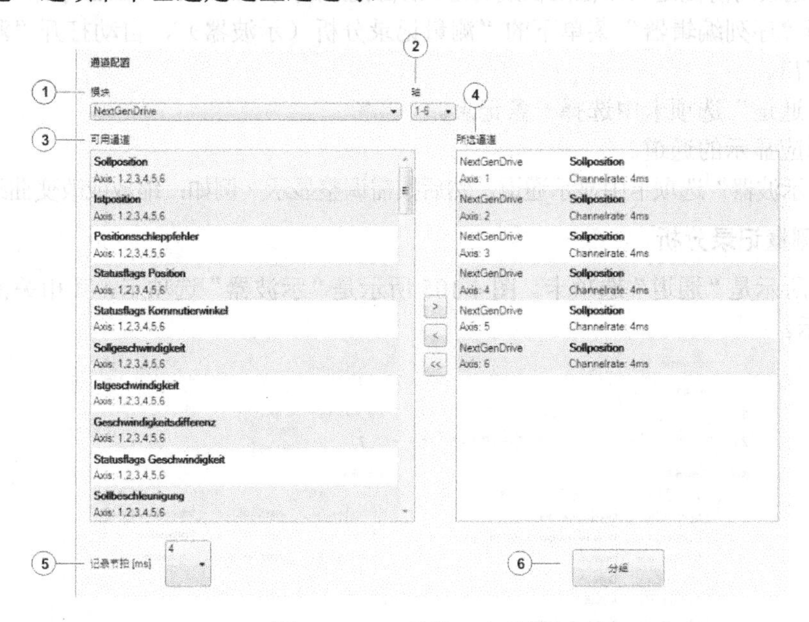

图 4-103　“通道”选项卡

对图 4-103 说明如下。

① 可选择一个模块，模块可设不同的通道。

② 只有当所选模块涉及机器人轴时，该栏才显示。可以选择通道应涉及哪些轴。

③ 显示所选模块的所有通道。

④ 添加拟用当前配置记录的通道，方法是：单击向右箭头，将所有在可用通道下选出的记录项应用到该栏中；单击向左箭头，删除此处选定的记录项（也可不单击箭头键，而是双击一个记录项）；单击向左的双箭头，清空该栏。

⑤ 选择所需的记录节拍。

⑥ “编组”按钮用于将所有同类记录项汇总为一个记录项，使显示一目了然，对记录全无影响；“取消编组”按钮用于撤销编组。

5. 导入测量记录

为了在 WorkVisual 中显示测量记录，必须先将其导入，前提是已用 KSS 或 VSS 8.1 或更高版本，或者 5.4 版创建了记录。操作步骤如下所述。

（1）选择“序列文件”菜单下的“导入/导出”，自动打开一个窗口。

（2）选择“导入测量记录结果”，并且单击“继续”按钮。

（3）单击“查找”按钮，导航到存放结果的目录。然后选定目录，并单击 OK 按钮确认，在该目录中包含的所有测量记录文件即被显示。

（4）选定应导入的测量记录。

（5）选择是否应覆写现有数据。

（6）在“格式”栏中选择合适的记录项。

（7）单击“完成”按钮。

（8）数据被导入。若成功导入，将在窗口中以一条信息显示这一结果，之后关闭窗口。

6. 显示测量记录

显示测量记录的前提是工作范围在线管理；已将记录成功导入 WorkVisual。操作步骤如下所述。

（1）选择“序列编辑器”菜单下的“测量记录分析（示波器）”，自动打开“测量记录分析（示波器）”窗口。

（2）在“通道”选项卡中选择一条记录。

（3）选择应显示的通道。

（4）在“示波器”选项卡中显示通道，然后按需调整显示（例如：缩放或改变曲线的颜色）。

7. 窗口测量记录分析

图 4-104 所示是“通道”选项卡。图 4-105 所示是“示波器”选项卡，其相关说明如表 4-24 和表 4-25 所示。

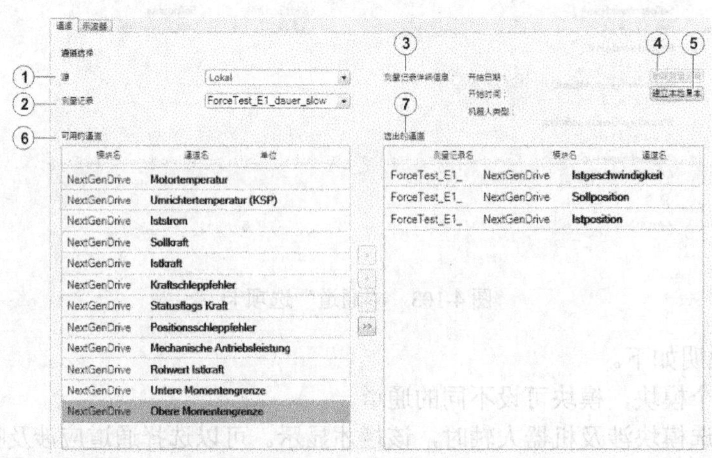

图 4-104 选项卡通道

对图 4-104 说明如下。

① 本机：在测量记录中列出了所有保存在本机中供选择的记录。[机器人控制系统]：在测量记录中，显示所有保存在该机器人控制系统中的测量记录，供选择（作为本机范围之外的补充）。只有在“单元视图”窗口中选择了“机器人控制系统”，机器人控制系统才显示在“源”栏中。

② 选择一个记录。

③ 显示所选记录的详细信息。

④ 只有在“源”栏中选择条目“本机”之后，才会激活：删除在测量记录中选择的记录。

⑤ 只有在“源”栏中选择“机器人控制系统”之后，才会激活：建立一份所选记录的本地副本。

⑥ 显示所有包括在选出的记录中的所有通道。

⑦ 添加希望在示波器中显示的通道，可在此栏添加各记录中的记录项，方法是：单击向右箭头，将所有在可用通道下选定的条目移到该栏；单击向左箭头，删除此处选定的记录项（也可不单击箭头键，而是双击条目）；单击向左的双箭头，清空栏位。

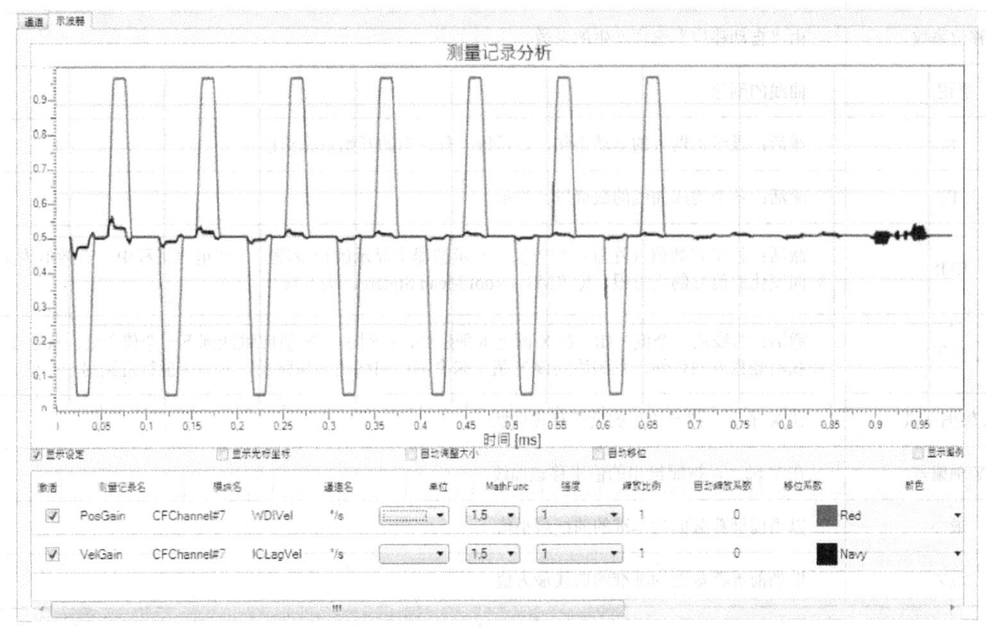

图 4-105　“示波器”选项卡

表 4-24　“示波器”选项卡的相关说明——复选框

复选框	说明	
显示设定	激活	显示激活、测量记录名等列
显示光标坐标	激活	在曲线图中显示鼠标指针位置的 X 和 Y 坐标
自动调整大小	激活	曲线按照大小相互调整，以便于外形比较。曲线之间的大小比例通常不再与实际相符，但当前的系数显示在“自动缩放系数”中
自动移位	激活	曲线的平均值相互重叠。通过该选项，可以比较在 Y 轴上相互远离的曲线。Y 轴值这时通常不再与实际相符，但当前的系数显示在“移位系数”中
显示图例	激活	在曲线图中显示哪个通道名称属于哪种曲线颜色

表 4-25 “示波器”选项卡的相关说明——列

列	说明
激活	激活，在示波器中显示曲线；未激活，在示波器中不显示曲线
测量记录名	记录的名称
模块名	模块的名称
通道名	通道名称
单位	示波器显示曲线的Y轴单位（每条曲线的单位可不同）
MathFunc	可以应用到曲线上的数学函数，以与曲线颜色类似的颜色显示属于函数的图形
强度	曲线的线条粗细（单位：点）
缩放比例	通过此栏，逐步增大或缩小振幅，使振幅很小或被其他曲线遮住的曲线很好地显示
自动缩放系数	由“自动调整大小”选项产生的系数
移位系数	由“自动移位”选项产生的系数
颜色	曲线的颜色
点	激活：显示机器人的运动语句。显示每一条语句的开始点和结束点
值	激活：各个构成曲线的数值以点显示
RMS	激活：显示有效值（注意：有效值针对示波器中显示的记录段）。在电气工程中，有效值为某个随时间变化的信号的均方根，即RMS（Root Mean Square，均方根）
分级	激活：曲线从一个值开始，在X面上水平延伸，直到达到Y值应跳跃到下一个值之处。从该点出发，曲线沿竖直方向延伸，直到达到该Y值。未激活：曲线沿最短路径，从一个值行进到另一个值
X轴偏移量	在X轴上，按照给出的值平移该曲线
Y轴偏差	在Y轴上，按照给出的值平移该曲线
最小	以当前屏幕截面为基准的曲线最小值
最大	以当前屏幕截面为基准的曲线最大值

8. 转移、放大、缩小示波器显示

转移的操作步骤如下所述。

（1）单击“显示”按钮，并按住鼠标键。

（2）用鼠标拖拉，显示随之移动。

缩放的操作步骤如下所述。

（1）单击“显示”按钮。

（2）用鼠标滚轮滚动。向下滚动，缩小视图；向上滚动，放大视图。

放大局部详图的操作步骤如下所述。

（1）按住Shift键。

（2）单击“显示”按钮，并按住鼠标键。

（3）将鼠标滑过所需的局部详图，显示一个灰色矩形，其尺寸随着鼠标的运动而改变（长宽比不可改变）。

（4）松开鼠标键，灰色矩形的内容放大显示。

注意：采用此操作方式选出的局部详图的长宽比将根据示波器的显示适当调整；也可以用下述方法实现放大局部详图的操作。

（1）按住 Ctrl 键（控制键）。

（2）单击“显示”按钮，并按住鼠标键。

（3）将鼠标滑过所需的局部详图，显示一个灰色矩形，其尺寸和长宽比随着鼠标的运动而改变。

（4）松开鼠标键，灰色矩形的内容放大显示。

还原默认视图的操作步骤如下所述。

（1）用鼠标右键单击“显示”按钮。

（2）在相关菜单中选择 Fit to view。

9．制作示波器显示的屏幕抓图

将屏幕抓图创建到剪贴板按钮的操作步骤如下所述。

（1）用鼠标右键单击“显示”按钮。

（2）在相关菜单中选择“复制屏幕抓图”。

制作并保存屏幕抓图的操作步骤如下所述。

（1）用鼠标右键单击“显示”按钮。

（2）在相关菜单中选择“保存屏幕抓图”，打开一个窗口，从中选择目标目录，将屏幕抓图保存为 PNG 文件。

（三）记录网络流量

在 8.3 版机器人控制系统下，WorkVisual 可记录基于以太网的机器人控制系统接口的通信数据，例如 PROFINET、EtherCAT 和 EtherNet/IP。WorkVisual 将记录保存在 PCAP 文件中，默认目录为 C：\Benutzer\Benutzername\Eigene Dokumente，目录和文件名可变。可以用一款分析网络通信连接的软件（Sniffer 软件）显示 PCAP 文件。操作的前提是实际所用机器人控制系统实现网络连接；已从实际应用的机器人控制系统载入激活的项目；机器人控制系统已在 WorkVisual 设为激活。操作步骤如下所述。

（1）如有需要，在项目的总线结构中选定应从其接口记录数据的元素，该接口将被自动选出。

（2）单击“记录网络捕获”按钮，自动打开“选择网络接口”窗口，如图 4-106 所示。栏位说明如表 4-26 所示。

（3）如果未进行预设定，选择所需接口。

（4）需要时，选择“过滤选项”。

（5）单击“继续”按钮。

（6）为启动记录，单击“开始”按钮，进度条和计数器显示所记录的数据量。存储器最大容量为 5MB。如果记录更多数据，环形缓冲器将激活，取消目前最老的数据，以最新的数据取代。在首次存入存储器时，进度条逐渐增长，显示存储器被占用了多少。如果激活环形缓冲器，显示文本“环形缓冲器激活”。绿灯沿进度条移动。

（7）为停止记录，单击“停止”按钮。必要时，单击“重启”按钮重新开始记录，现有数据被删除。

（8）为存储记录，在停止后单击“继续”按钮，显示目标目录和文件名。目录和文件名可变。

（9）点击“继续”按钮，存储记录，并显示文本“导入成功”。

（10）单击“关闭”按钮。

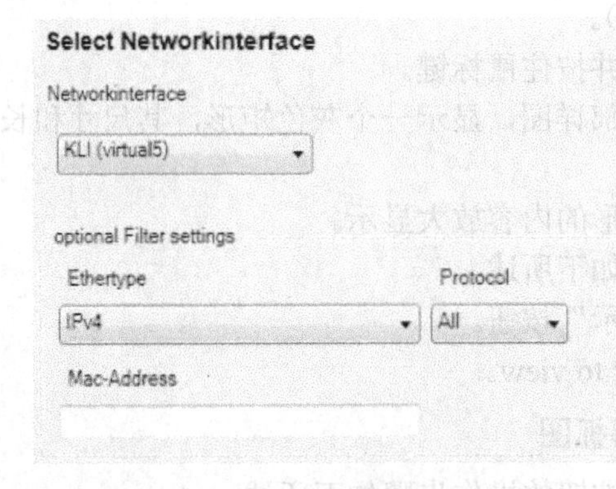

图 4-106 “选择网络接口”窗口

表 4-26 栏位说明

栏位	说明
网络接口	选择应记录通信数据的接口
以太网类型	限定待记录数据的类型。如不希望限制，选择“全部”
协议	仅当以太网类型被选为 IPv4 或 IPv6 时，才显示。可以限定待记录数据的协议。如不希望限制，选择“全部”
MAC 地址	待记录数据可以限定在某一 MAC 地址上。如不希望限制，保留该栏为空

（四）显示机器人控制系统的信息和系统日志

在 8.3 版机器人控制系统上，信息窗口在 smartHMI 上显示的信息也能在 WorkVisual 显示，从工业以太网或其现场总线用户中生成的消息在 WorkVisual 中将包含链接。这些所谓的“诊断链接”，将用户引导到 WorkVisual 的其他区域，并且帮助他们调查这些信息的起因。此外，可显示机器人控制系统的系统日志，即日志存储器的记录项。这里提供搜索和大量过滤器。操作的前提是实际所用机器人控制系统实现网络连接；实际应用的机器人控制系统和 KUKA smartHMI 已启动；工作范围在线管理。操作步骤如下所述。

（1）在“单元视图”窗口中勾选机器人控制系统。可以选择多个控制系统。

（2）选择“序列编辑器”菜单下的“Log 显示”，自动打开“Log 显示”窗口，为每个所选机器人控制系统显示一个条目。

（3）单击一个记录项，将其展开，显示“MessageLogs：显示机器人控制系统的信息（如图 4-107 所示）”和“SystemLogs：显示机器人控制系统的日志记录项（如图 4-108 所示）”选项卡。

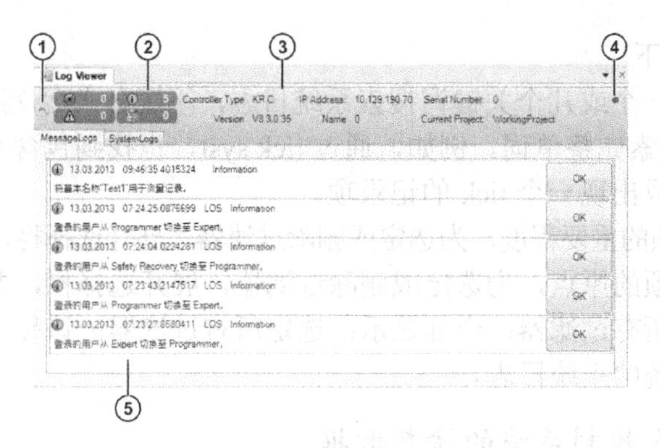

图 4-107　带选项卡“MessageLogs”的 Log 显示

对图 4-107 说明如下。

① 单击（或在灰色区域单击任意位置），展开或合上条目。如果展开条目，可以看见选项卡 MessageLogs 和 SystemLogs。

② 提示信息计数器，显示每种提示信息类型各有多少条提示信息。

③ 机器人控制系统和激活项目的信息。在建立与机器人控制系统的连接期间，激活项目名称旁的小灯闪烁。有了连接后，小灯消失。

④ 小灯的状态：绿色，表示与实际应用的机器人控制系统有连接；红色，表示与实际应用的机器人控制系统的连接中断。

⑤ 显示信息窗口在 smartHMI 上显示的信息。如果在信息窗口确认一条信息，也在 MessageLogs 中确认该信息；如果在 MessageLogs 中确认一条信息，则在信息窗口不确认该信息。信息提示中可包含诊断链接。

注意：诊断链接是指从工业以太网或其现场总线用户中生成的消息在 WorkVisual 中将包含链接。这些所谓的“诊断链接”，将用户引导到 WorkVisual 的其他区域，并且帮助他们调查这些信息的起因。对链接在线设备诊断和工业以太网设备列表适用于“如果激活的项目还未从机器人控制系统中载入，此过程现在自动执行，之前弹出一个安全询问”或“如果打开了另一个项目，将关闭该项目；如果包含未保存的更改，将显示一个询问，提示是否需要保存更改”，相关说明如表 4-27 所示。

表 4-27　诊断连接的说明

诊断链接	说明
诊断显示器	该链接打开诊断显示器，生成信息的设备已在模块概览中自动选出
在线设备诊断	该链接将出错的设备设为“已连接”，打开“诊断”窗口，并且显示“设备诊断”选项卡
工业以太网设备列表	该链接将工业以太网节点设为“已连接”，打开“设备列表和工业以太网名称”窗口，并且显示“可用设备”选项卡

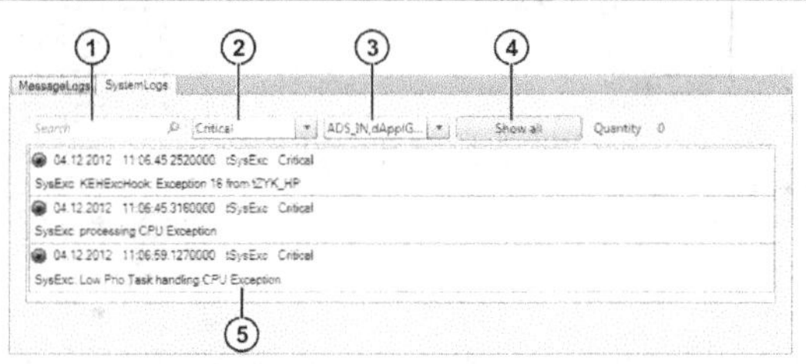

图 4-108　选项卡 SystemLogs（系统日志）

对图 4-108 说明如下。

① 这里可以根据一个或几个关键词搜索系统日志，不区分大/小写。关键词输入搜索框的顺序无关紧要，不必搜索完整单词。例如，通过 tick syst，也找到包含 System-Tick 的记录项；通过 tick syst，也找到只出现一个 tick 的记录项。

② 过滤器：记录项的重要程度，为选定或删除过滤器，展开选择栏，并且勾选或取消勾选。

③ 过滤器：记录项的原点，为选定或删除过滤器，展开选择栏，并且勾选或取消勾选。

④ 无显示：删除所有过滤器；全部显示：选定所有过滤器。该按键对搜索框不起作用。

⑤ 机器人控制系统的系统日志。

（五）显示机器人控制系统的诊断数据

利用诊断功能，可显示一个机器人控制系统众多软件模块的各种诊断数据。显示的参数与所选模块有关，例如可显示状态、故障计数器、信息提示计数器，等等。模块示例：Kcp3 驱动程序（smartPAD 的驱动程序）；网络驱动程序；“小灯”显示参数的状态（绿色，表示状态正常；黄色，表示状态危险，可能有错；红色，表示错误）等。操作的前提是实际所用机器人控制系统实现网络连接；实际应用的机器人控制系统和 KUKA smartHMI 已启动；工作范围在线管理。操作步骤如下所述。

（1）在“单元视图”窗口中勾选所需机器人控制系统（注意：可选择多个控制系统）。

（2）选择“序列编辑器”菜单下的“单诊断监视器”，自动打开“诊断显示器”窗口。

（3）为每个所选机器人控制系统显示一个条目，单击一个记录项，将其展开，显示“模块视图”（如图 4-109 所示，诊断数据如表 4-28 所示）和“信号波形”（如图 4-110 所示，在“信号波形”选项卡中显示数值随时间变化的图解，显示被赋予一种颜色的数值。如果选定另一种模块，现有模块的曲线在图表中保持不变，以便比较不同模块的变化。单击“删除全部”按钮，将所有颜色设定重置为“透明”，并且从图表中删除所有曲线。如果沿图表移动鼠标光标，显示光标位置的 X 和 Y 坐标。用鼠标右键单击图表，然后利用弹出的快捷菜单调整图表尺寸，确保显示整条曲线；生成截图，并且放到剪贴板中；保存截图；调用“帮助”的操作。关于缩放和按键组合的提示，可在“帮助”中找到）两个选项卡。传输应用模式的诊断数据如表 4-29 所示。

（4）在“模块”视图下选定一个模块，然后针对选定的模块显示诊断数据。

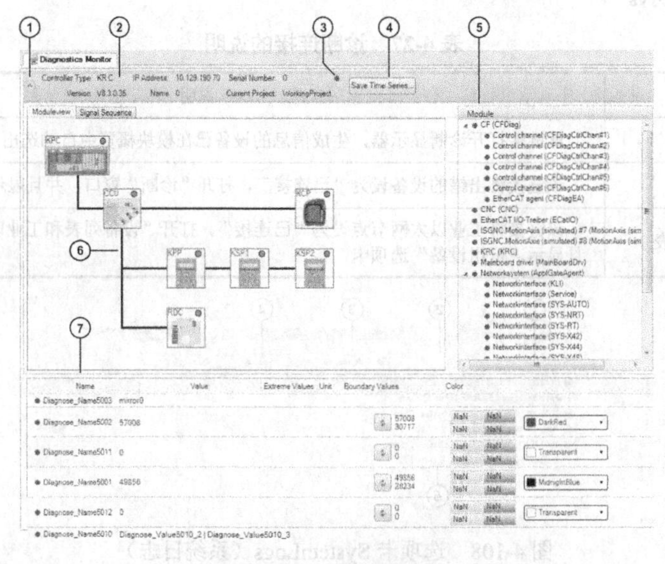

图 4-109 “模块”视图

对图 4-109 说明如下。

① 在此单击（或在灰色区域单击任意位置），展开或合上条目。如果展开记录项，可以看见“模块视图”选项卡和信号波形。

② 机器人控制系统和激活项目的信息。在建立与机器人控制系统的连接期间，激活项目名称旁的小灯闪烁。有了连接后，小灯消失。

③ 该小灯显示机器人控制系统的状态。红色：表示当至少一个模块处于红色状态时；黄色：表示当至少一个模块处于黄色状态，而无模块为红色状态时；绿色：表示当所有模块处于绿色状态时。

④ 可将值的时间进程输出到一个 Log 文件（日志文件）。这些值按照时间戳记分类。时间戳记以打开诊断显示器的时刻开始。

⑤ 模块概览。小灯显示模块的状态。红色：表示当至少一个参数处于红色状态时；黄色：表示当至少一个参数处于黄色状态，且无参数为红色状态时；绿色：表示当所有参数处于绿色状态时。

注意：如果显示针对的是带系统软件 8.2 版的机器人控制系统，模块概览不会按层级结构划分。

⑥ 图示下列总线拓扑结构：控制器总线、KUKA Operator Panel Interface（库卡操作面板接口）。若设备在实际应用的机器人控制系统中不存在，其旁边的小灯呈灰色。

⑦ 所选中模块的诊断数据。小灯显示参数的状态。红色：表示当数值超出“极限值”栏中红色小方框里的规定范围时；黄色：表示当数值超出“极限值”栏中黄色小方框里的规定范围时；绿色：表示当数值处于“极限值”栏中黄色小方框里的规定范围内时。

表 4-28　诊断数据

<table>
<tr><th>列</th><th colspan="2">说　明</th></tr>
<tr><td>名</td><td colspan="2">诊断的参数</td></tr>
<tr><td>值</td><td colspan="2">诊断参数的当前值</td></tr>
<tr><td rowspan="2">极值</td><td>上限值：最大的诊断值</td><td rowspan="2">极值针对自打开诊断窗口以来的时段，除非单击“更新”按钮（绿色双箭头），重新计算极值</td></tr>
<tr><td>下限值：最小的诊断值</td></tr>
<tr><td>单位</td><td colspan="2">如果参数有一个所属单位，将在此显示，部分单位可切换（例如，从秒切换到毫秒）</td></tr>
<tr><td>极限值</td><td colspan="2">这一列包括部分默认值，由用户更改/确定
对于黄色小方框
上限值：若超出此值，参数标记为黄色
下限值：若低于此值，参数标记为黄色
对于红色小方框
上限值：若超出此值，参数标记为红色
下限值：若低于此值，参数标记为红色</td></tr>
<tr><td>颜色</td><td colspan="2">在“信号波形”选项卡中，曲线的颜色</td></tr>
</table>

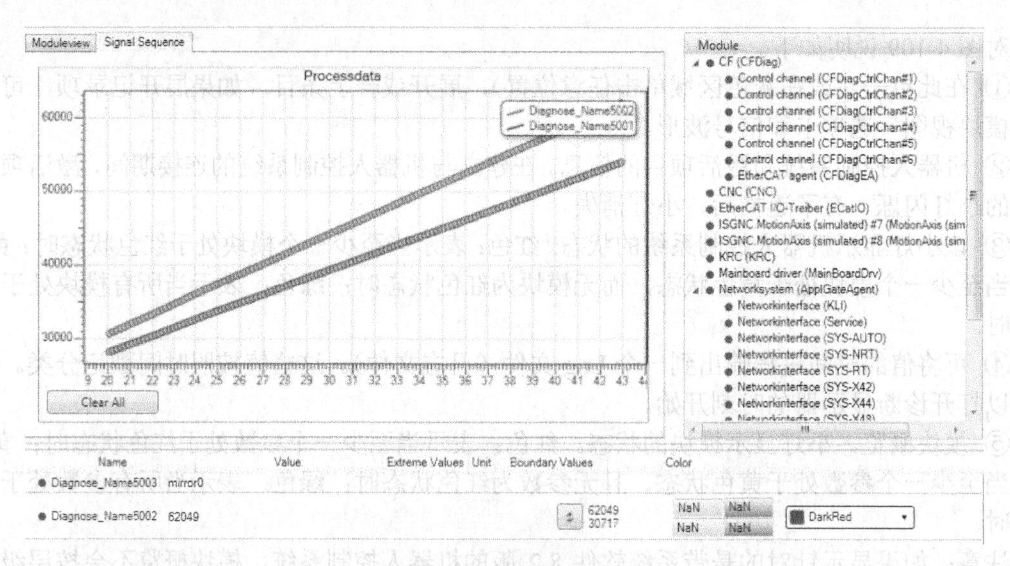

图 4-110　信号波形

表 4-29　传输应用模式的诊断数据

名　称	说　明	
已初始化	是	传输应用已与所有已连接的现场总线相连，数据被交换
	否	不存在已配置的现场总线设备
所传输的位的数量	已配置的位的数量	
传输数据的循环时间（ms）	传输应用的当前节拍时间	
处理器负载（%）	由于传输应用导致的中央处理器利用率	
驱动程序名	驱动程序名称	
总线名称	现场总线名称	
总线状态	正常	状态正常
	错误	现场总线故障
总线已连接	是	与现场总线的连接已建立
	否	与现场总线无连接

（六）显示在线系统信息

显示在线系统信息的前提条件是工作范围在线管理，操作步骤如下所述。

（1）在“单元视图”窗口中勾选机器人控制系统（注意：可选择多个控制系统）。

（2）选择“序列编辑器”菜单下的“系统信息编辑器”，自动打开“在线系统信息”窗口（如图 4-111、表 4-30 和表 4-31 所示），为每个所选机器人控制系统显示一个条目。

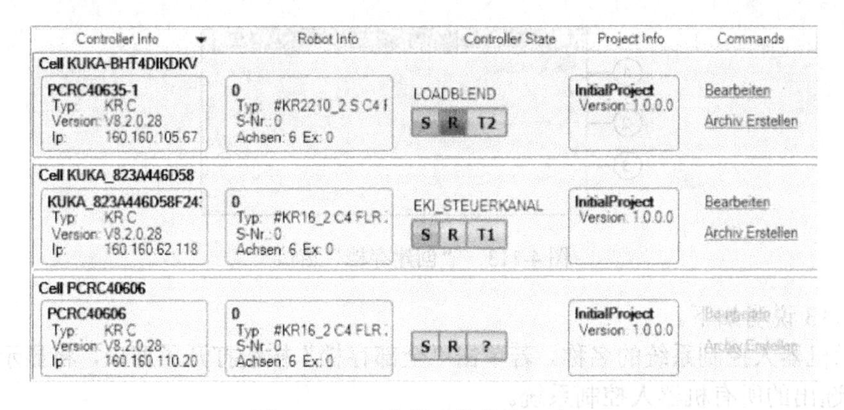

图 4-111　“在线系统信息”窗口

表 4-30　窗口在线系统信息——列

列	说　明
控制系统信息	显示有关机器人控制系统的信息
机器人信息	显示有关机器人的信息
控制系统状态	显示提交解释器和机器人解释器以及运行方式的状态，对应于 KUKA smartHMI 的状态显示
项目信息	显示有关当前项目的信息
指令	编辑：打开“设备属性”窗口（如图 4-112 所示） 创建存档：打开“创建存档”窗口（如图 4-113 所示），对该机器人控制系统的数据存档

表 4-31　窗口在线系统信息——按键

按键	说　明
全部存档	创建存档：打开“创建存档”窗口（对在“单元视图”窗口中选出的所有机器人控制系统的数据存档）

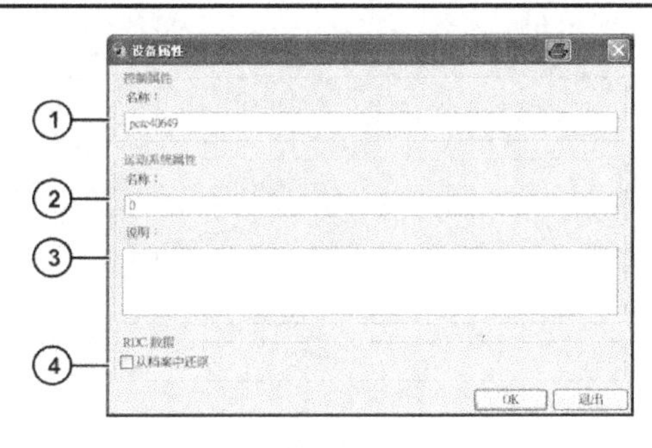

图 4-112　窗口“设备属性”

对图 4-112 说明如下。

① 改变机器人控制系统的名称。

② 改变机器人的名称。

③ 输入任意一条说明。该说明在“项目传输”窗口中显示在信息区。激活时，在带有进度条的下部窗口中。

④ 激活，单击 OK 按钮，RDC 数据将从 D：\BackupAll.zip 传到 RDC 存储器。

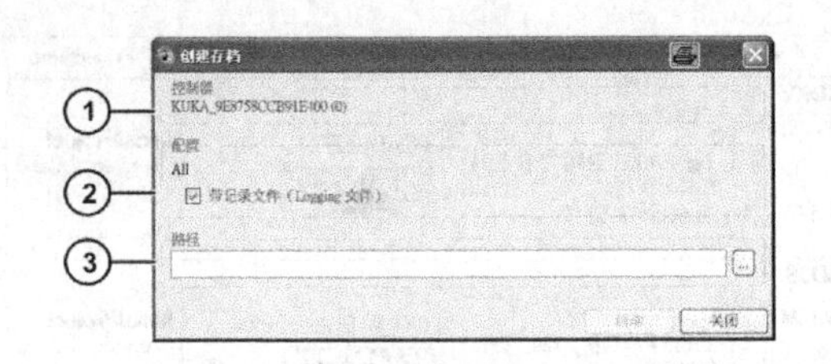

图 4-113 “创建存档”窗口

对图 4-113 说明如下。

① 显示机器人控制系统的名称。若单击“全部存档”按钮打开了窗口，将显示在“单元视图”窗口中选出的所有机器人控制系统。

② 激活，记录数据将一同存档；未激活，记录数据不存档。

③ 选择一个存档的目标目录。将为每个机器人控制系统建立一个 ZIP 文件作为存档。ZIP 文件的名称中始终包含机器人名称和机器人控制系统的名称。

项目五　课程设计

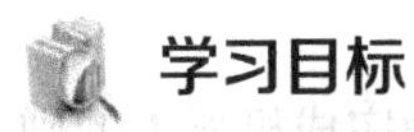

学习目标

① 学习课程设计的概念、过程和目的。
② 掌握机器人程序设计方法。
③ 熟练完成机器人及外围设备的连接。
④ 熟练完成机器人的零点标定和相关测量程序。
⑤ 熟练完成程序编制及调试。
⑥ 完成课程设计，并做好答辩。

工作任务

学习课程设计的概念、过程和目的，以及机器人程序设计方法、机器人和外围设备的连接、机器人的零点标定和相关测量程序，编制及调试程序，完成课程设计，并做好答辩。

任务实施

【知识准备】

一、课程设计的目的

（1）熟悉工业机器人的定义、系统定义、外围设备构成；工业机器人的组成、作用和优点；工业机器人应用；工业机器人全球发展概况、国外研发趋势、总体应用趋势及我国工业机器人概况。

（2）了解卡机器人的系统组成；库卡机器人的本体、动力管线系统、控制系统、控制面板（示教器）、编程的种类、机器人工作范围；关于工业机器人的安全设备、急停装置、操作人员防护装置、安全运行停止以及机器人系统布局等的相关规定。

（3）掌握库卡机器人在线软件的概念；KUKA smartHMI 的界面组成和各部分的用途；状态栏、信息提示、提交解释器、键盘的功能和使用方法；接通机器人控制系统，启动库卡系统软件（KSS）、调用主菜单、KSS 结束或重新启动、设定操作界面的语种、更换用户组、锁闭机器人控制系统和更换运行方式；库卡机器人离线软件的概念；WorkVisual 软件的安装、界面及基本操作；库卡机器人自由度；用移动键或者 KUKA smartPAD 的 3D 鼠标使机器人轴逐个运动；KUKA 工业机器人相关坐标系；用移动键或者 KUKA smartPAD 的 3D 鼠标使机器人在世界坐标系、工具坐标系、基坐标系中移动，使用一个固定工具实现机器人的手动移动；零点标定的原理；机器人必须重新标定零点的情况；零点标定的安全提示；EMD 的使用方法；机器人零点标定的途径；偏量学习的操作步骤；机器人零点标定步骤；机器人上负载的概念及测量的方法、步骤；工具测量的目的、方法及步骤；测量基坐标的目的、方法及步骤；固定工具测量的目的、方法及步骤；在线编程和离线编程的基本操作。

（4）能根据工作现场的实际情况和要求熟练完成硬件连接、零点标定及相关测量，以及简单的编程和调试。

（5）提高工业机器人的选择、安装、编程、调试能力。

（6）巩固和提高资料搜集、分类、整理和使用能力。

（7）培养从事实际工作的整体观念。通过较为完整的工程实践基本训练，为全面提高综合素质及增强工作适应能力打下坚实的基础。

二、课程设计的要求

根据设计任务书给出的工艺要求，合理选用机器人外围设备和工具，正确完成机器人的硬件连接、零点标定和相关测量，编制合理的程序，并进行通电调试，排除故障，以达到工艺要求，完成设计任务。同时，要求尽可能有创新思想，完成程序设计，选用较为先进、成本合理且符合国家工业机器人标准的外围设备。

三、课程设计的目标

1. 基础知识目标

（1）理解工业机器人的工作原理。

（2）掌握工业机器人的硬件连接。

（3）掌握工业机器人的在线及离线软件。

（4）掌握工业机器人的零点标定及相关测量的目的及方法。

（5）掌握工业机器人的编程方法。

2. 能力目标

（1）掌握查阅图书资料、产品手册和工具书的能力。

（2）掌握综合运用专业及基础知识，解决实际工程技术问题的能力。

（3）培养自学能力、独立工作能力和团队协作能力。

四、课程设计任务

（1）接受设计任务书，明确课程设计课题。

（2）制订工作进度计划，明确各阶段应完成的工作及时间节点。

（3）根据设计任务书，分析工艺要求，制定最佳设计方案。

（4）根据自己设计的方案，在满足设计要求的前提下，兼顾设计方案的可行性、经济型和实用性，合理选择机器人及外围设备和工具。

（5）独立完成机器人的硬件连接。

（6）独立完成机器人的零点标定和相关测量。

（7）完成程序设计。发现问题，及时整改。做好更改记录。

（8）安全检查无误后，在教师监护下通电调试、排除故障、修改程序，并做好相关记录。

（9）整理设计文件、程序等资料，写出课程设计报告。报告内容应包含课程设计的目的和要求、设计任务书、设计过程说明、设备使用说明和设计小结，列出参考资料目录。另外，打印、装订一份设备使用说明书，作为课程设计报告的附件。

（10）总结设计过程中出现的问题，分析思考题，参加答辩，回答指导老师提出的问题。

五、一般原则

（1）最大限度地满足现场和生产工艺对工业机器人控制的要求。现场和生产工艺对工业机器人控制的要求是工业机器人应用设计的依据。这些要求常常以工作循环图、执行元件的运动轨迹、工具的动作节拍表、检测元件状态表等形式提供。对于有重复精度要求的场合，还应给出相关精度要求的技术指标；其他如启动、制动、活动空间、照明、安全保护等要求，应根据生产需要充分考虑。

（2）在满足现场和工艺要求的前提下，设计方案应力求简单、经济合理，不要盲目追求高指标，造成不必要的高投资。

（3）妥善处理效率与安全的关系。使用工业机器人的现场普遍要求处理好效率和安全的关系，设计者要从工艺要求、制造成本、结构复杂性、使用和维护等方面协调处理二者的关系。

（4）正确、合理地选用机器人及其外设，以实用为原则。

（5）确保安全性、可靠性高，兼顾使用和维护方便。

（6）整套设备、程序等软、硬件要符合国家现行标准。

六、程序设计

程序设计工作应在硬件连接完成，且零点标定及相关测量也完成之后才开始，在设备总体调试前完成。工业机器人的程序设计一般分为轨迹编程和SPS编程两个部分，前者主要是编辑运动轨迹，重点在于轨迹优化，是现场工作人员的主要工作，也是考验工作人员技术水平和创新能力的重要指标；后者主要编辑信号触发、安全及检测，重点在于人员安全、设备安全及工艺优化，工作人员只要按着相关标准及工艺要求逐一设置即可。

轨迹编程一般有两种方法，一是使用机器人语言编程，因为这种方法不仅要求操作者具有较高的机器人理论水平，同时因各品牌工业机器人语言不尽相同，所以目前使用较少，多数在工业机器人厂家使用；另一种是示教编程，这种方法简单、方便，是目前广泛使用的工业机器人轨迹编程方法。

示教编程，又叫示教—再现。其中，示教和记忆同时进行，再现和操作也是同时进行，是机器人控制中比较方便和常用的方法之一，一般分为以下四步：

（1）示教：就是操作者把规定的目标动作（包括每个运动部件、每个运动轴的动作）一步一步地教给机器人。示教的简繁，标志着机器人自动化水平的高低。

（2）记忆：就是机器人将操作者示教的各个点的动作顺序信息、动作速度信息、位姿信息等记录在存储器中。存储信息的形式、存储量的大小决定机器人能够执行的操作的复杂程度。

（3）再现：就是将示教信息再次浮现，即根据需要，将存储器存储的信息读出，向执行机构发出具体的指令。至于是根据给定顺序再现，还是根据工作情况，由机器人自动选择相应的程序再现这一功能的不同，标志着机器人对工作环境的适应性。

（4）操作：就是指机器人以再现信号作为输入指令，使执行机构重复示教过程规定的各种动作。

示教的方法有很多种，有主从式、编程式（又叫离线式编程）、示教盒式（又叫在线式编程）等多种。

主从式是由结构相同的大、小两个机器人组成，当操作者对主动小机器人手把手进行操作控制的时候，由于两个机器人对应关节之间装有传感器，所以从动大机器人以相同的运动姿态完成示教操作。这种方法一般用于大型工业机器人，或工艺轨迹复杂、危险程度较高的现场。

编程式运用上位机进行控制，将示教点以程序的格式输入计算机，再现时，按照程序语句一条一条地执行。采用这种方法，除了计算机之外，不需要任何其他设备，简单、可靠，但因不可视，所以编程难度相对较高。

示教盒式，就是操作者用示教盒对机器人进行现场手把手操作，使其记住相应的轨迹程序，简单、直观，是目前工业机器人主要使用的方法之一。

七、调试

1. 拟定调试步骤

这项工作在程序编制完成后开始，编写设计报告前结束。根据工艺要求写出调试步骤，包括通电前检查和通电后调试两部分。对于通电前检查部分，建议设计一个通电之前检查项目表，检查一项，打钩确认一项。对于通电后调试部分，要说明开关或按钮的名称、操作顺序，以及相应点亮的指示灯名称。最后预设几种可能的故障现象和对应的解决措施，以便在确保安全的同时，提高调试时的故障排除效率。

要求：步骤合理，项目齐全，书写工整。

2. 通电前检查

按调试步骤进行通电前检查，重点检查工作环境中是否有障碍物、线路连接是否符合标准、线路连接有无隐患、电气部分有无短路等。

要求：短路检查项目不可缺少，其他检查项目要求合理。

3. 通电调试

按调试步骤进行通电调试，执行启动、停止操作，观察运行轨迹、指示灯、电压表、电流表指示情况。

要求：符合设计任务书规定的各项要求。若有不符之处，能说明原因，并及时整改。做好调试记录，尤其是记录故障现象和排除方法。

八、故障处理

（1）对于出现的故障，对照设计，查找、检测、分析故障（基本要求）。

（2）针对工作故障的情况，从原理上分析可能的故障原因，列出可能的故障点，逐步测试、查找，并排除故障（提高要求）。

九、参考课题

课题分两类，即基本课题（基础）和提高课题（较难），根据学生掌握的情况选题。对学有余力学生，可适当增加要求。

（一）基础题目

如图 5-1 所示，用机器人完成一条焊缝的设计。

（二）提高题目

如图 5-2 所示，用机器人完成两条焊缝的设计。

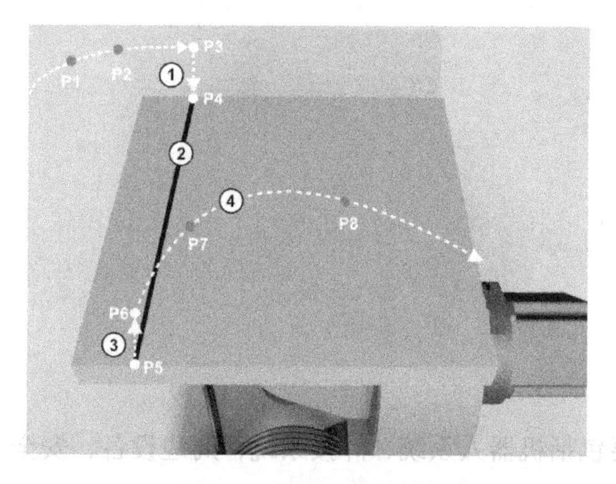

图 5-1　设计一条焊缝

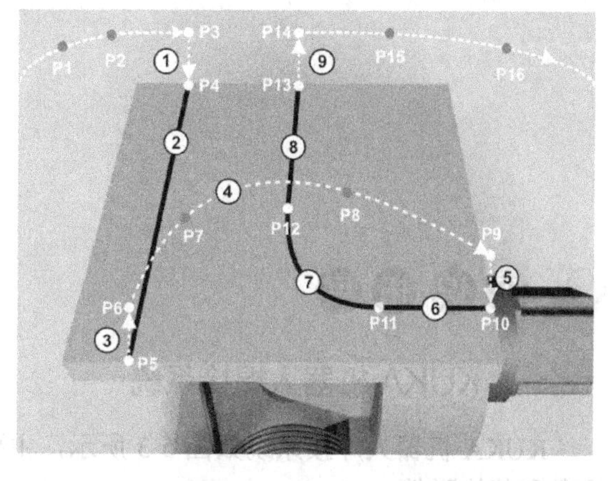

图 5-2　设计两条焊缝

【实际操作】学生独立完成课程设计，并进行答辩。

教师根据每位学生的实际情况分配任务。尽量做到让每位学生都能完成，但需要做出一定的努力。

温馨提示

（1）做好计划，合理利用时间。

（2）充分利用所学知识、书籍和网络资源。

【评议】

温馨提示

完成任务后，进入总结评价阶段。分自评、教师评价两种，主要是总结评价本次任务过程中做得好的地方及需要改进的地方。根据评分的情况和本次任务的结果，填写表 5-1 和表 5-2。

表 5-1　学生自评表格

任务完成进度	做得好的方面	不足及需要改进的方面

表 5-2　教师评价表格

在本次任务中的表现	学生进步的方面	学生不足及需要改进的方面

【总结报告】

一、KUKA机器人焊接系统

KUKA机器人焊接系统如图5-3所示，主要包括机器人系统、焊接系统、周边设备、安全设备和其他附件。

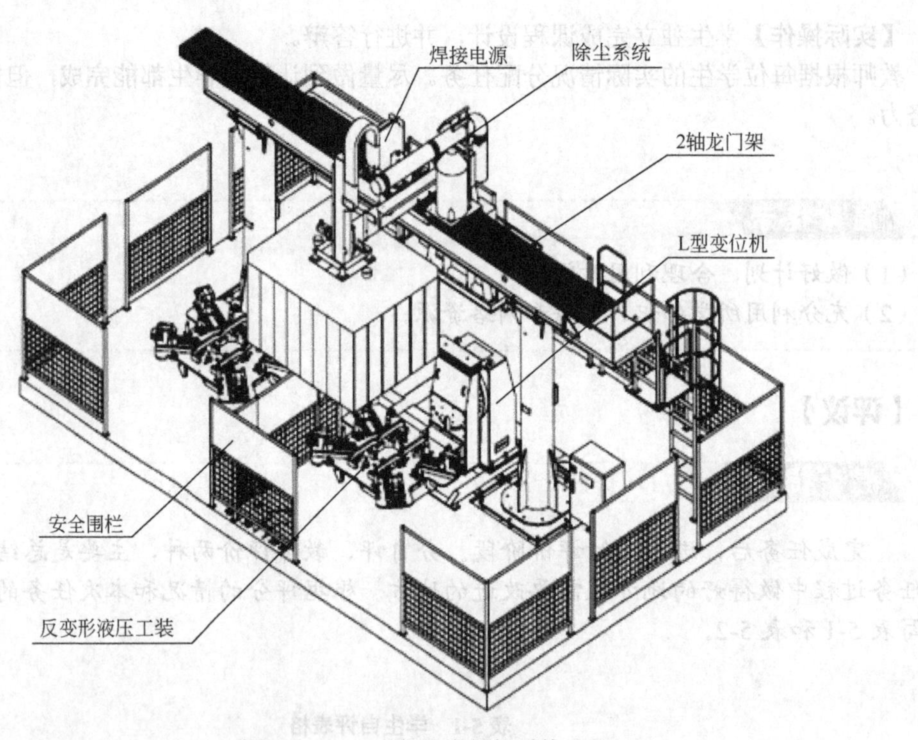

图5-3 KUKA机器人焊接系统

1. 机器人系统

如图5-4所示，机器人系统包括机器人本体、机器人控制柜及示教盒。

（1）控制柜内部。控制柜内部如图5-5所示。

（2）控制柜后面。控制柜后面如图5-6所示。

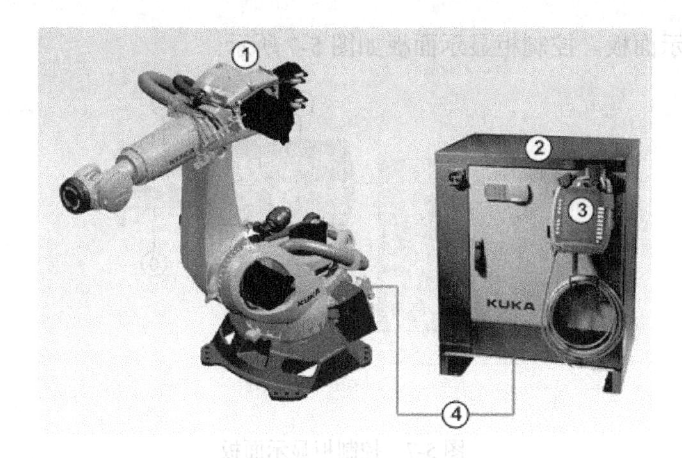

图 5-4 机器人系统

①—机械手；②—机器人控制柜；③—手持式编程器（示教盒）；④—连接电缆

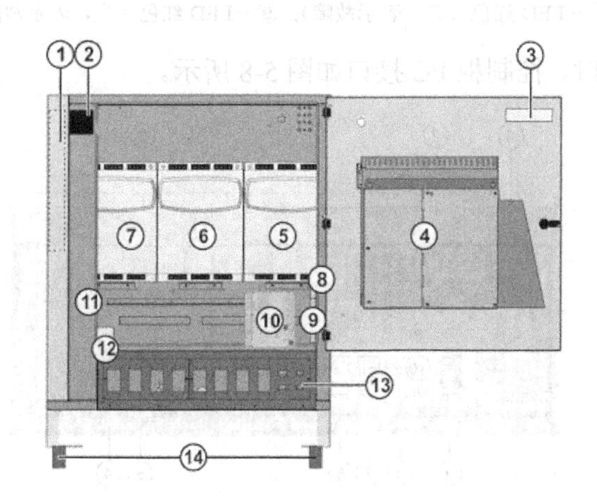

图 5-5 控制柜内部

①—电源滤波器；②—总开关；③—CSP；④—控制系统 PC；
⑤—驱动电源（轴 7 和 8 的驱动调节器）；⑥—4～6 号轴驱动调节器；
⑦—1～3 号轴驱动调节器；⑧—制动滤波器；⑨—CCU；⑩—SIB/SIB 扩展型；
⑪—保险元件；⑫—蓄电池；⑬—接线面板；⑭—滚轮安装组件

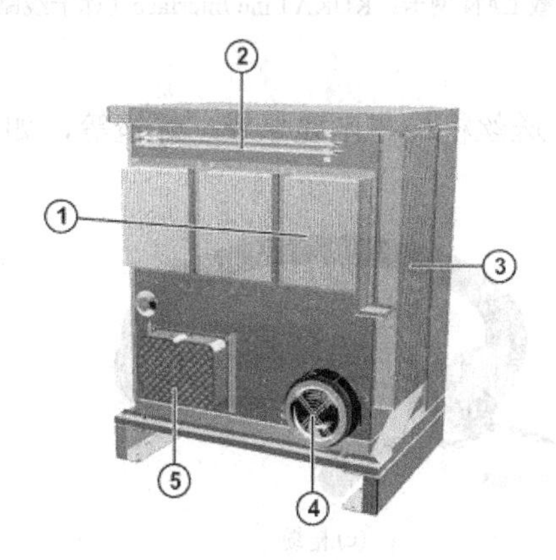

图 5-6 控制柜后面

①—KSP/KPP 散热器；②—制动电阻；③—热交换器；④—外部风扇；⑤—低压电源

（3）控制柜显示面板。控制柜显示面板如图 5-7 所示。

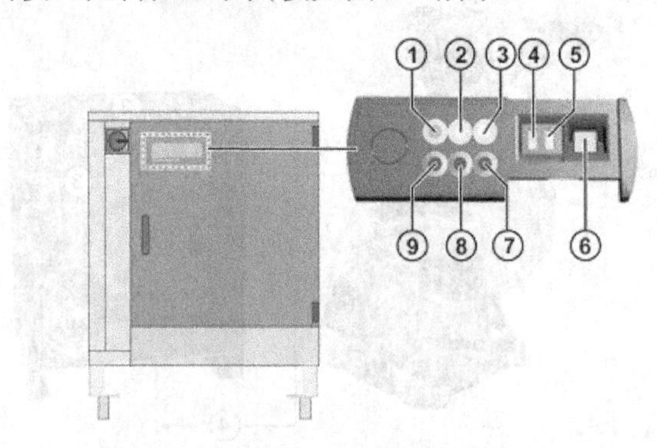

图 5-7　控制柜显示面板

①—LED 绿色（亮表示运行）；②—LED 白色（亮表示休眠模式）；③—LED 白色（亮，表示自动模式）；④—USB1；⑤—USB2；⑥—RJ45；⑦—LED 红色（亮，表示故障）；⑧—LED 红色（亮，表示故障）；⑨—LED 红色（亮，表示故障）

（4）控制柜 PC 接口。控制柜 PC 接口如图 5-8 所示。

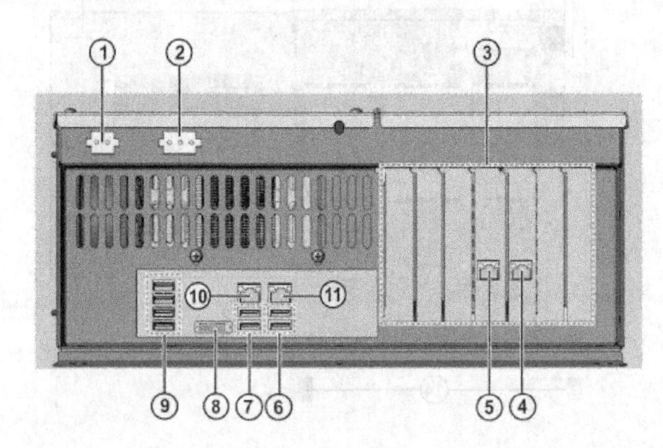

图 5-8　控制柜 PC 接口

①—DC24V 电源插头 X961；②—PC 风扇的 X962 插头；③—现场总线卡插座 1 至 7；④—LAN 双网卡 DualNIC：库卡控制器总线；⑤—LAN 双网卡 DualNIC：库卡系统总线；⑥—2 个 USB 2.0 端口；⑦—2 个 USB 2.0 端口；⑧—DVI-I（支持 VGA，借助 DVI-VGA 适配器）；⑨—4 个 USB2.0 端口；⑩—板载 LAN 网卡：库卡选项网络接口；⑪—板载 LAN 网卡：KUKA Line Interface（库卡线路接口）

2．焊接系统

焊接系统包括焊接电源、送丝机构、电缆总成、焊枪等，如图 5-9 所示。

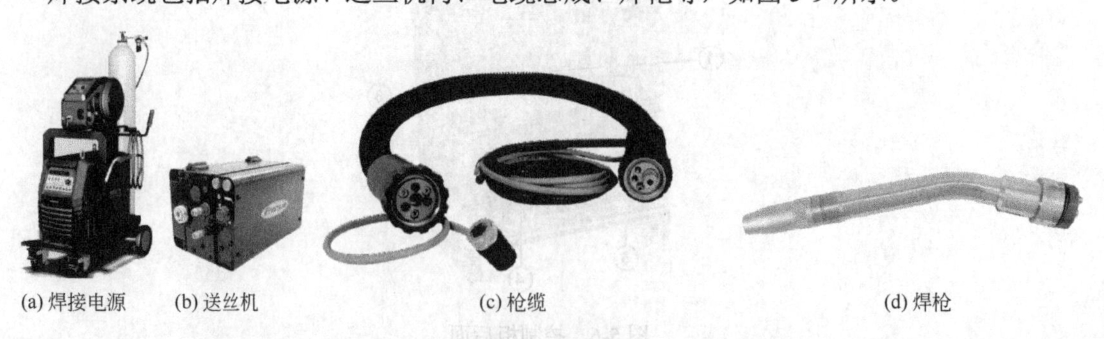

(a) 焊接电源　(b) 送丝机　(c) 枪缆　(d) 焊枪

图 5-9　焊接系统

3. 周边设备

周边设备如图 5-10 所示，主要由行走龙门架（1～3 轴）、工件旋转头尾架变位机或 L 型变位机、工装夹具、机器人行走地轨等组成，需根据被焊工件的情况选定。

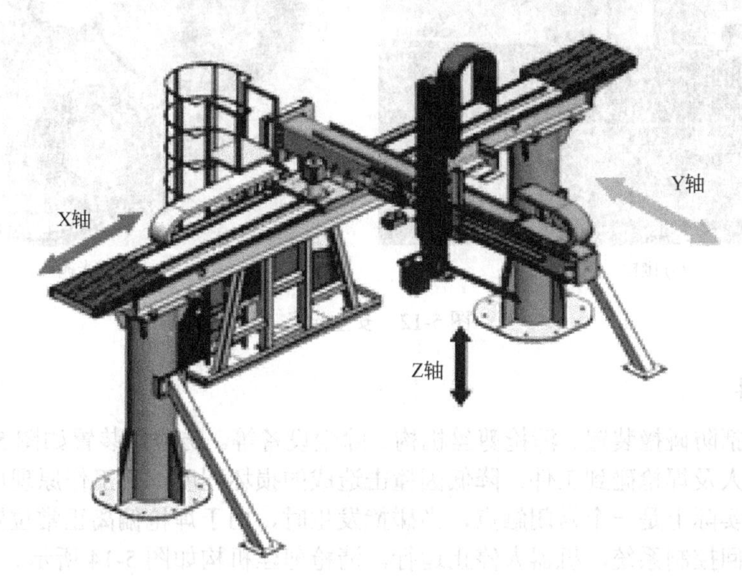

图 5-10　周边设备

4. 变位机

变位机如图 5-11 所示，是固定被焊接的工件用的装置，有 L 型变位机（倾翻：±355°，旋转：±355°）、倾翻式变位机（倾翻：-15°～100°，旋转：±355°）和头尾架变位机（旋转：±355°）三种。实际使用时要注意：变位机最好与机器人选择同一品牌，否则兼容性、精度都会变差，编程的难度也随之增加；根据工件种类设计合适的工装夹具，在变位机上使用。

(a) L型变位机　(b) 倾翻式变位机　(c) 头尾架变位机

图 5-11　变位机

5. 安全设备

安全设备主要有安全围栏、安全光栅等，如图 5-12 所示。

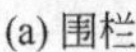

(a) 围栏

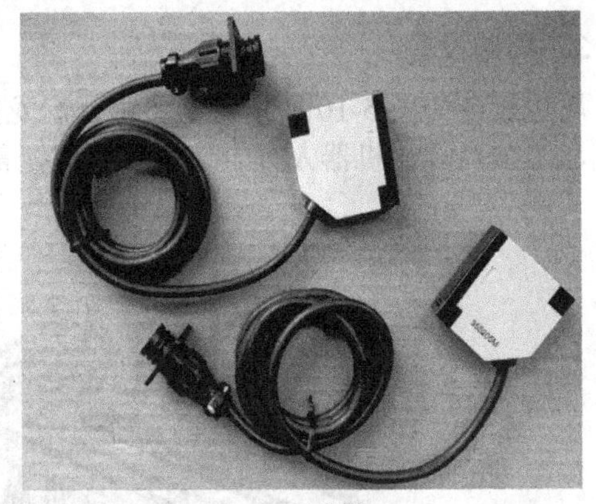

(b) 光栅

图 5-12　安全设备

6. 其他附件

其他附件包括防碰撞装置、清枪剪丝机构、除尘设备等。防碰撞装置如图 5-13 所示，作用是尽量避免机器人及焊枪碰到工件，降低因撞击造成的损坏程度，其工作原理如下所述。

防碰撞装置实际上是一个常闭触点，当碰撞发生时，由于焊枪偏离正常位置而导致常闭触点断开，信号返回控制系统，机器人停止运行。清枪剪丝机构如图 5-14 所示。

(a) 实物及结构

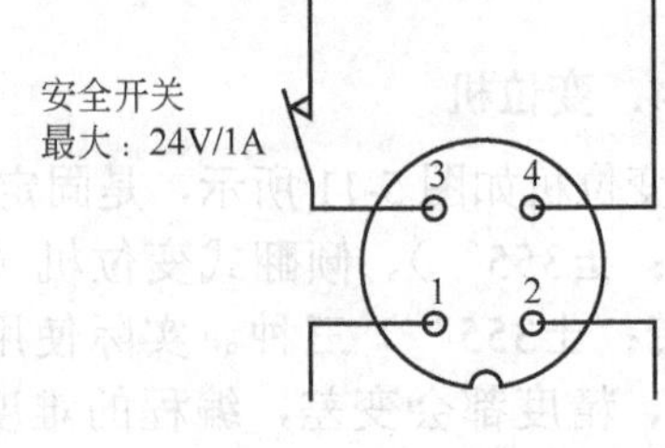

(b) 原理

图 5-13　防碰撞装置

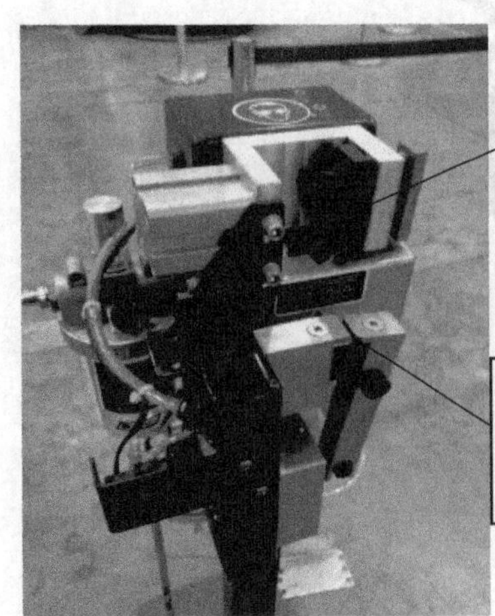

清枪装置

用以保持焊枪喷嘴内的清洁，使保护气对焊接的焊缝有比较好的保护，从而保证焊缝的质量。

喷硅油装置

目的在于使焊接飞溅与焊枪喷嘴的粘接力降低，以利于清枪装置对焊枪内焊接飞溅物的清除。

剪丝装置

焊接系统中采用了自动寻位功能，必须借助自动剪丝装置保证焊丝的伸出长度，保证焊丝的起弧质量，即容易起弧，起弧稳定。借助剪丝装置，可以保证焊丝在任何焊接位置有一致的伸出长度，明显地提高示教点的位置精度。

图 5-14　清枪剪丝机构

二、焊缝的基本组成

一条焊缝由引燃位置、焊缝和终端焊口位置等三个部分组成。

三、焊接运行方式

以课程设计参考课题（二）为例，如图 5-2 所示，其运动方式如表 5-3 所示。

表 5-3　焊接运行方式

序号	运动方式	适用指令
1	移向焊缝 1 引燃位置的运动	ARC ON（LIN）
2	焊缝 1（1 个运动）	ARC OFF（LIN）
3	从焊缝 1 移开的运动	LIN
4	移向下一条焊缝的运动	PTP、LIN 或 CIRC
5	移向焊缝 2 引燃位置的运动	ARC ON（LIN）
6	焊缝 2 的第一段	ARC SWITCH（LIN）
7	焊缝 2 的第二段	ARC SWITCH（CIRC）
8	焊缝 2 的第三段和最后一段	ARC OFF（LIN）
9	从焊缝 2 移开的运动	LIN

四、焊接流程

焊接流程如图 5-15 所示，一段式焊缝需要的焊接指令有 ARC ON 和 ARC OFF 两个；分为几段的焊缝需要的焊接指令有 ARC ON、ARC SWITCH 和 ARC OFF 三个。

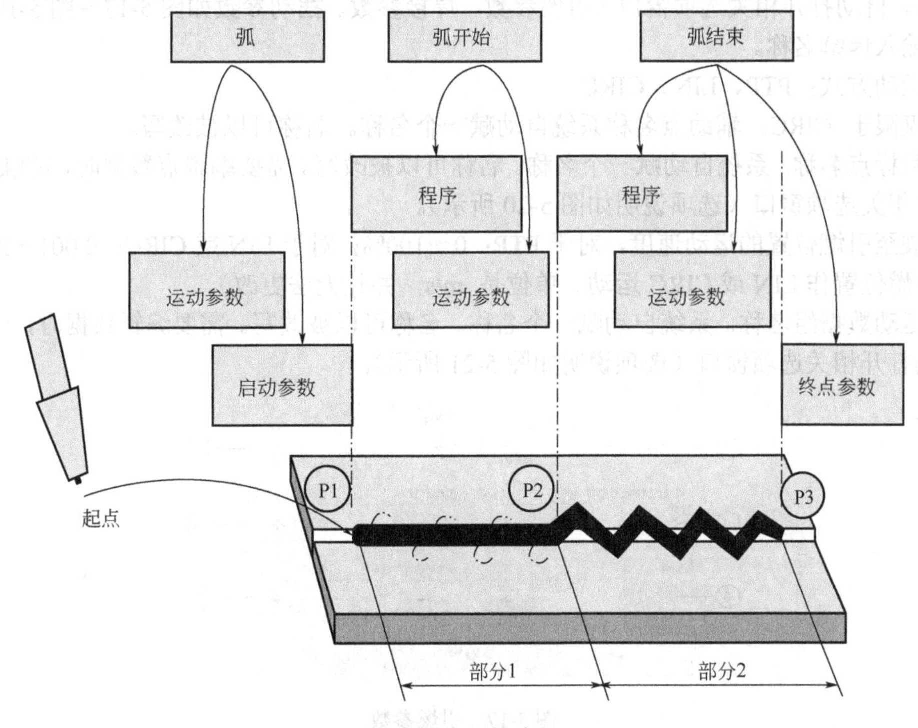

图 5-15　焊接流程

五、焊接专用指令

（一）引弧指令：ARC ON

1．操作步骤

选择“序列指令”菜单下的“ArcTech”→“ARC ON”。

2．说明

指令 ARC ON 包含至引燃位置（目标点）的运动，以及引燃、焊接、摆动参数、焊接速度。引燃位置无法轨迹逼近。电弧引燃并且焊接参数启用后，指令 ARC ON 结束。

3．引弧指令 ARC ON 菜单

引弧指令 ARC ON 菜单如图 5-16 所示。

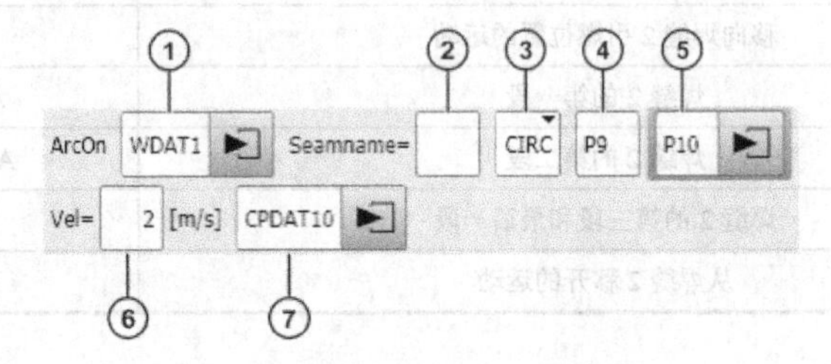

图 5-16 引弧指令 ARC ON 菜单

对图 5-16 说明如下。

① 引燃和焊接数据组名称。系统自动赋一个名称，名称可以被改写。需要编辑数据时，请触摸箭头，自动打开相关选项窗口（引燃参数、焊接参数、摆动参数如图 5-17～图 5-19 所示）。

② 输入焊缝名称。

③ 运动方式：PTP、LIN、CIRC。

④ 仅限于 CIRC：辅助点名称系统自动赋一个名称。名称可以被改写。

⑤ 目标点名称。系统自动赋一个名称。名称可以被改写。需要编辑点数据时，请触摸箭头，自动打开相关选项窗口（选项说明如图 5-20 所示）。

⑥ 驶至引燃位置的运动速度，对于 PTP：0～100%；对于 LIN 或 CIRC：0.001～2m/s（注意：向引燃位置作 LIN 或 CIRC 运动。单位是 m/s，并且无法更改）。

⑦ 运动数据组名称。系统自动赋一个名称。名称可以被改写。需要编辑数据时，请触摸箭头，自动打开相关选项窗口（选项说明如图 5-21 所示）。

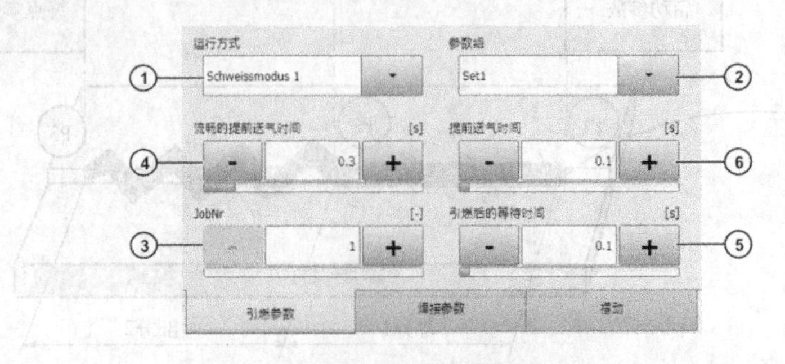

图 5-17 引燃参数

对图 5-17 说明如下。

① 焊接模式（选择焊接模式的前提条件是专家用户组）：焊接模式 1～焊接模式 4（默认名称）。

② 与任务相关的所选焊接模式数据组（选择数据组的前提条件是专家用户组）。

③ 该参数并非默认下直接可用（以实际情况编程，可设置焊接电流、电压）。

④ 活动的提前送气时间（焊接开始（ARC 开）前的时间，已提前送气）。

⑤ 引燃后的等待时间（从电弧引燃至运动开始的等待时间）。

⑥ 提前送气时间（电弧引燃前的时间，已提前送气）。

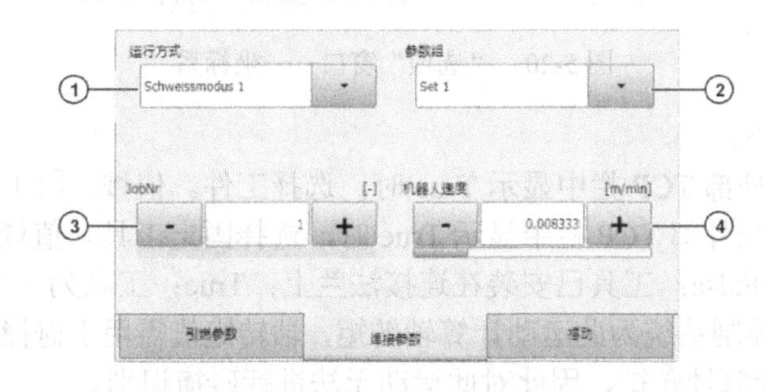

图 5-18　焊接参数

对图 5-18 说明如下。

① 焊接模式（选择焊接模式的前提条件是专家用户组）：焊接模式 1～焊接模式 4（默认名称）。

② 与任务相关的所选焊接模式数据组（选择数据组的前提条件是专家用户组）。

③ 该参数并非默认下直接可用（以实际情况编程，可设置焊接电流、电压）。

④ 焊接速度。

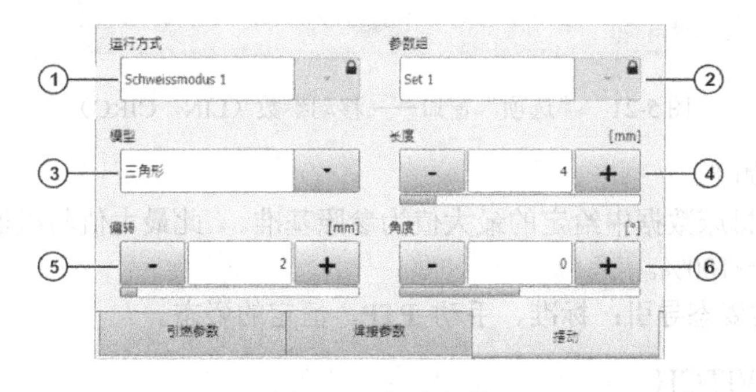

图 5-19　摆动参数

对图 5-19 说明如下。

① 焊接模式（选择焊接模式的前提条件是专家用户组）：焊接模式 1～焊接模式 4（默认名称）。

② 与任务相关的所选焊接模式数据组（选择数据组的前提条件是专家用户组）。

③ 选择摆动图形。

④ 只有当选择了一个摆动图形时才可用。摆动长度=1 个波形，即从图形的起点到终点的轨迹长度。

⑤ 只有当选择了一个摆动图形时才可用。侧偏=摆动图形的高度。

⑥ 只有当选择了一个摆动图形时才可用。角度=摆动面的转角，取值-179.9°～+179.9°。

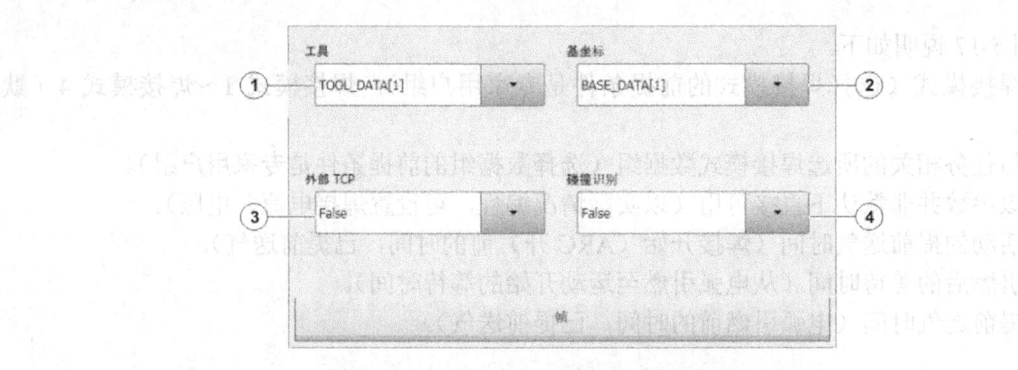

图 5-20 “选项”窗口——坐标系

对图 5-20 说明如下。

① 选择工具。当外部 TCP 栏中显示 True 时，选择工件。值域：[1] ～ [16]。

② 选择基坐标。当外部 TCP 栏中显示 True 时，选择固定工具。值域：[1] ～ [32]。

③ 插补模式，即 False：工具已安装在连接法兰上；True：工具为一个固定工具。

④ True：机器人控制系统为此运动计算轴转矩，轴转矩值需用于碰撞识别；False：机器人控制系统不为此运动计算轴转矩，因此对此运动无法进行碰撞识别。

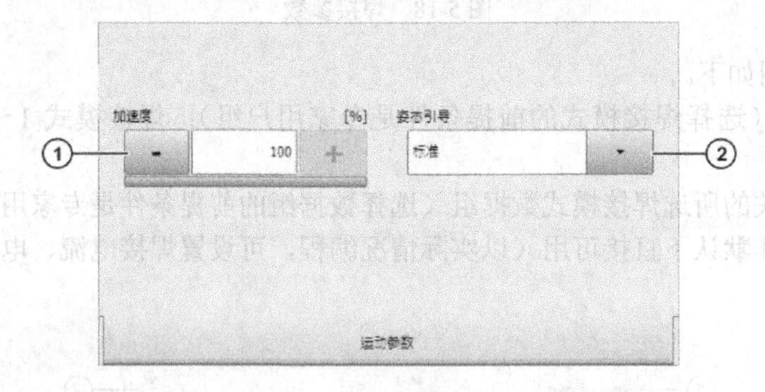

图 5-21 “选项”窗口——移动参数（LIN，CIRC）

对图 5-21 说明如下。

① 轨迹加速以机床数据中给定的最大值为参照基准。 此最大值与机器人类型和所设定的运行方式有关，1%～100%。

② 选择 TCP 的姿态导引：标准、手动 PTP、恒定的姿态。

（二）ARC SWITCH

1. 操作步骤

选择“序列指令”菜单下的 ArcTech→ARC SWITCH。

2. 说明

指令 ARC SWITCH 用于将一个焊缝分为多个焊缝段。一条 ARC SWITCH 指令中包含其中一个焊缝段中的运动、焊接以及摆动参数。始终轨迹逼近目标点。对最后一个焊缝段，必须使用指令 ARC SWITCH。

3. ARC SWITCH 指令菜单

ARC SWITCH 指令菜单如图 5-22 所示。

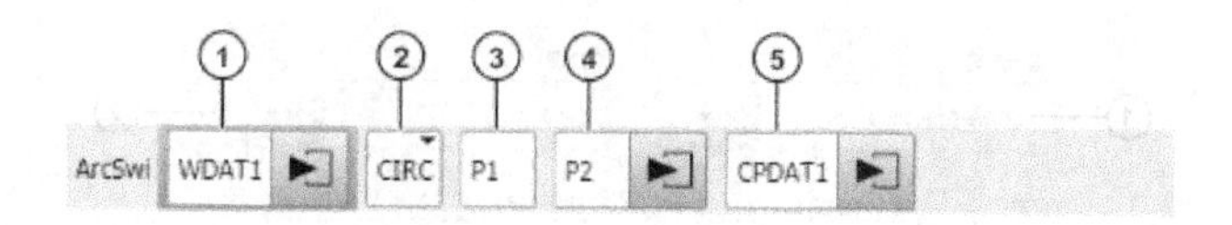

图 5-22 ARC SWITCH 指令菜单

对图 5-22 说明如下。

① 焊接数据组名称。系统自动赋一个名称。名称可以被改写。需要编辑数据时，请触摸箭头，自动打开相关选项窗口（焊接参数、摆动参数如图 5-18 和图 5-19 所示）。

② 运动方式：LIN、CIRC。

③ 仅限于 CIRC：辅助点名称系统自动赋一个名称。名称可以被改写。

④ 目标点名称。系统自动赋一个名称。名称可以被改写。需要编辑点数据时，请触摸箭头，自动打开相关选项窗口（选项说明如图 5-20 所示）。

⑤ 运动数据组名称。系统自动赋一个名称。名称可以被改写。需要编辑数据时，请触摸箭头，自动打开相关选项窗口（选项说明如图 5-21 所示）。

（三）ARC OFF（ARC 关）

1. 操作步骤

选择“序列指令”菜单下的 ArcTech→ARC OFF。

2. 说明

ARC OFF 在终端焊口位置（目标点）结束焊接工艺过程，在终端焊口位置填满终端弧坑。终端焊口位置无法轨迹逼近。

3. ARC OFF（ARC 关）指令菜单

ARC OFF（ARC 关）指令菜单如图 5-23 所示。

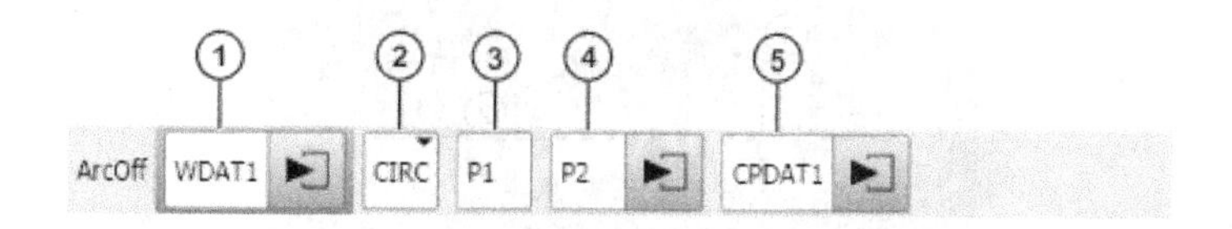

图 5-23 ARC OFF（ARC 关）指令菜单

对图 5-23 说明如下。

① 含终端焊口参数的数据组名称。系统自动赋一个名称，名称可以被改写。需要编辑数据时，请触摸箭头，自动打开相关选项窗口（终端焊接参数如图 5-24 所示）。

② 运动方式：LIN、CIRC。

③ 仅限于 CIRC：辅助点名称系统自动赋一个名称。名称可以被改写。

④ 目标点名称。系统自动赋一个名称，名称可以被改写。需要编辑点数据时，请触摸箭头，自动打开相关选项窗口（选项说明如图 5-20 所示）。

⑤ 运动数据组名称。系统自动赋一个名称，名称可以被改写。需要编辑数据时，请触摸箭头，自动打开相关选项窗口（选项说明如图 5-21 所示）。

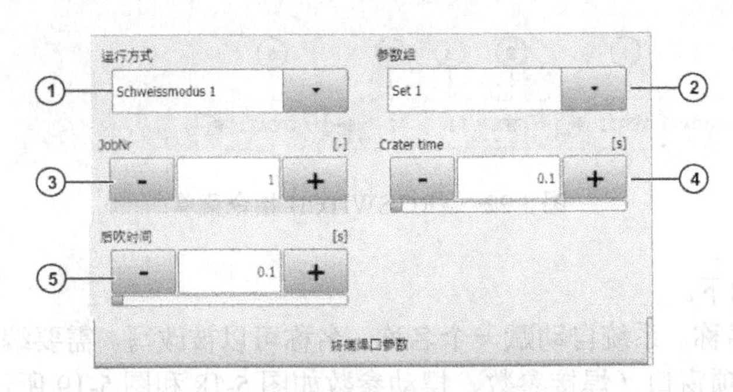

图 5-24 终端焊接参数

对图 5-24 说明如下。

① 焊接模式（选择焊接模式的前提条件是专家用户组）：焊接模式 1～焊接模式 4（默认名称）。

② 与任务相关的所选焊接模式数据组（选择数据组的前提条件是专家用户组）。

③ 该参数并非默认下直接可用（以实际情况编程，可设置焊接电流、电压）。

④ 终端焊口时间（机器人在 ARC OFF 指令的目标点停留的时间）。

⑤ 滞后断气时间。

六、摆动图形

预设定的摆动图形有 4 种，即三角形（如图 5-25 所示）、梯形（如图 5-26 所示，焊嘴在方向 1 上偏移）、不对称梯形（如图 5-27 所示，焊嘴在方向 1 上偏移）和螺旋形（如图 5-28 所示，焊嘴在方向 2 上偏移，上偏移即振幅=摆动长度/2）。摆动图形的形状和焊接速度有关，焊接速度越高，摆动图形的轨迹逼近越强。摆动图形的形状还取决于用户为摆动长度和振幅设定的数值。

注意：除此之外，还有不摆动，即焊嘴无偏移，如图 5-29 所示。

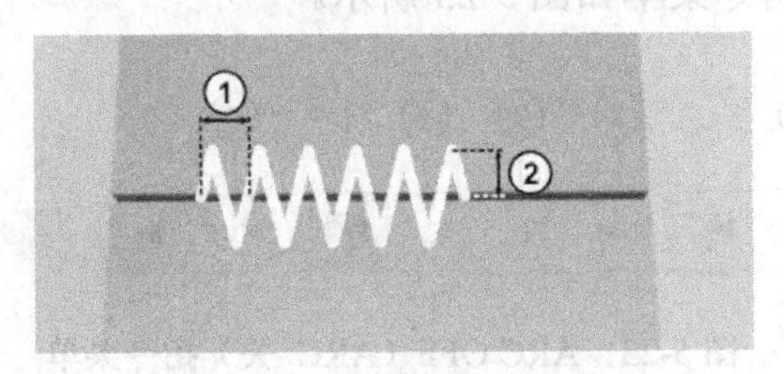

图 5-25 摆动图形——三角形

对图 5-25 说明如下。

① 三角形的摆动长度（1 个波形，从摆动图形的起点到终点的轨迹长度）。

② 振幅（侧偏）。

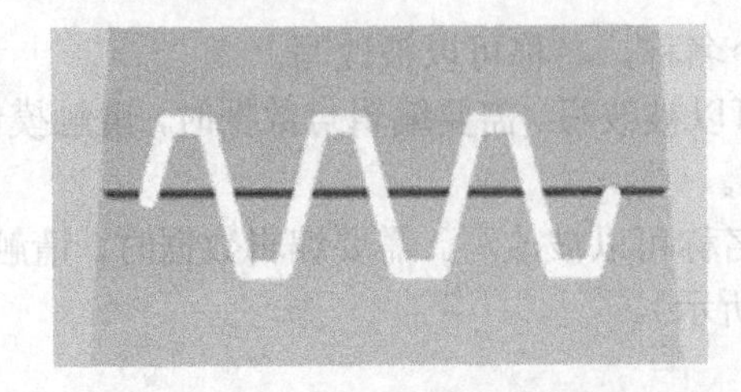

图 5-26 摆动图形——梯形

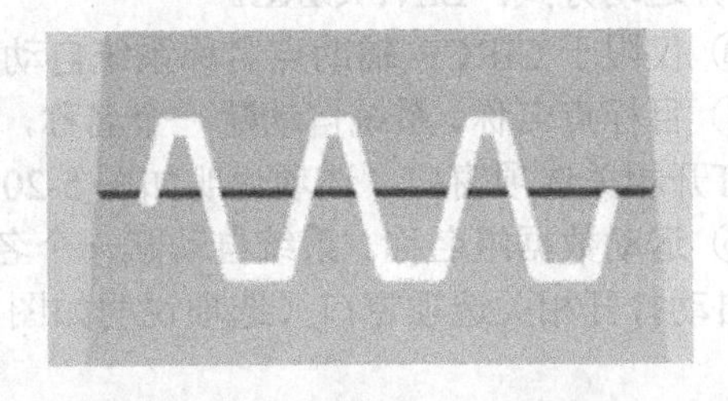

图 5-27 摆动图形——不对称梯形

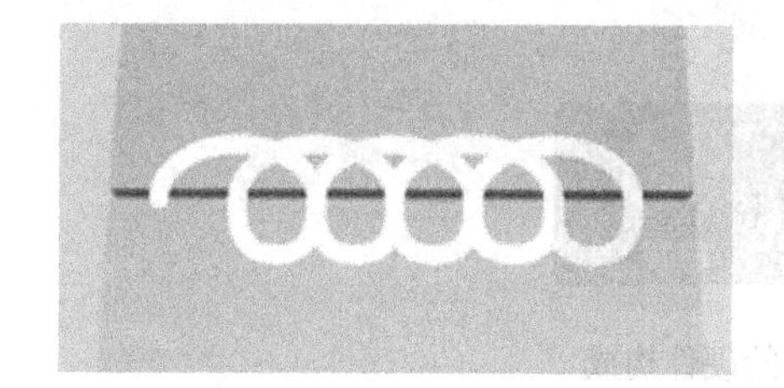
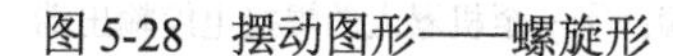

图 5-28　摆动图形——螺旋形

图 5-29　不摆动

七、电弧跟踪运用

电弧跟踪（ArcSense）是机器人弧焊应用当中，在中厚板领域最基本的功能之一，能够在实际焊接过程当中很好地解决由于拼点、焊接变形带来的位置误差，如图 5-30 所示。ArcSense 功能的原理如图 5-31 所示，硬件构成如图 5-32 所示。ArcSense 功能的硬件与机器人的连接如图 5-33 所示，对于电弧跟踪（ArcSense）功能的启用与关闭，在程序编制中都很简单，只需要在 ArcSense 的按钮处选出来或者选成空格，即可快速实现电弧跟踪功能切换，如图 5-34 所示。电弧跟踪（ArcSense）参数设置如图 5-35 和图 5-36 所示。

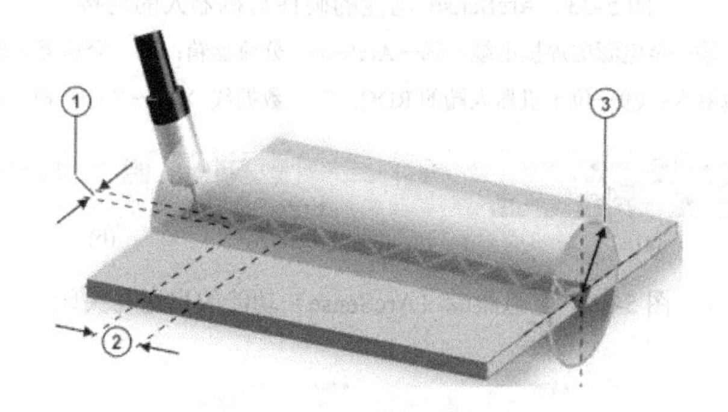

图 5-30　电弧跟踪（ArcSense）

①—摆动幅度；②—摆动长度；③—允许最大偏差量

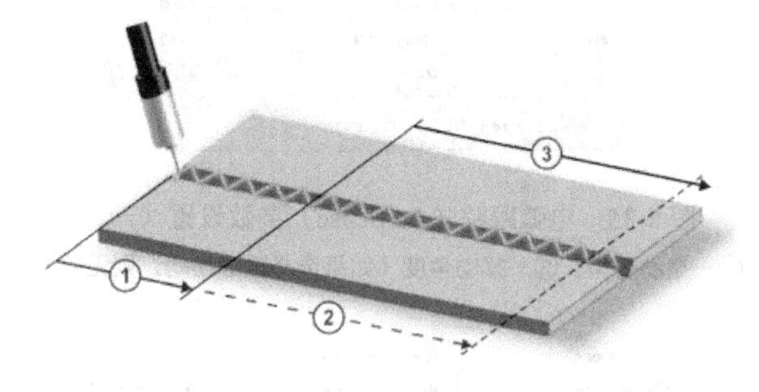

图 5-31　ArcSense 功能的原理

对图 5-31 说明如下。

① 通过焊接期间电弧的有效电流，结合摆动过程，实时纠正示教轨迹与实际轨迹中心的偏差。

② 第 1 段到第 2 段显示的是焊缝开端最初的 5～15 个摆动周期。

③ 第 3 段表示激活的电弧跟踪过程。

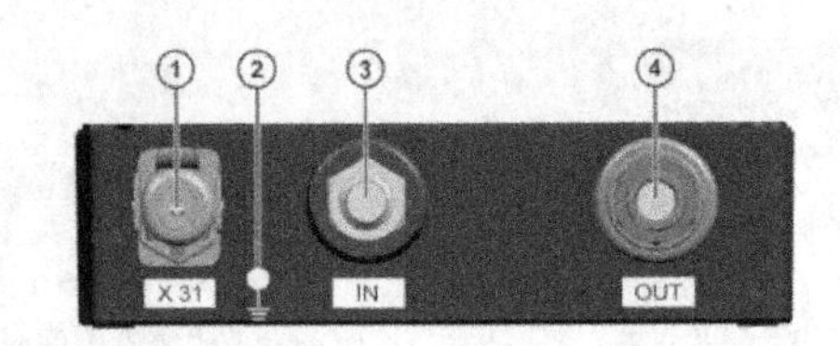

图 5-32　ArcSense 功能的硬件构成

①—数据线接口 X31；②—地线接口；③—电源的焊接电缆输入端；④—至机器人的焊接电缆输出端

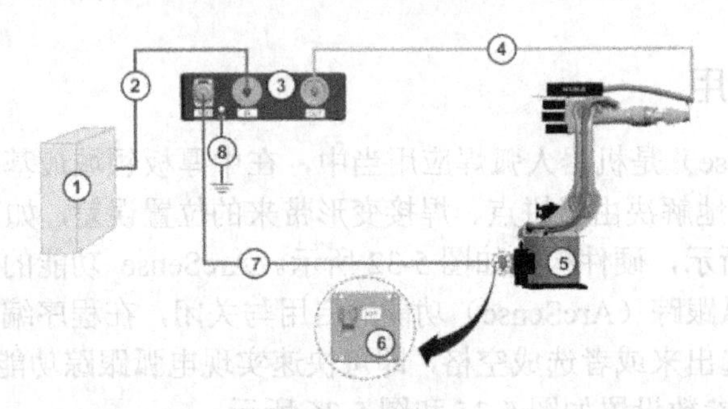

图 5-33　ArcSense 功能的硬件与机器人的连接

①—控制柜；②—至电源的焊接电缆；③—ArcSense 分流器箱；④—至机器人的焊接电缆；

⑤—机器人；⑥—位于机器人端的 RDC；⑦—数据线 X21～X31；⑧—接地线

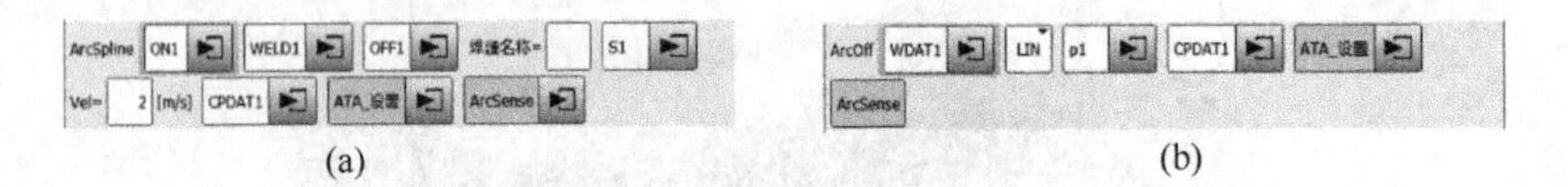

图 5-34　电弧跟踪（ArcSense）功能的启用与关闭

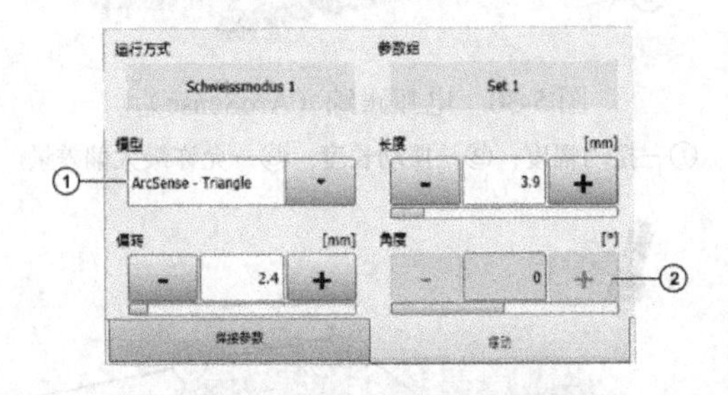

图 5-35　电弧跟踪（ArcSense）参数设置（一）

①—摆动类型；②—摆动角度（如果选择跟踪摆动，则无效）

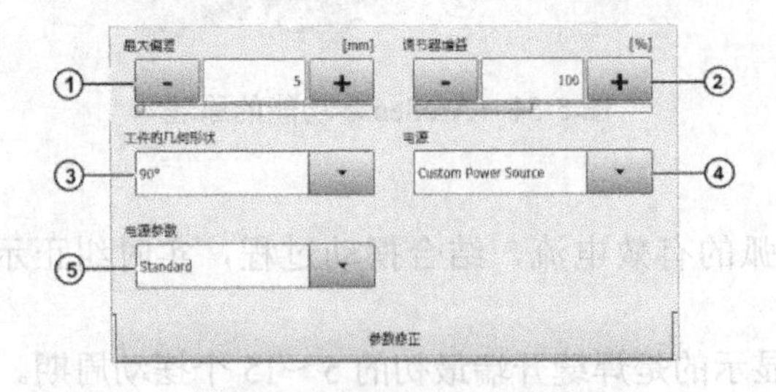

图 5-36　电弧跟踪（ArcSense）参数设置（二）

①—偏差允许范围设置；②—调节器增益（设置值越大，对偏差修正越灵敏）；③—选择接近实际焊缝角度的值；④—焊接用电源的品牌信息；⑤—为电源预配置的跟踪参数数据库

八、手动修正

当焊接过程发生偏离焊道的意外，机器人停止，并在对话框显示错误信息，询问操作人员怎样继续操作。有以下操作选项可供选择。

1. 取消

中断该程序。比如，即将开始一个新的工件焊接，这时操作人员重置或者取消该程序，然后重新手动定位机器人。

2. 继续运行

如果焊接状况还算良好，不影响焊缝质量，可以选择此项，继续焊接作业。

3. 手动修正

如果选择此项，表示需要手动将偏离焊缝的 TOOL 重新定位。操作界面自动显示用于手动修正的状态按钮。

九、接触寻位

（一）寻位的原理

如图 5-37 所示，当运行寻位语句时，寻位功能打开。当焊丝碰到工件时，RDC 内部继电器线圈得电，对应的常开闭合，快速测量通道导通，机器人记录当时的空间坐标。当焊丝用同样的运动参数去接触第二、第三个工件时，机器人记录第二、第三个工件的空间坐标，并且计算出实际位置相对于示教位置的偏移量，补偿偏移自动地变更机器人路径，保证准确找到焊缝。

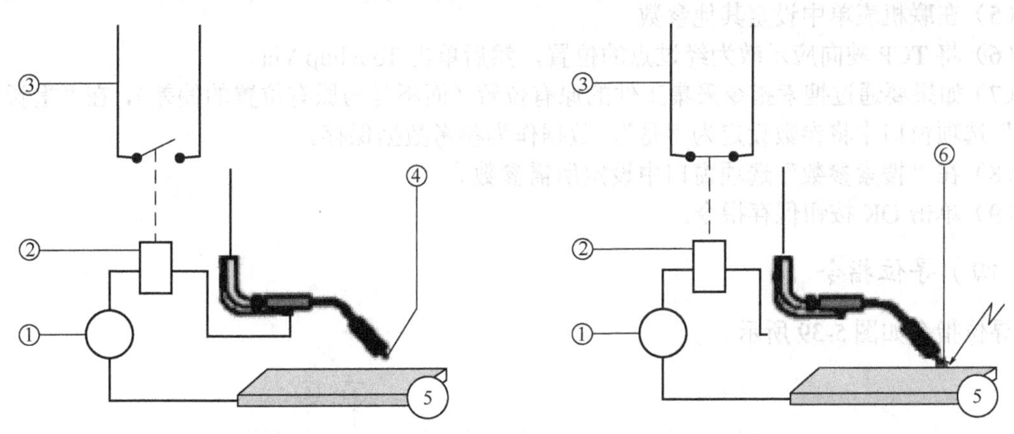

图 5-37 寻位的原理

①—焊接电源；②—继电器；③—快速测量回路；④—焊丝；⑤—工件；⑥—电路导通示意

（二）注意事项

（1）保持工件表面清洁，不要有油污或油漆。

（2）保证焊枪伸长一致。

（3）正确设置向量的起始点和查找点的位置。

（4）将查找距离、寻找速度、返回速度设为合适的值。

（5）查找完、修正后，要将向量关闭。注意赋值的对象和位置。

（6）修改点位置时，注意点上是否带有向量。

（7）使用联动时，注意 base 的选用。双工位时，注意 base 号的选择。

（8）搜寻点和焊缝点必须保证是不变的相对位置关系。

（三）操作步骤

（1）选择“序列指令”菜单下的 TouchSense→“搜索”。

（2）在联机表单中选择运动方式。

（3）仅当选择了运动方式 CIRC 或 SCIRC 时，将 TCP 移到辅助点位置，然后单击 Touchup HP。

（4）将 TCP 移到目标点位置（搜索的起始点），然后单击 Touchup。必须驶至起始点，使焊丝在搜索时不会垂直于工件移动，否则会测出错误的修正数据。最理想的是焊丝的起始位置与搜索方向约呈 45° 角，如图 5-38 所示。

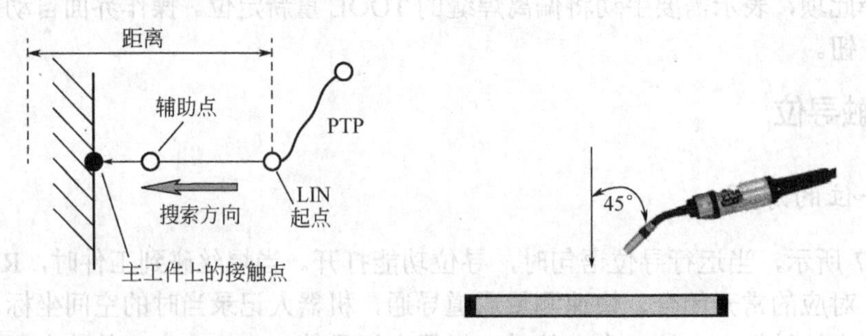

图 5-38　将 TCP 移到目标点位置

（5）在联机表单中设定其他参数。

（6）将 TCP 驶向应示教为经过点的位置，然后单击 Touchup Via。

（7）如果要通过搜索指令采集工件的原有位置（而不是与原有位置的偏差），在“重新零点复归”选项窗口中将参数设定为“是”，数据作为参考数据保存。

（8）在“搜索参数”选项窗口中设定所需参数。

（9）单击 OK 按钮保存指令。

（四）寻位指令

寻位指令如图 5-39 所示。

图 5-39　寻位指令

对图 5-39 说明如下。

① 经过点给定搜索方向。它不说明搜索的终点（终点由搜索行程长度确定）。系统自动赋一个名称，可以更改名称。

② 特征的名称系统自动赋一个名称，可以更改名称。需要编辑数据时，请触摸箭头，自动

打开相关选项窗口（“重新零点复归”如图 5-40 所示）。

③ 搜索参数系统自动赋一个名称，可以更改名称。需要编辑数据时，请触摸箭头。自动打开相关选项窗口。此处确定搜索行程长度和速度特征（“搜索参数”如图 5-41 所示）。

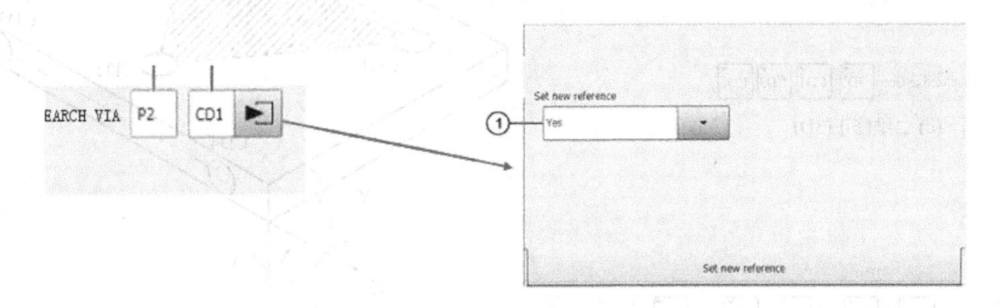

图 5-40　重新零点复归

对图 5-40 说明如下。

① 为重新零点复归。YES：表示基准工件的位置在搜索时重新进行零点复归。零点复归后，该参数被自动设为“否”，使零点复归不会被重复覆写；NO：表示基准工件的位置在搜索时不重新进行零点复归。

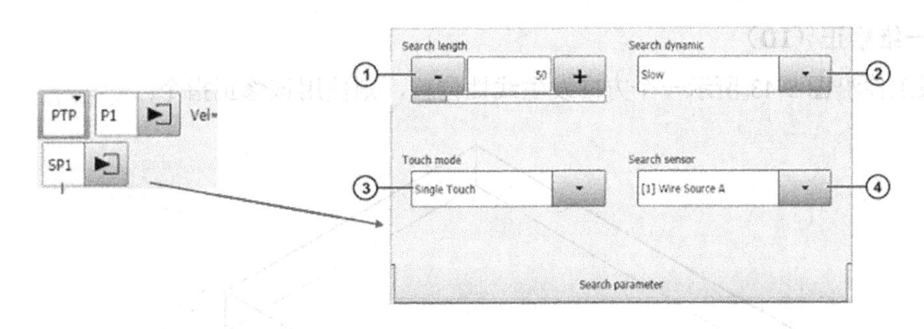

图 5-41　搜索参数

对图 5-41 说明如下。

① 输入搜索行程段长度（5～250mm）。默认值为 50mm。

② 设定搜索时的速度和加速（慢速、中速或快速）。确切的数值可在“搜索动态性能”选项卡中配置。

③ 选择接触模式：单触或双触。

④ 选择搜索时应使用的传感器。

（五）修正指令

修正指令的操作步骤是：首先选择“序列指令”菜单下的 TouchSense→“修正”，然后在联机表单中（如图 5-42 所示。注意：联机表单中的第一、二和三栏用于定义维数 CD1、CD2 和 CD3 之间的一个平面。维数可自由分配给各栏，维数 CD1 无需在第一栏中给出，在第二栏或第三栏也可以给出；联机表单中的第四栏和第五栏用于定义维数 CD4 和 CD5 之间的一条线，维数可自由分配给各栏；联机表单中的第六栏用于定义维数 CD6）选择 1D、2D、3D 和多维修正。

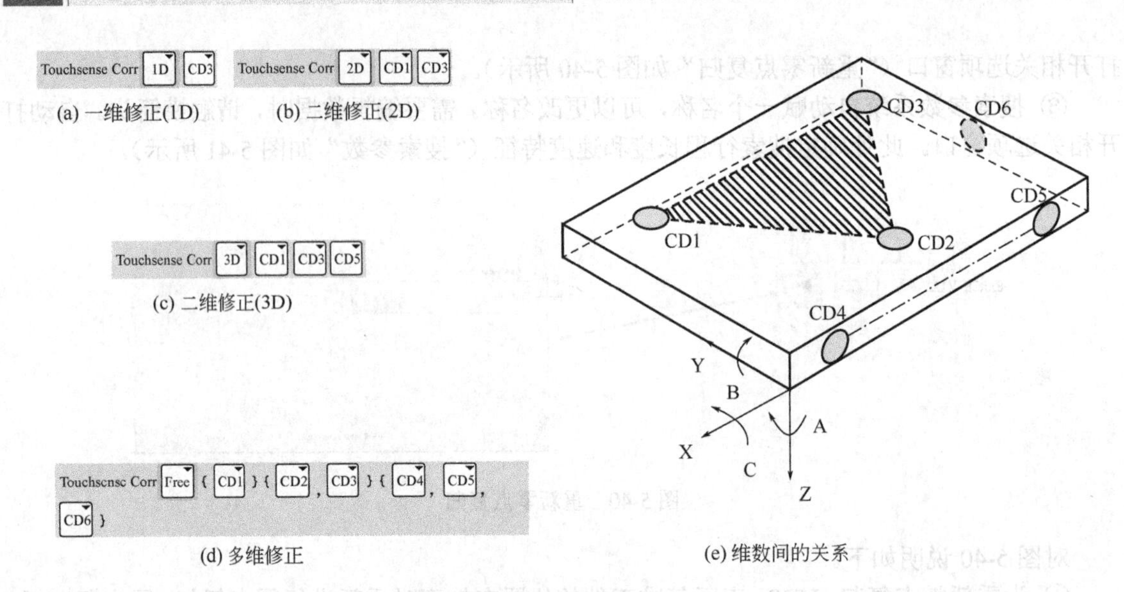

图 5-42　联机表单

1．一维修正（1D）

如果工件沿图 5-43 所示一个方向发生线性位移，则使用该修正指令。

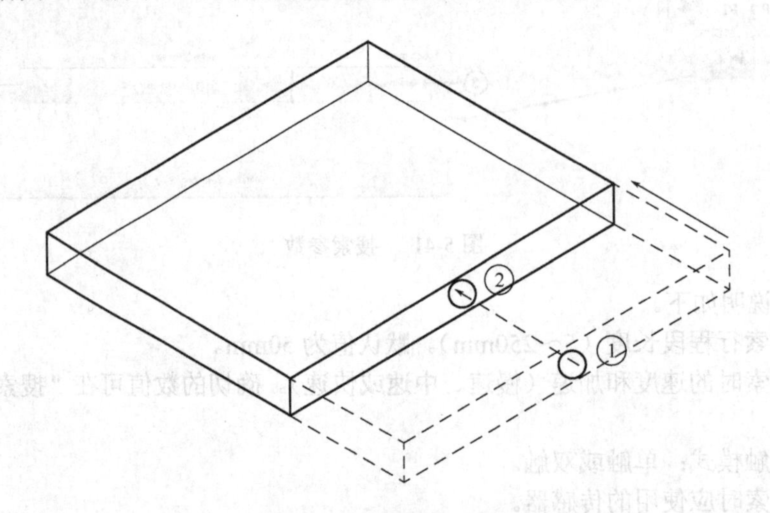

图 5-43　一维修正（1D）

①—初始位置；②—移动后位置

2．二维修正（2D）

如果工件沿图 5-44 所示两个方向发生线性位移，则使用该修正指令。

3．三维修正（3D）

如果工件沿图 5-45 所示所有方向发生线性位移，则使用该修正指令。

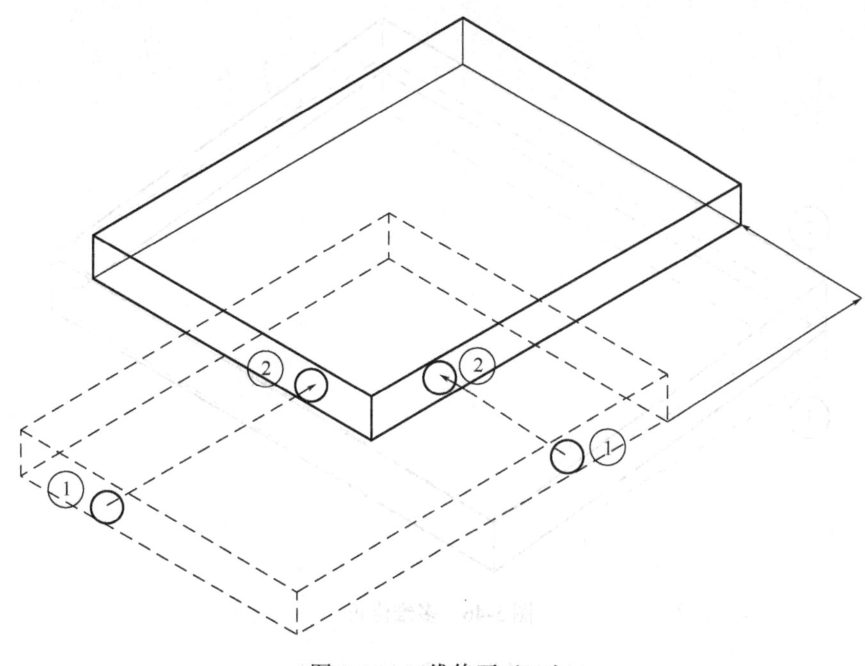

图 5-44　二维修正（2D）
①—初始位置；②—移动后位置

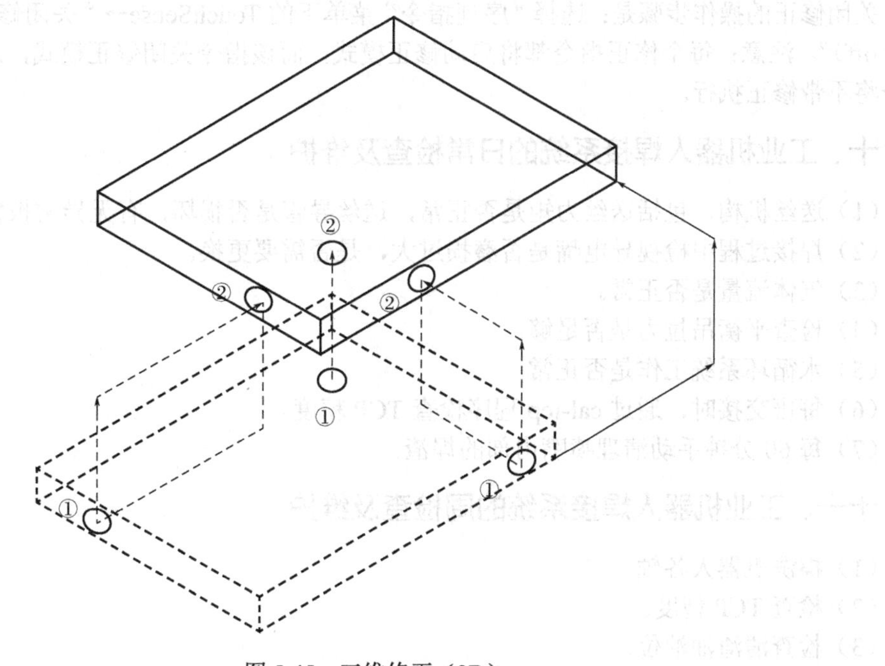

图 5-45　三维修正（3D）
①—初始位置；②—移动后位置

4．多维修正

如果工件沿图 5-46 所示一个或多个方向发生扭转，则使用该修正指令。

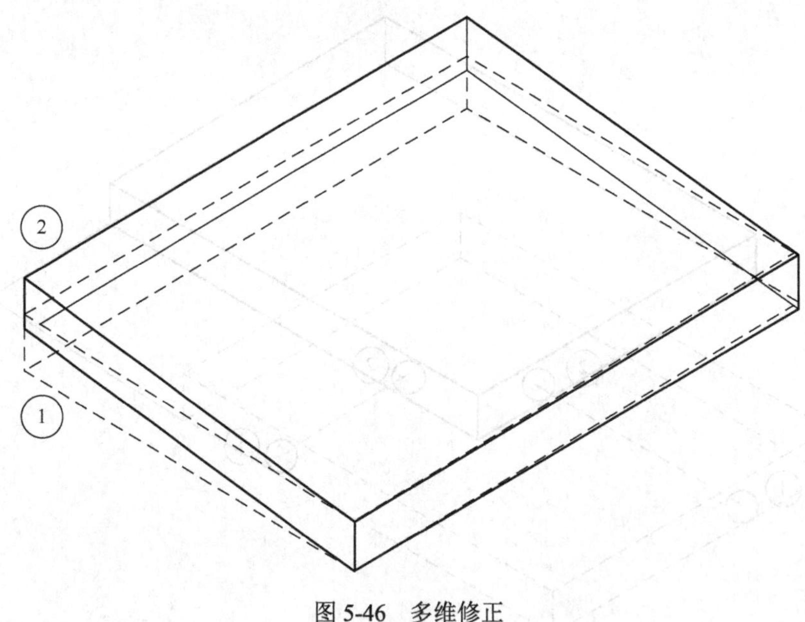

图 5-46　多维修正

①—初始位置；②—移动后位置

（六）关闭修正

关闭修正的操作步骤是：选择“序列指令”菜单下的 TouchSense→“关闭修正（TouchSense Corr off）”。注意：每个修正指令都将启动修正模式，而该指令关闭修正模式，意味着以下运动指令将不带修正执行。

十、工业机器人焊接系统的日常检查及维护

（1）送丝机构，包括送丝力矩是否正常，送丝导管是否损坏，有无异常报警。
（2）焊接过程中检视导电嘴是否磨损过大，是否需要更换。
（3）气体流量是否正常。
（4）检查平衡吊拉力是否足够。
（5）水循环系统工作是否正常。
（6）每班交接时，通过 cal-tcp 程序检查 TCP 精度。
（7）每 60 分钟手动清理喷嘴内部的焊渣。

十一、工业机器人焊接系统的周检查及维护

（1）擦洗机器人各轴。
（2）检查 TCP 精度。
（3）检查清渣油油位。
（4）检查机器人各轴零位是否准确。
（5）清理焊机水箱后面的过滤网。
（6）清理压缩空气进气口处的过滤网。
（7）清理焊枪喷嘴处杂质，以免堵塞水循环。
（8）清理送丝机构，包括送丝轮，压丝轮，导丝管。
（9）检查软管束及导丝软管有无破损及断裂（建议取下整个软管束，用压缩空气清理）。

（10）检查焊枪安全保护系统是否正常，外部急停按钮是否正常。
（11）检查焊枪枪夹是否有松动。
（12）检查地线接头是否有松动，防止电阻过大，烧毁电器元件。

十二、工业机器人焊接系统的月检查及维护

（1）清理导轨灰尘，并加润滑油（导轨上有油壶，普通机油即可）。
（2）送丝轮滚针轴承加润滑油（少量黄油即可）。
（3）清理清枪装置，加注气动马达润滑油（普通机油即可）。
（4）用压缩空气清理控制柜及焊机。
（5）检查焊机水箱冷却水水位，及时补充冷却液。
（6）定时用干燥的气体清理控制柜内灰尘（此项可请电工来执行）。
（7）完成1～6项的工作外，执行周检的所有项目。
（8）检查所有外接线路接头是否有松动（专业人员操作）。
（9）使用干燥的气体清理焊机内部灰尘，防止金属颗粒过多，造成电器元件损坏（此项可请电工来执行）。

十三、焊接用工业机器人的保养位置

焊接用工业机器人的保养位置如图5-47所示，相关标识含义如图5-48所示。

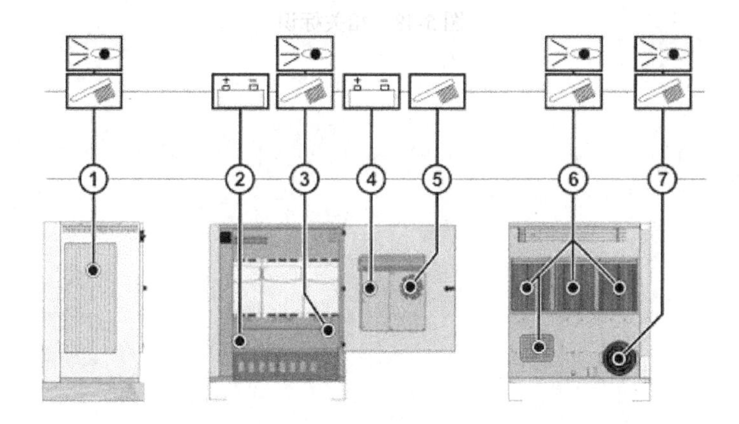

图5-47 保养位置

对图5-47说明如下。
① 最迟两年，根据装配条件和污染程度，用刷子清洁换热器。
② 根据蓄电池监控的显示，更换蓄电池。
③ 均压塞变色时，视装配条件及污染程度，检查均压塞外观。白色滤芯颜色改变时，须更换。
④ 五年更换主板电池。
⑤ 五年（三班运行情况下）更换控制PC的风扇。
⑥ 最迟两年，根据装配条件和污染程度，用刷子清洁KPP、KSP的散热器和低压电源件。
⑦ 最迟每一年，根据装配条件和污染程度，用刷子清洁外部风扇的保护栅栏

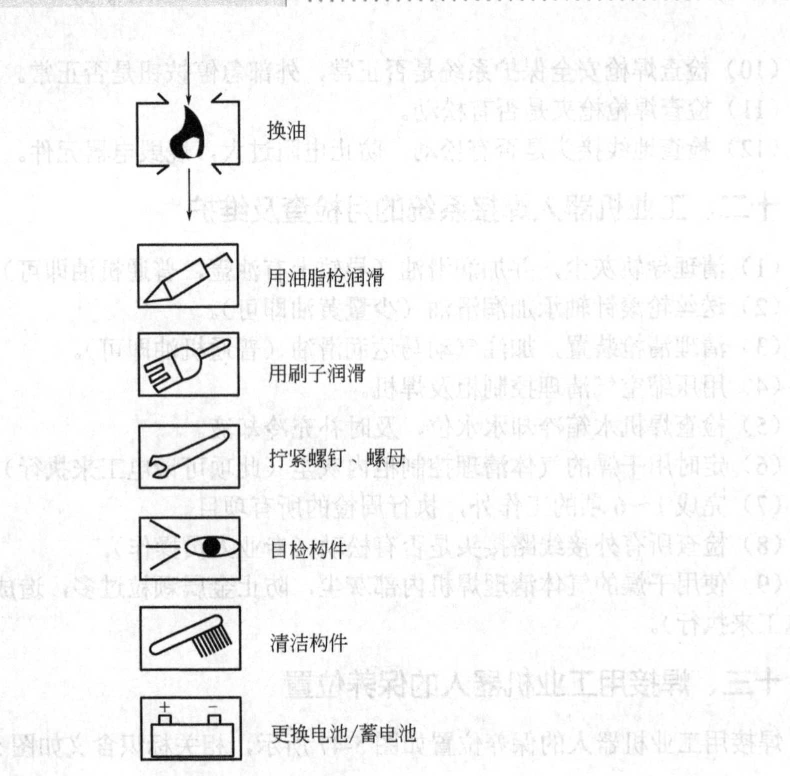

图 5-48　相关标识

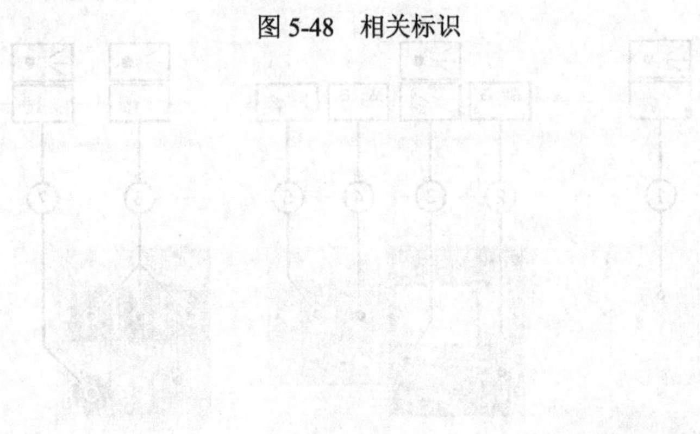

参考文献

［1］ 汤晓华. 工业机器人应用技术. 北京：高等教育出版社，2015.

［2］ 蔡自兴. 机器人学基础. 北京：机械工业出版社，2015.

［3］ 李敬梅. 电力拖动控制线路与技能. 北京：中国劳动与社会保障出版社，2007.

［4］ 刘小波. 工业机器人技术基础. 北京：机械工业出版社，2016.

［5］ 黄风. 工业机器人编程指令详解. 北京：化学工业出版社，2017.